国家出版基金项目
NATIONAL PUBLICATION FOUNDATION

"十三五"国家重点
出版物出版规划项目

战 略 前 沿 新 材 料
——石墨烯出版工程
丛书总主编　刘忠范

# 石墨烯的结构与基本性质

刘开辉　徐小志 等编著

The Structure and Basic
Properties of Graphene

GRAPHENE

01

华东理工大学出版社
EAST CHINA UNIVERSITY OF SCIENCE AND TECHNOLOGY PRESS

·上海·

上海高校服务国家重大战略出版工程资助项目

**图书在版编目(CIP)数据**

石墨烯的结构与基本性质/刘开辉等编著.—上海：
华东理工大学出版社,2020.11

战略前沿新材料——石墨烯出版工程/刘忠范总主编
ISBN 978-7-5628-6100-3

Ⅰ.①石… Ⅱ.①刘… Ⅲ.①石墨-纳米材料-研究
Ⅳ.①TB332

中国版本图书馆 CIP 数据核字(2020)第 198210 号

**内容提要**

本书详细介绍了石墨烯的结构与基本性质,对石墨烯的发展历史、电学性质、光学性质、热学性质、力学性质、化学性质、磁学性质、带隙、异质结、复合结构及电学可调性等各个方面进行了介绍。

本书可作为高等学校材料相关专业本科高年级学生、研究生的学习用书,以及教师、科技工作者和企业专业技术人员的参考书,尤其对从事石墨烯材料研究的科研人员将具有很好的指导意义。

| | | |
|---|---|---|
| **项目统筹** / | 周永斌　马夫娇 | |
| **责任编辑** / | 韩　婷 | |
| **装帧设计** / | 周伟伟 | |
| **出版发行** / | 华东理工大学出版社有限公司 | |
| | 地址：上海市梅陇路 130 号,200237 | |
| | 电话：021-64250306 | |
| | 网址：www.ecustpress.cn | |
| | 邮箱：zongbianban@ecustpress.cn | |
| **印　　刷** / | 上海雅昌艺术印刷有限公司 | |
| **开　　本** / | 710 mm×1000 mm　1/16 | |
| **印　　张** / | 18.5 | |
| **字　　数** / | 310 千字 | |
| **版　　次** / | 2020 年 11 月第 1 版 | |
| **印　　次** / | 2020 年 11 月第 1 次 | |
| **定　　价** / | 238.00 元 | |

**石墨烯的结构与基本性质**

**编委会**

# 总序　一

2004 年，英国曼彻斯特大学物理学家安德烈·海姆（Andre Geim）和康斯坦丁·诺沃肖洛夫（Konstantin Novoselov）用透明胶带剥离法成功地从石墨中剥离出石墨烯，并表征了它的性质。仅过了六年，这两位师徒科学家就因"研究二维材料石墨烯的开创性实验"荣摘 2010 年诺贝尔物理学奖，这在诺贝尔授奖史上是比较迅速的。他们向世界展示了量子物理学的奇妙，他们的研究成果不仅引发了一场电子材料革命，而且还将极大地促进汽车、飞机和航天工业等的发展。

从零维的富勒烯、一维的碳纳米管，到二维的石墨烯及三维的石墨和金刚石，石墨烯的发现使碳材料家族变得更趋完整。作为一种新型二维纳米碳材料，石墨烯自诞生之日起就备受瞩目，并迅速吸引了世界范围内的广泛关注，激发了广大科研人员的研究兴趣。被誉为"新材料之王"的石墨烯，是目前已知最薄、最坚硬、导电性和导热性最好的材料，其优异性能一方面激发人们的研究热情，另一方面也掀起了应用开发和产业化的浪潮。石墨烯在复合材料、储能、导电油墨、智能涂料、可穿戴设备、新能源汽车、橡胶和大健康产业等方面有着广泛的应用前景。在当前新一轮产业升级和科技革命大背景下，新材料产业必将成为未来高新技术产业发展的基石和先导，从而对全球经济、科技、环境等各个领域的发展产生深刻影响。中国是石墨资源大国，也是石墨烯研究和应用开发最活跃的国家，已成为全球石墨烯行业发展最强有力的推动力量，在全球石墨烯市场上占据主导地位。

作为21世纪的战略性前沿新材料，石墨烯在中国经过十余年的发展，无论在科学研究还是产业化方面都取得了可喜的成绩，但与此同时也面临一些瓶颈和挑战。如何实现石墨烯的可控、宏量制备，如何开发石墨烯的功能和拓展其应用领域，是我国石墨烯产业发展面临的共性问题和关键科学问题。在这一形势背景下，为了推动我国石墨烯新材料的理论基础研究和产业应用水平提升到一个新的高度，完善石墨烯产业发展体系及在多领域实现规模化应用，促进我国石墨烯科学技术领域研究体系建设、学科发展及专业人才队伍建设和人才培养，一套大部头的精品力作诞生了。北京石墨烯研究院院长、北京大学教授刘忠范院士领衔策划了这套"战略前沿新材料——石墨烯出版工程"，共22分册，从石墨烯的基本性质与表征技术、石墨烯的制备技术和计量标准、石墨烯的分类应用、石墨烯的发展现状报告和石墨烯科普知识等五大部分系统梳理石墨烯全产业链知识。丛书内容设置点面结合、布局合理，编写思路清晰、重点明确，以期探索石墨烯基础研究新高地、追踪石墨烯行业发展、反映石墨烯领域重大创新、展现石墨烯领域自主知识产权成果，为我国战略前沿新材料重大规划提供决策参考。

参与这套丛书策划及编写工作的专家、学者来自国内二十余所高校、科研院所及相关企业，他们站在国家高度和学术前沿，以严谨的治学精神对石墨烯研究成果进行整理、归纳、总结，以出版时代精品作为目标。丛书展示给读者完善的科学理论、精准的文献数据、丰富的实验案例，对石墨烯基础理论研究和产业技术升级具有重要指导意义，并引导广大科技工作者进一步探索、研究，突破更多石墨烯专业技术难题。相信，这套丛书必将成为石墨烯出版领域的标杆。

尤其让我感到欣慰和感激的是，这套丛书被列入"十三五"国家重点出版物出版规划，并得到了国家出版基金的大力支持，我要向参与丛书编写工作的所有同仁和华东理工大学出版社表示感谢,正是有了你们在各自专业领域中的倾情奉献和互相配合,才使得这套高水准的学术专著能够顺利出版问世。

最后,作为这套丛书的编委会顾问成员,我在此积极向广大读者推荐这套丛书。

中国科学院院士

刘云圻

2020 年 4 月于中国科学院化学研究所

# 总序 二

## "战略前沿新材料——石墨烯出版工程"：
## 一套集石墨烯之大成的丛书

2010 年 10 月 5 日，我在宝岛台湾参加海峡两岸新型碳材料研讨会并作了"石墨烯的制备与应用探索"的大会邀请报告，数小时之后就收到了对每一位从事石墨烯研究与开发的工作者来说都十分激动的消息：2010 年度的诺贝尔物理学奖授予英国曼彻斯特大学的 Andre Geim 和 Konstantin Novoselov 教授，以表彰他们在石墨烯领域的开创性实验研究。

碳元素应该是人类已知的最神奇的元素了，我们每个人时时刻刻都离不开它：我们用的燃料全是含碳的物质，吃的多为碳水化合物，呼出的是二氧化碳。不仅如此，在自然界中纯碳主要以两种形式存在：石墨和金刚石，石墨成就了中国书法，而金刚石则是美好爱情与幸福婚姻的象征。自 20 世纪 80 年代初以来，碳一次又一次给人类带来惊喜：80 年代伊始，科学家们采用化学气相沉积方法在温和的条件下生长出金刚石单晶与薄膜；1985 年，英国萨塞克斯大学的 Kroto 与美国莱斯大学的 Smalley 和 Curl 合作，发现了具有完美结构的富勒烯，并于 1996 年获得了诺贝尔化学奖；1991 年，日本 NEC 公司的 Iijima 观察到由碳组成的管状纳米结构并正式提出了碳纳米管的概念，大大推动了纳米科技的发展，并于 2008 年获得了卡弗里纳米科学奖；2004 年，Geim 与当时他的博士研究生 Novoselov 等人采用粘胶带剥离石墨的方法获得了石墨烯材料，迅速激发了科学界的研究热情。事实上,人类对石墨烯结构并不陌生,石墨烯是由单层碳原子构成的二维蜂窝状结构,是构成其他维数形式碳材料的基本单元,因此关于石墨烯结构的工作可追溯到 20 世纪 40 年代的理论研究。1947 年,Wallace 首次计算了石墨烯的电子结构,并且发现其具有奇特的线性色散关系。自此,石墨烯作为理论模型,被广泛用于描述碳材料的结构与性能,但人们尚未把石墨烯本身也作为一种材料来进行研究与开发。

石墨烯材料甫一出现即备受各领域人士关注,迅速成为新材料、凝聚态物理等领域的"高富帅",并超过了碳家族里已很活跃的两个明星材料——富勒烯和碳纳米管,这主要归因于以下三大理由。一是石墨烯的制备方法相对而言非常简单。Geim 等人采用了一种简单、有效的机械剥离方法,用粘胶带撕裂即可从石墨晶体中分离出高质量的多层甚至单层石墨烯。随后科学家们采用类似原理发明了"自上而下"的剥离方法制备石墨烯及其衍生物,如氧化石墨烯;或采用类似制备碳纳米管的化学气相沉积方法"自下而上"生长出单层及多层石墨烯。二是石墨烯具有许多独特、优异的物理、化学性质,如无质量的狄拉克费米子、量子霍尔效应、双极性电场效应、极高的载流子浓度和迁移率、亚微米尺度的弹道输运特性,以及超大比表面积,极高的热导率、透光率、弹性模量和强度。最后,特别是由于石墨烯具有上述众多优异的性质,使它有潜力在信息、能源、航空、航天、可穿戴电子、智慧健康等许多领域获得重要应用,包括但不限于用于新型动力电池、高效散热膜、透明触摸屏、超灵敏传感器、智能玻璃、低损耗光纤、高频晶体管、防弹衣、轻质高强航空航天材料、可穿戴设备,等等。

因其最为简单和完美的二维晶体、无质量的费米子特性、优异的性能和广阔的应用前景,石墨烯给学术界和工业界带来了极大的想象空间,有可能催生许多技术领域的突破。世界主要国家均高度重视发展石墨烯,众多高校、科研机构和公司致力于石墨烯的基础研究及应用开发,期待取得重大的科学突破和市场价值。中国更是不甘人后,是世界上石墨烯研究和应用开发最为活跃的国家,拥有一支非常庞大的石墨烯研究与开发队伍,位居世界第一,没有之一。有关统计数

石墨烯的结构与基本性质

据显示,无论是正式发表的石墨烯相关学术论文的数量、中国申请和授权的石墨烯相关专利的数量,还是中国拥有的从事石墨烯相关的企业数量以及石墨烯产品的规模与种类,都远远超过其他任何一个国家。然而,尽管石墨烯的研究与开发已十六载,我们仍然面临着一系列重要挑战,特别是高质量石墨烯的可控规模制备与不可替代应用的开拓。

十六年来,全世界许多国家在石墨烯领域投入了巨大的人力、物力、财力进行研究、开发和产业化,在制备技术、物性调控、结构构建、应用开拓、分析检测、标准制定等诸多方面都取得了长足的进步,形成了丰富的知识宝库。虽有一些有关石墨烯的中文书籍陆续问世,但尚无人对这一知识宝库进行全面、系统的总结、分析并结集出版,以指导我国石墨烯研究与应用的可持续发展。为此,我国石墨烯研究领域的主要开拓者及我国石墨烯发展的重要推动者、北京大学教授、北京石墨烯研究院创院院长刘忠范院士亲自策划并担任总主编,主持编撰"战略前沿新材料——石墨烯出版工程"这套丛书,实为幸事。该丛书由石墨烯的基本性质与表征技术、石墨烯的制备技术和计量标准、石墨烯的分类应用、石墨烯的发展现状报告、石墨烯科普知识等五大部分共 22 分册构成,由刘忠范院士、张锦院士等一批在石墨烯研究、应用开发、检测与标准、平台建设、产业发展等方面的知名专家执笔撰写,对石墨烯进行了 360°的全面检视,不仅很好地总结了石墨烯领域的国内外最新研究进展,包括作者们多年辛勤耕耘的研究积累与心得,系统介绍了石墨烯这一新材料的产业化现状与发展前景,而且还包括了全球石墨烯产业报告和中国石墨烯产业报告。特别是为了更好地让公众对石墨烯有正确的认识和理解,刘忠范院士还率先垂范,亲自撰写了《有问必答:石墨烯的魅力》这一科普分册,可谓匠心独具、运思良苦,成为该丛书的一大特色。我对他们在百忙之中能够完成这一巨制甚为敬佩,并相信他们的贡献必将对中国乃至世界石墨烯领域的发展起到重要推动作用。

刘忠范院士一直强调"制备决定石墨烯的未来",我在此也呼应一下:"石墨烯的未来源于应用"。我衷心期望这套丛书能帮助我们发明、发展出高质量石墨烯的制备技术,帮助我们开拓出石墨烯的"杀手锏"应用领域,经过政产学研用的通力合作,使石墨烯这一结构最为简单但性能最为优异的碳家族的最新成员成为支撑人类发展的神奇材料。

中国科学院院士

成会明,2020 年 4 月于深圳

清华大学,清华－伯克利深圳学院,深圳

中国科学院金属研究所,沈阳材料科学国家研究中心,沈阳

# 丛书前言

　　石墨烯是碳的同素异形体大家族的又一个传奇,也是当今横跨学术界和产业界的超级明星,几乎到了家喻户晓、妇孺皆知的程度。当然,石墨烯是当之无愧的。作为由单层碳原子构成的蜂窝状二维原子晶体材料,石墨烯拥有无与伦比的特性。理论上讲,它是导电性和导热性最好的材料,也是理想的轻质高强材料。正因如此,一经问世便吸引了全球范围的关注。石墨烯有可能创造一个全新的产业,石墨烯产业将成为未来全球高科技产业竞争的高地,这一点已经成为国内外学术界和产业界的共识。

　　石墨烯的历史并不长。从 2004 年 10 月 22 日,安德烈·海姆和他的弟子康斯坦丁·诺沃肖洛夫在美国 Science 期刊上发表第一篇石墨烯热点文章至今,只有十六个年头。需要指出的是,关于石墨烯的前期研究积淀很多,时间跨度近六十年。因此不能简单地讲,石墨烯是 2004 年发现的、发现者是安德烈·海姆和康斯坦丁·诺沃肖洛夫。但是,两位科学家对"石墨烯热"的开创性贡献是毋庸置疑的,他们首次成功地研究了真正的"石墨烯材料"的独特性质,而且用的是简单的透明胶带剥离法。这种获取石墨烯的实验方法使得更多的科学家有机会开展相关研究,从而引发了持续至今的石墨烯研究热潮。2010 年 10 月 5 日,两位拓荒者荣获诺贝尔物理学奖,距离其发表的第一篇石墨烯论文仅仅六年时间。

"构成地球上所有已知生命基础的碳元素,又一次惊动了世界",瑞典皇家科学院当年发表的诺贝尔奖新闻稿如是说。

从科学家手中的实验样品,到走进百姓生活的石墨烯商品,石墨烯新材料产业的前进步伐无疑是史上最快的。欧洲是石墨烯新材料的发祥地,欧洲人也希望成为石墨烯新材料产业的领跑者。一个重要的举措是启动"欧盟石墨烯旗舰计划",从 2013 年起,每年投资一亿欧元,连续十年,通过科学家、工程师和企业家的接力合作,加速石墨烯新材料的产业化进程。英国曼彻斯特大学是石墨烯新材料呱呱坠地的场所,也是世界上最早成立石墨烯专门研究机构的地方。2015 年 3 月,英国国家石墨烯研究院(NGI)在曼彻斯特大学启航;2018 年 12 月,曼彻斯特大学又成立了石墨烯工程创新中心(GEIC)。动作频频,基础与应用并举,矢志充当石墨烯产业的领头羊角色。当然,石墨烯新材料产业的竞争是激烈的,美国和日本不甘其后,韩国和新加坡也是志在必得。据不完全统计,全世界已有 179 个国家或地区加入了石墨烯研究和产业竞争之列。

中国的石墨烯研究起步很早,基本上与世界同步。全国拥有理工科院系的高等院校,绝大多数都或多或少地开展着石墨烯研究。作为科技创新的国家队,中国科学院所辖遍及全国的科研院所也是如此。凭借着全球最大规模的石墨烯研究队伍及其旺盛的创新活力,从 2011 年起,中国学者贡献的石墨烯相关学术论文总数就高居全球榜首,且呈遥遥领先之势。截至 2020 年 3 月,来自中国大陆的石墨烯论文总数为 101 913 篇,全球占比达到 33.2%。需要强调的是,这种领先不仅仅体现在统计数字上,其中不乏创新性和引领性的成果,超洁净石墨烯、超级石墨烯玻璃、烯碳光纤就是典型的例子。

中国对石墨烯产业的关注完全与世界同步,行动上甚至更为迅速。统计数据显示,早在 2010 年,正式工商注册的开展石墨烯相关业务的企业就高达 1 778 家。截至 2020 年 2 月,这个数字跃升到 12 090 家。对石墨烯高新技术产业来说,知识产权的争夺自然是十分激烈的。进入 21 世纪以来,知识产权问题受到国人前所未有的重视,这一点在石墨烯新材料领域得到了充分的体现。截至

2018 年底，全球石墨烯相关的专利申请总数为 69 315 件，其中来自中国大陆的专利高达 47 397 件，占比 68.4%，可谓是独占鳌头。因此，从统计数据上看，中国的石墨烯研究与产业化进程无疑是引领世界的。当然，不可否认的是，统计数字只能反映一部分现实，也会掩盖一些重要的"真实"，当然这一点不仅仅限于石墨烯新材料领域。

中国的"石墨烯热"已经持续了近十年，甚至到了狂热的程度，这是全球其他国家和地区少见的。尤其在前几年的"石墨烯淘金热"巅峰时期，全国各地争相建设"石墨烯产业园""石墨烯小镇""石墨烯产业创新中心"，甚至在乡镇上都建起了石墨烯研究院，可谓是"烯流滚滚"，真有点像当年的"大炼钢铁运动"。客观地讲，中国的石墨烯产业推进速度是全球最快的，既有的产业大军规模也是全球最大的，甚至吸引了包括两位石墨烯诺贝尔奖得主在内的众多来自海外的"淘金者"。同样不可否认的是，中国的石墨烯产业发展也存在着一些不健康的因素，一哄而上，遍地开花，导致大量的简单重复建设和低水平竞争。以石墨烯材料生产为例，2018 年粉体材料年产能达到 5 100 吨，CVD 薄膜年产能达到 650 万平方米，比其他国家和地区的总和还多，实际上已经出现了产能过剩问题。2017 年 1 月 30 日，笔者接受澎湃新闻采访时，明确表达了对中国石墨烯产业发展现状的担忧，随后很快得到习近平总书记的高度关注和批示。有关部门根据习总书记的指示，做了全国范围的石墨烯产业发展现状普查。三年后的现在，应该说情况有所改变，随着人们对石墨烯新材料的认识不断深入，以及从实验室到市场的产业化实践，中国的"石墨烯热"有所降温，人们也渐趋冷静下来。

这套大部头的石墨烯丛书就是在这样一个背景下诞生的。从 2004 年至今，已经有了近十六年的历史沉淀。无论是石墨烯的基础研究，还是石墨烯材料的产业化实践，人们都有了更多的一手材料，更有可能对石墨烯材料有一个全方位的、科学的、理性的认识。总结历史，是为了更好地走向未来。对于新兴的石墨烯产业来说，这套丛书出版的意义也是不言而喻的。事实上，国内外已经出版了数十部石墨烯相关书籍，其中不乏经典性著作。本丛书的定位有所不同，希望能够全面总结石墨烯相关的知识积累,反映石墨烯领域的国内外最新研究进展,展示石墨烯新材料的产业化现状与发展前景,尤其希望能够充分体现国人对石墨烯领域的贡献。本丛书从策划到完成前后花了近五年时间,堪称马拉松工程,如果没有华东理工大学出版社项目团队的创意、执着和巨大的耐心,这套丛书的问世是不可想象的。他们的不达目的决不罢休的坚持感动了笔者,让笔者承担起了这项光荣而艰巨的任务。而这种执着的精神也贯穿整个丛书编写的始终,融入每位作者的写作行动中,把好质量关,做出精品,留下精品。

本丛书共包括22分册,执笔作者20余位,都是石墨烯领域的权威人物、一线专家或从事石墨烯标准计量工作和产业分析的专家。因此,可以从源头上保障丛书的专业性和权威性。丛书分五大部分,囊括了从石墨烯的基本性质和表征技术,到石墨烯材料的制备方法及其在不同领域的应用,以及石墨烯产品的计量检测标准等全方位的知识总结。同时,两份最新的产业研究报告详细阐述了世界各国的石墨烯产业发展现状和未来发展趋势。除此之外,丛书还为广大石墨烯迷们提供了一份科普读物《有问必答:石墨烯的魅力》,针对广泛征集到的石墨烯相关问题答疑解惑,去伪求真。各分册具体内容和执笔分工如下:01分册,石墨烯的结构与基本性质(刘开辉);02分册,石墨烯表征技术(张锦);03分册,石墨烯材料的拉曼光谱研究(谭平恒);04分册,石墨烯制备技术(彭海琳);05分册,石墨烯的化学气相沉积生长方法(刘忠范);06分册,粉体石墨烯材料的制备方法(李永峰);07分册,石墨烯的质量技术基础:计量(任玲玲);08分册,石墨烯电化学储能技术(杨全红);09分册,石墨烯超级电容器(阮殿波);10分册,石墨烯微电子与光电子器件(陈弘达);11分册,石墨烯透明导电薄膜与柔性光电器件(史浩飞);12分册,石墨烯膜材料与环保应用(朱宏伟);13分册,石墨烯基传感器件(孙立涛);14分册,石墨烯宏观材料及其应用(高超);15分册,石墨烯复合材料(杨程);16分册,石墨烯生物技术(段小洁);17分册,石墨烯化学与组装技术(曲良体);18分册,功能化石墨烯及其复合材料(智林杰);19分册,石墨烯粉体材料:从基础研究到工业应用(侯士峰);20分册,全球石墨烯产业研究报告

（李义春）；21 分册，中国石墨烯产业研究报告（周静）；22 分册，有问必答：石墨烯的魅力（刘忠范）。

　　本丛书的内容涵盖石墨烯新材料的方方面面，每个分册也相对独立，具有很强的系统性、知识性、专业性和即时性，凝聚着各位作者的研究心得、智慧和心血，供不同需求的广大读者参考使用。希望丛书的出版对中国的石墨烯研究和中国石墨烯产业的健康发展有所助益。借此丛书成稿付梓之际，对各位作者的辛勤付出表示真诚的感谢。同时，对华东理工大学出版社自始至终的全力投入表示崇高的敬意和诚挚的谢意。由于时间、水平等因素所限，丛书难免存在诸多不足，恳请广大读者批评指正。

*刘忠范*

2020 年 3 月于墨园

# 前　言

　　石墨烯是由碳原子构成的二维蜂窝状结构的单原子层晶体材料，它的每个碳原子以共价键形式与邻近的三个碳原子相结合。石墨烯具有狄拉克锥形的电子能带结构，在狄拉克点附近是独特的线性能量色散关系，属于无质量的狄拉克费米子材料系统。2004 年英国的 Andre Geim 和 Konstantin Novoselov 等发现，石墨烯不仅可以稳定地存在于衬底上，而且表现出非常优越的物理性质：它是目前最硬的材料，具有非常高的透光率，是已知材料中最薄的材料，且非常的致密以至于除质子之外没有其他物质可以穿透，具有极高的电子迁移率、热导系数以及能承载极高的电流密度。Geim 和 Novoselov 两位教授也因为在石墨烯的发现和性质研究中做出了突出贡献，从而获得了 2010 年诺贝尔物理学奖。

　　石墨烯集诸多优异性质于一身，使其在电子信息、能源、功能材料、生物医药、航空航天、节能环保及其他众多领域都有着非常重要的潜在应用前景。特别是在国家层面上，《中国制造 2025》和《新材料产业"十三五"发展规划》等都已经将石墨烯列入战略前沿材料之属。经过近十五年的研究和发展，石墨烯正从实验室慢慢走向社会，逐渐成为一种有可能改变社会的新材料。

　　"工欲善其事必先利其器"，在我国当前轰轰烈烈的石墨烯研究浪潮中，作者从自身的研究出发编纂了此书，详细介绍了石墨烯材料的结构和基本性质，对石墨烯的发展历史、电学性质、光学性质、热学性质、力学性质、化学性质、磁学性质、带隙、异质结、复合结构及电学可调性等各个方面进行了介绍。受限于知识的广度和深度以及石墨烯领域研究的快速发展，本书并未能包括石墨烯所有重要的性质。希望本书的有限篇幅可以帮助初学者快速了解石墨烯是什么，同时可以拓宽读者的研究方向之外的视野。

　　此作成书过程中,多位从事石墨烯相关研究的科研人员全程参与资料整理、研讨和文字编辑。具体包括,刘开辉统筹全局,负责本书整体框架、内容设计,并参与了全文内容的撰写;徐小志参与第 1 章、第 6 章、第 8 章、第 12 章;洪浩参与第 2 章;姚凤蕊参与第 3 章;马赫参与第 4 章;程阳参与第 5 章;张志斌参与第 7 章;周旭参与第 9 章;张智宏参与第 2 章和第 10 章以及吴慕鸿参与第 11 章。在此,特别感谢各位参与人员的辛苦付出! 由于笔者个人经历和研究水平有限,不妥之处敬请读者批评指正,以便今后修改增补。

编写者

2019 年 9 月

　　　　　　　　　　　　　　　　　　　　石墨烯的结构与基本性质

# 目 录

## 第9章　石墨烯电学可调性质　　163

## 第10章　石墨烯异质结构　　207

第 1 章

石墨烯的结构及其
发现历史

## 1.1　石墨烯的发现历史

　　石墨烯是指碳原子按照蜂窝状排列组成的一种二维材料,它是一种单层的碳原子材料,也是组成其他维度碳材料的基本单元(图1-1)。将石墨烯包裹成一个球,可以形成零维富勒烯;将石墨烯卷起来,可以形成一维的碳纳米管;将石墨烯堆垛起来,可以形成三维的石墨结构。事实上,关于石墨烯(或者薄层石墨)的理论研究已经持续了近60年,并且被广泛用来描述各种碳基材料的性能。后来,研究人员发现石墨烯可以为研究(2+1)维量子电动力学提供很好的凝聚态研究体系,这使得石墨烯成了一个热门的计算模型。最早的时候,石墨烯被科学家认为无法在自由状态下存在,因此被称作一种理论上的材料。但是,2004年来

图1-1　石墨烯与其他碳材料的关系

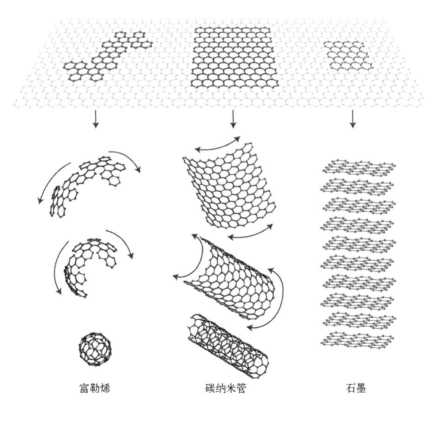

富勒烯　　　　　　碳纳米管　　　　　　石墨

自英国曼彻斯特大学的 Geim 教授和 Novoselov 教授将它从理论变成了现实。

他们采用一种非常简单的方法,即利用透明胶带撕出了单层石墨烯样品,并且发现了石墨烯优异的电学性能。之后,石墨烯越来越多优异的性能逐渐被发现,正式掀开了石墨烯的黄金时代的序幕。Geim 和 Novoselov 两位教授也因为他们在石墨烯领域的突出贡献获得了 2010 年诺贝尔物理学奖。

### 1.1.1　二维材料的热力学不稳定性

70 多年前,Landau 和 Peierls 认为,由于热涨落,严格的二维晶格是不可能稳定存在的。在石墨烯被发现以前,科学界也一直这么认为。

首先假定存在一个二维晶体,并考虑热涨落对其稳定性的影响。设对于平衡位置 $r$ 的偏移为 $u(r)$,对于每一个新构型都可以考虑它的自由能的涨落,在最简单的情形下我们将自由能对偏移量做展开。

$$\Delta F = \frac{V}{2} \sum_j \int_r \mathrm{d}^2 A \left( \frac{\partial u(r)}{\partial r_j} \right)^2 \qquad (1-1)$$

式中,$F$ 为自由能;$V$ 为体积;$A$ 为所受到的涨落力。傅里叶变换可得

$$\Delta F = \frac{V}{2} \int_k \mathrm{d}^2 k A k^2 u_k u_{-k} \qquad (1-2)$$

式中,$u_k$ 为 $u(r)$ 的傅里叶变换;$k$ 为序数。

由统计力学,对于一个二次型自由能我们知道 $\langle u_k u_{-k} \rangle = \frac{T}{V} \frac{1}{A k^2}$,于是

$$\langle u^2 \rangle = V \int_k \mathrm{d}k \langle u_k u_{-k} \rangle = \frac{T}{A} \int_k \mathrm{d}^2 k \frac{1}{k^2} \qquad (1-3)$$

式中,$T$ 为温度。

这个积分显然是对数型发散的,积分上限即 $k$ 极大时对应系统的短程性质,我们可以很自然地假设一个截断(原子半径的倒数),不影响后面的结论。而积分下限即 $k$ 极小时对应体系的长程性质,换句话说 $\langle u^2 \rangle$ 随着二维晶体的增大而对数发散,而 $\langle u^2 \rangle$ 即系统对于平衡位置偏移量的平方平均值,这个量的发散也

就意味着晶体的融化(从这个论证中也不难看出三维晶体为什么可以存在,即最后对动量的积分变成三重后,下限处的发散自然消失了)。

## 1.1.2　从薄层石墨到石墨烯的发现

石墨(Graphite)这个词来源于古希腊语"Graphein",已经在漫长的化学、物理和工程领域研究中被大量使用。它的层状结构赋予了它独特的电学和机械性能,特别是当构成石墨的每一层(由范德瓦尔斯力结合在一起)被当作是一个单独的个体的时候。早在 1940 年,就有一系列的理论分析表明,单层石墨一旦剥离出来,这些单独的碳原子层将会具有极其非凡的电学性能,其面内的导电性将会是面间导电性的 100 多倍。

氧化石墨烯的最早报道可以追溯到 1840 年,德国科学家 Schafhaeutl 报道了一种插层的方法通过硫酸和硝酸剥离石墨。从那个时候起,钾(以及其他碱金属)、各种类型的氟盐、过渡金属(铁、镍等)以及有机物都被用来当作插层物质研究。对于这种石墨插层复合物,石墨的堆垛结构得以保留但是其层间距扩大,通常都是变大几个埃①或者更多,这种变化也导致了它层间电子耦合的减弱。这种电学解耦作用有时候会导致有趣的超导效应,这预示着单层的石墨可能会具有更多奇异的性质。事实上,石墨烯这个词就是源于石墨插层复合物,最早是在 1986 年被 Boehm 等提出。后来认为,如果石墨插层复合物的层间距的扩张能够贯穿整个结构,并且吸附在上面的小分子可以被移除,就可以获得本征石墨烯。

在一个世纪之后的 1962 年,Boehm 等发现了化学还原氧化石墨烯的方法,获得了只含有少量氢和氧的还原氧化石墨烯。制备出的薄层样品的层数具体标定则是通过和一组由透射电子显微镜(Transmission Electron Microscope,TEM)确定厚度的标准样品的密度测定对比获得。获得的这种碳材料的厚度最薄只有 4.6 Å,这跟现在观察到的厚度只有些许的差别。然而,上面提到的 TEM 图像密度测定方法会受到校准样品和照相乳胶凹凸不平的影响从而产生较高的实验误差。但是无

---

① 　1 埃(Å) = $10^{-10}$ 米(m)。

论如何，Boehm 等证实了石墨烯确实是由单个碳原子层组成的（图 1-2）。

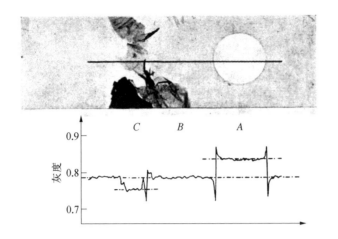

图 1-2　还原氧化石墨烯薄层的 TEM 图像

1969 年，Morgan 和 Somorjai 等利用低能电子衍射研究了高温下 Pt(100)上一些分子（如 CO、$C_2H_4$、$C_2H_2$ 等）的吸附。在分析了这些低能电子衍射（Low-energy Electron Diffraction，LEED）数据之后，他们假设单层以及多层碳结构都可以通过这些吸附过程获得。不久之后 Blakely 等报道了一系列在各种过渡金属晶面上析出单层和多层碳材料的研究，这些晶面包括 Ni(100)、Ni(111)、Pt(111)、Pt(100)以及 Co(0001)等。在高温下，碳源会从金属中析出形成单层和多层碳材料，这些结果被 LEED、俄歇电子能谱（Auger Electron Spectroscopy，AES）以及扫描隧道显微镜（Scanning Tunneling Microscope，STM）证实。

1975 年，Bommel 等报道了利用单晶 SiC(0001)外延升华制备的方法，即在超高真空和高温的环境中制备单层的碳材料薄片。LEED 和 AES 证明这些薄片和石墨烯的结构是完全一样的。除此之外，不同的试验条件还会产生多层石墨烯。

除了外延生长和化学/热还原氧化石墨烯的方法外，后来出现了新的制备方法，这种方法统称为机械剥离法。这种方法有多种碳源可用，包括自然石墨、悬浮石墨和高定向热解石墨（Highly Oriented Pyrolytic Graphite，HOPG）。其中，HOPG 由于具有非常高的原子纯度和平整的表面经常被选用。由于较弱的范德瓦尔斯力，利用 HOPG 可以简单实现碳层的剥离。1999 年，研究人员利用机械剥离法成功获得了多层石墨烯组成的薄片，尽管这些薄片没有减薄到单层，但还是提供了一种非常好的制备思路。这种方法将 HOPG 的光刻图案与氧等离子体刻蚀结合,由于摩擦作用制备出了非常薄的薄片。2004 年,Geim 和 Novoselov 等将这种方法推向了高潮,他们利用简单的胶带,通过反复粘贴,成功获得了少层、单层石墨烯样品,并对其电学性质进行了研究,发现了其独特的电子学性能,进而拉开了整个石墨烯研究领域的大幕(图 1-3)。

图 1-3

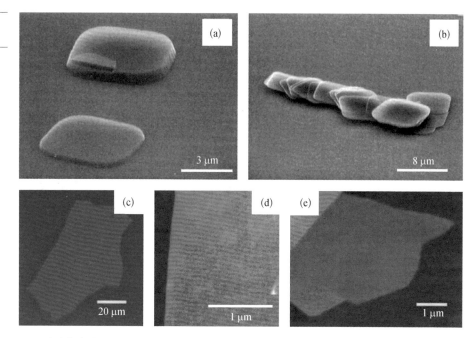

(a)(b)少层石墨样品的 SEM 图像;(c)~(e)机械剥离法制备的石墨烯样品的光学图像

### 1.1.3　石墨烯引起的研究热潮

尽管现在石墨烯的带隙还没有成熟的打开工艺,限制了它在高性能逻辑电路器件上的应用,但是石墨烯在电子学领域的许多其他应用正在不断发展。

#### 1. 柔性电子学

透明导电涂层在电子学产品中广泛应用,其中包括接触式屏幕、电子纸和有机发光二极管等。这些应用要求材料有非常低的面电阻以及非常高的透光率（大于90%）。石墨烯材料的面电阻可以低至30 Ω/□，单层透光率可以高达97.7%，因此可以满足这些要求。尽管传统的氧化铟锡（ITO）依然具有更好的性能，但是考虑到石墨烯的质量越来越高，价格越来越低，而ITO越来越贵，因此石墨烯材料有机会占领部分市场。与ITO相比，石墨烯具有非常好的力学弹性和化学稳定性，这些对于柔性电子学器件来说非常重要（图1-4）。

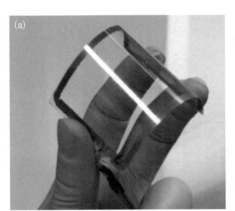
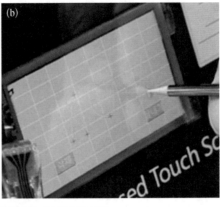
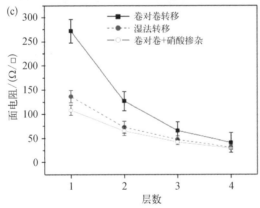

图1-4 石墨烯用于柔性电子学器件

（a）（b）石墨烯柔性薄膜的图片；（c）石墨烯样品的面电阻随层数的变化关系

## 2. 高频电子器件

石墨烯在高频电子器件上的应用长久以来都受到广泛关注。但是，它必须要跟许多现有的技术竞争，例如三五族化合物半导体材料等。因此，在高频电子器件方向,石墨烯的使用有可能要晚于 2021 年,因为那个时候三五族化合物半导体材料将无法再满足电子器件的需求。预测结果显示,在 2021 年,电子学器件要求的极限开关截止频率约为 850 GHz,最大振荡频率约为 1.2 THz,这是三五族化合物半导体材料无法达到的指标。而对于石墨烯,已经有文献报道它的最大截止频率可以高达 300 GHz,同时当沟道长度小于 100 nm 的时候,有可能提高到 1 THz。但是它的最大振荡频率仅仅为 30 GHz,这离 300 GHz 的硅基高频电子器件还相差甚远。因此,接下来的研究重点是如何将石墨烯器件的最大振荡频率提高。总的来说有两种方法:降低门电阻或者耗尽层的源漏电导。前者可以通过提高半导体工艺获得,后者需要降低石墨烯高频器件的饱和电流,这可能需要寻找到一种新的像氮化硼(BN)材料的介电层材料。

### 3. 石墨烯光子学

石墨烯中的电子是无质量的狄拉克费米子,这会导致对于通常的能量低于 3 eV 的入射光会有明显的波长依赖的吸收行为。除此之外,由于泡利不相容原理,单层和双层石墨烯在光的能量比双倍费米能级能量低时可以实现完全透过,这些性质使得石墨烯在光子学器件应用上大有可为。

### 4. 光电探测器

石墨烯光电探测器现在是光子学器件领域的一个研究热点。与半导体光电探测器不同,石墨烯具有非常宽的探测波宽,从紫外到红外都可以,而传统的半导体光电探测器却只能探测有限的波宽。除此之外,石墨烯还有非常高的可操作带宽,这使得它可以用于高速信息传输。InGaAs 和 Ge 光电探测器的截止带宽为 150 GHz 和 80 GHz。与之对比,理论上石墨烯的截止带宽可以高达 1.5 THz。

### 5. 光学调制器

光学调制器是用来编码传输数据的重要模块,通过改变光的相位、振幅或者偏振等性质来对数据重新编码。现有硅基的光学调制器主要是基于界面共振和带隙吸收等。它们的可操作光谱频段一般比较窄，因为它们的较低的开关时间限制了可操作带宽。

利用石墨烯可以吸收超宽频段的少量的入射光以及它的超快响应速度，可以制备出性能优异的光学调制器(图1-5)。在单层石墨烯样品上的带间跃迁和光致电子通过激励电压可以在很宽的波段范围内被调制。通过一些结构的改变，甚至可以实现高达50 GHz的可操作带宽。石墨烯在太赫兹范围的无线传输领域也有非常好的应用前景，这里光学损失比贵金属中的要小几个量级。

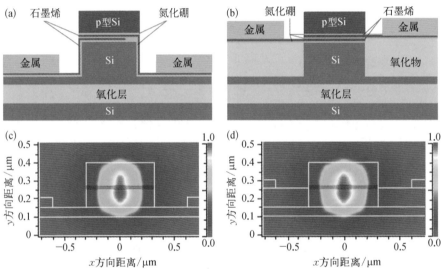

图1-5 石墨烯光学调制器

（a）（b）石墨烯光学调制器的器件结构示意图；（c）（d）两种结构光学调制器在1.55 μm波长下的横向电场分布

### 6. 石墨烯复合材料和涂层

基于石墨烯的油漆可以用于导电油墨、抗静电以及电磁屏蔽等。而且随着制备工艺越来越简单化，产量越来越高。很多公司现在都在用液相和热学分离石墨的方法制备石墨烯。另外，石墨烯非常稳定，而且对于所有气体分子都完全不可穿透，因此可以作为防腐材料抑制水和氧的扩散。由于石墨烯可以直接生

石墨烯的结构与基本性质

长在金属表面,自然形成防护涂层,因此可以在不同的表面上使用。

## 1.2 石墨烯的晶体学结构

### 1.2.1 石墨烯的基本结构

石墨烯是一种由碳原子以 $sp^2$ 杂化轨道组成六角型呈蜂巢状晶格的平面薄膜,是一种只有一个原子层厚度的二维材料。如图 1-6 所示,石墨烯的原胞由晶格矢量 $a_1$ 和 $a_2$ 定义,每个原胞内有两个原子,分别位于 A 和 B 的晶格上。碳原子外层 3 个电子通过 $sp^2$ 杂化形成强 σ 键(蓝),相邻两个键之间的夹角为 120°,第 4 个电子是公共的,形成弱 π 键(紫)。石墨烯的碳—碳键长约为 0.142 nm,每个晶格内有三个 σ 键,所有碳原子的 p 轨道均与 $sp^2$ 杂化平面垂直,且以肩并肩的方式形成一个离域 π 键,贯穿整个石墨烯。

图 1-6

(a)

(b)

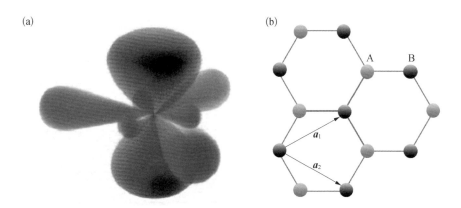

(a)石墨烯中碳原子的成键形式;(b)石墨烯的晶体结构

如图 1-1 所示,石墨烯是富勒烯(0 维)、碳纳米管(1 维)、石墨(3 维)的基本组成单元,可以被视为无限大的芳香族分子。形象来说,石墨烯是由单层碳原子紧密堆积成的二维蜂巢状的晶格结构,看上去就像由六边形网格构成的平面。每个碳原子通过 $sp^2$ 杂化与周围碳原子构成正六边形,每一个六边形单元实际上类似一个苯环，每一个碳原子都贡献一个未成键的电子，单层石墨烯的厚度仅为 0.335 nm，约为头发丝直径的二十万分之一。

## 1.2.2 石墨烯的 TEM 表征结果

透射电子显微镜简称透射电镜，是把经加速和聚集的电子束投射到非常薄的样品上，电子与样品中的原子碰撞后改变方向，从而产生立体角散射。散射角的大小与样品的密度、厚度相关，因此可以形成明暗不同的影像，影像将在放大、聚焦后在成像器件（如荧光屏、胶片，以及感光耦合组件）上显示出来。由于电子的德布罗意波长非常短，透射电子显微镜的分辨率比光学显微镜高很多，可以达到 0.1～0.2 nm，放大倍数为几万倍到几百万倍。因此，透射电子显微镜可以用于观察样品的精细结构，甚至可以用于观察仅仅一列原子的结构。20 世纪 90 年代，德国科学家 Rose 和 Haider 设计制造出了六级球差校正系统，把它装配到 Philips CM 200 FEG ST 型 TEM 上，其点分辨率由 0.24 nm 提高到了 0.13 nm。这是自 1932 年世界第一台透射电镜创制以来在电子显微镜领域取得的最伟大的成就。

利用这种技术研究人员成功实现了石墨烯的原子分辨。如图 1-7 所示，可以清晰地看到石墨烯的蜂窝状晶体结构，每六个碳原子形成一个石墨烯六元

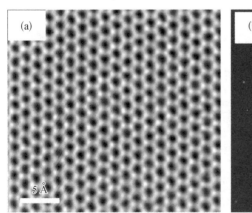

图 1-7　石墨烯的 TEM 表征结果

（a）石墨烯的球差校正透射电镜图像；（b）石墨烯的选区电子衍射图案

石墨烯的结构与基本性质

环。同时,利用选区电子衍射技术,还可以从倒易空间的角度得到石墨烯的晶体学结构[图1-7(b)],图中尖锐的亮点对应的是石墨烯在倒易空间里的衍射点。

### 1.2.3 石墨烯的 STM 表征结果

扫描隧道显微镜的工作原理基于量子力学中的电子隧穿效应。根据量子力学原理,由于电子具有波动性,当电子处于一个势垒中时,势垒的高度比电子能量大,电子跨越势垒出现在另一边的概率不为零,扫描隧道显微镜就是根据探测固体表面原子的隧道电流来分辨表面形貌的扫描装置。STM 使人类第一次能够实时地观察单个原子在物质表面的排列状态和与表面电子行为有关的物化性质,在表面科学、材料科学、生命科学等领域的研究中有着重大的意义和广泛的应用前景,被国际科学界公认为 20 世纪 80 年代世界十大科技成就之一。

利用 STM 的超高分辨率,研究人员很快就实现了石墨烯的 STM 原子分辨(图1-8)。与石墨不同,单层石墨烯可以清楚地看到六个碳原子组成蜂窝状的密排结构。

图1-8 石墨烯的
STM 表征结果

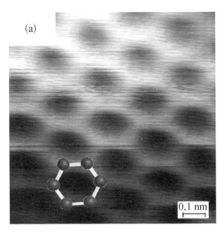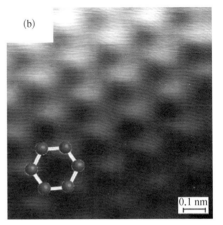

(a) 单层石墨烯的 STM 图像;(b) 石墨样品的 STM 图像

## 1.3　石墨烯的电子能带结构

### 1.3.1　石墨烯的紧束缚近似理论

石墨烯碳原子之间以共价键的形式连成蜂窝状结构,如图 1-9 所示,石墨烯晶格是一个复式晶格,相邻的两个碳原子构成复式晶格的原胞。

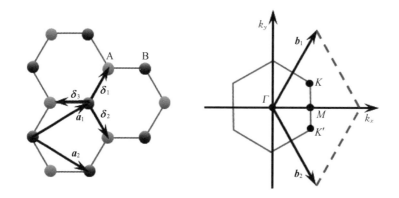

图 1-9　石墨烯晶格的实空间和倒易空间示意图

它的晶格可以看成是三角形的点阵,晶格基矢为 $a_1$ 和 $a_2$,具体可以写为

$$a_1 = \frac{a}{2}(3, \sqrt{3}), \ a_2 = \frac{a}{2}(3, -\sqrt{3})$$

式中,$a$ 为两个最近邻碳原子之间的距离,约为 0.142 nm。对应的倒易空间基矢为

$$b_1 = \frac{2\pi}{3a}(1, \sqrt{3}), \ b_2 = \frac{2\pi}{3a}(1, -\sqrt{3})$$

在石墨烯布里渊区的顶点有 $K$ 和 $K'$ 两个点,它们是后来石墨烯被称为无质量狄拉克费米子的重要来源。它们在动量空间的位置可以表示为

$$K = \left(\frac{2\pi}{3a}, \ \frac{2\pi}{3\sqrt{3}\,a}\right), \ K' = \left(\frac{2\pi}{3a}, \ -\frac{2\pi}{3\sqrt{3}\,a}\right)$$

　　　　　　　　　　　　　　　　　　　　　石墨烯的结构与基本性质

在实空间中三个最近邻碳原子为

$$\boldsymbol{\delta}_1 = \frac{a}{2}(1, \sqrt{3}), \ \boldsymbol{\delta}_2 = \frac{a}{2}(1, -\sqrt{3}), \ \boldsymbol{\delta}_3 = -a(1, 0)$$

另外六个次近邻碳原子位置可以表示为

$$\boldsymbol{\delta}_1' = \pm \boldsymbol{a}_1, \ \boldsymbol{\delta}_2' = \pm \boldsymbol{a}_2, \ \boldsymbol{\delta}_3' = \pm(\boldsymbol{a}_2 - \boldsymbol{a}_1)$$

利用紧束缚近似,只考虑最近邻和次近邻碳原子之间的相互作用,可以列出它的哈密顿量($H$),计算后得到石墨烯的能带表示如下

$$E_{\pm}(\boldsymbol{k}) = \pm t \sqrt{3 + f(\boldsymbol{k})} - t'f(\boldsymbol{k}) \tag{1-4}$$

式中,$t$ 为最近邻跃迁激活能;$t'$ 为次近邻跃迁激活能;$f(\boldsymbol{k})$ 为

$$f(\boldsymbol{k}) = 2\cos(\sqrt{3}\ k_y a) + 4\cos\left(\frac{\sqrt{3}}{2}\ k_y a\right)\cos\left(\frac{3}{2}\ k_x a\right) \tag{1-5}$$

式中,$k_x$、$k_y$ 分别为狄拉克点的 $x$、$y$ 分量。对于 $\boldsymbol{k} = \boldsymbol{K} + \boldsymbol{q}$,$|\boldsymbol{q}| \ll |\boldsymbol{K}|$,则

$$E_{\pm}(\boldsymbol{q}) \approx \pm v_F |\boldsymbol{q}| + \mathrm{O}\big[(\boldsymbol{q}/\boldsymbol{K})^2\big] \tag{1-6}$$

式中,$\boldsymbol{q}$ 为相对于狄拉克点的动量;O 为狄拉克点附近展开的阶;$v_F$ 为费米速度,它的值为

$$v_F = 3ta/2 \approx 1 \times 10^6 \ \mathrm{m/s} \tag{1-7}$$

因此,在 $\boldsymbol{K}$ 和 $\boldsymbol{K}'$ 点附近石墨烯具有近线性的能量色散关系(图1-10)。

图1-10 紧束缚近似下计算得到的石墨烯的能带结构

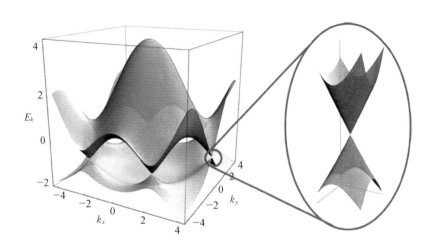

## 1.3.2 石墨烯的 ARPES 表征结果

角分辨光电子能谱(Angle Resolved Photoemission Spectroscopy，ARPES)是一种利用光电效应研究固体的电子结构的技术。1887 年，德国物理学家赫兹发现，一束光照射在样品表面，当入射光频率高于特定阈值(功函数)时，表面附近的电子会脱离样品，成为自由电子，这就是光电效应。在 ARPES 实验中，通常使用通过稀有气体电离或者同步辐射得到的光源。目前应用最广的是利用分析器测量光电子数与其出射角(即电子动量的方向角)和出射动能的函数关系。利用动能守恒定律和动量守恒定律，可以计算出样品中电子的动能及动量。

早在 2006 年，研究人员利用 ARPES 这种技术就实现了石墨烯费米能级附近电子能带结构的呈现(图 1-11)。图中可以清楚地看到，在石墨烯狄拉克点附近，石墨烯能带呈现明显的线性结构，这与最初的理论计算结果是完全吻合的。

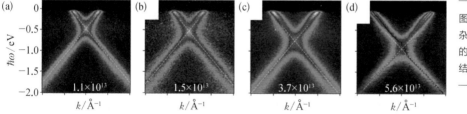

图 1-11　不同掺杂浓度下的石墨烯的 ARPES 表征结果

## 1.3.3 石墨烯的 STS 表征结果

上文提到，利用 STM 可以实现对样品的原子成像，石墨烯的六元环结构就是利用这种技术被成功呈现的。事实上，在使用扫描隧道显微镜时，当给样品施加电压之后，隧道电流 $I$ 会随着施加电压 $V$ 的变化而变化。通过理论计算，研究人员发现，隧道电流和施加电压的微分结果 $\mathrm{d}I/\mathrm{d}V$ 可以反映出针尖样品电子局域态密度的大小。因此，通过这种技术可以实现对物质电子能带结构的探测。

2009 年，Li 等在石墨上成功实现了石墨烯样品的原子级成像和扫描隧道谱

　　　　　　　　　　　　　　石墨烯的结构与基本性质

(Scanning Tunneling Spectroscopy，STS)分析。如图 1-12 所示，从 STS 谱中可以看到，在狄拉克点附近（−150 meV＜$E$＜150 meV），石墨烯的电子能带结构呈现非常明显的线性关系。通过计算可以得到对应的费米速度值约为 $0.8×10^6$ m/s，这和早期的理论计算结果比较一致。

图 1-12　石墨烯的 STS 表征结果

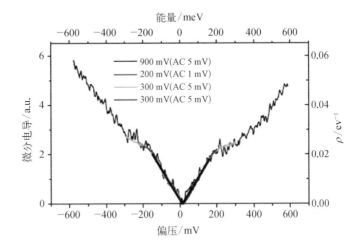

## 1.4　本章小结

　　本章从多层石墨到石墨烯的发现入手，介绍了石墨烯的发展历史。石墨烯的发现对于当今材料科学、纳米科学等领域中二维材料的发现具有重要的借鉴意义。正是石墨烯的发现使得人们意识到二维原子层材料的重要性，自 2004 年石墨烯被发现以来，二维材料家族已经形成了种类繁多的体系，各种新奇特性也逐渐被挖掘。除此之外，本章还介绍了石墨烯的基本晶体学结构及其电子能带结构，以及石墨烯常用的表征手段。

第 2 章

石墨烯的电学性质

## 2.1　石墨烯的超高载流子迁移率

在 $K(K')$ 附近的狄拉克锥形能带结构赋予石墨烯新奇的电学输运特性，比如双极化电场效应、超高的迁移率。石墨烯与传统的半导体材料以及二维电子气的电学性能对比如表 2-1 所示。

表 2-1　石墨烯与传统半导体材料以及二维电子气的电学性能

| 性　　能 | Si | Ge | GaAs | 二维电子气 | 石墨烯 |
|---|---|---|---|---|---|
| $E_g$[①] (300 K) /eV | 1.1 | 0.67 | 1.43 | 3.3 | 0 |
| $m^*/m_e$[②] | 1.08 | 0.55 | 0.069 | 0.19 | 0 |
| $\mu_e$[③] (300 K) /[cm²/(V·s)] | 1 350 | 3 900 | 4 600 | 1 500~2 000 | 约 $2 \times 10^5$ |
| $v_{sat}$[④] $\times 10^{-7}$ /(cm/s) | 1 | 0.6 | 2 | 3 | 约 4 |

注：① $E_g$ 为带隙；② $m^*/m_e$ 为电子有效质量；③ $\mu_e$ 为电子迁移率；④ $v_{sat}$ 为电子饱和速度。

### 2.1.1　石墨烯迁移率的测量方法

通常，为了测量石墨烯的迁移率，都要将石墨烯制备成如图 2-1 所示的器件。将机械剥离法或者是用化学气相沉积（Chemical Vapour Deposition，CVD）法制备的石墨烯转移到硅片上后，用标准的电子束光刻技术或等离子体刻蚀方法将石墨烯制成图中所示形状，然后用电子束蒸镀的方法镀上金属电极。为了减少器件制作过程中引入的杂质，制成的器件往往需要在还原气氛下进行退火处理。

图 2-1　常用石墨烯电子器件示意图

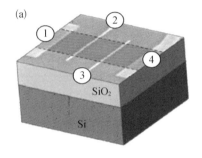
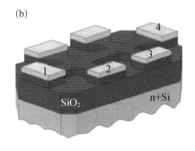

输运测量所用的硅片通常为掺杂硅片表面覆盖一定厚度的 $SiO_2$。在石墨烯与硅基底之间施加一个栅压 $V_g$ 后,由平行板电容原理可知,石墨烯中感应出一定量的电荷,电荷密度 $n = \varepsilon_0 \varepsilon V_g / et$,其中 $\varepsilon_0 \varepsilon$ 为 $SiO_2$ 的介电常数,$e$ 为电子电荷,$t$ 为 $SiO_2$ 的厚度。理想状态下,当栅压为负时,石墨烯中感生出正电荷,即载流子为空穴,石墨烯费米能级位于狄拉克点下方。当栅压朝正电压方向移动并经过零点时,石墨烯的费米能级刚好位于狄拉克点,此时石墨烯中电荷密度为零,电阻值达到最大。当栅压为正并逐渐增大时,石墨烯中的载流子变为电子,石墨烯的费米能级继续上移到导带。这一现象即石墨烯的双极化电场效应特性。

2004 年单层石墨烯被发现,通过用栅压调控石墨烯中载流子浓度,观察到石墨烯的双极化电场效应特性,如图 2-2(a)所示,在负栅压及正栅压区域分别对应空穴导电和电子导电。如图 2-2(b)所示,当在远离狄拉克点时,栅压对载流子浓度的调控符合线性关系。而在靠近狄拉克点时,载流子浓度并没有随着栅压降为零,所残留的载流子是由于热激活及静电场的空间不均匀导致的。由图 2-2(a)可以计算出迁移率 $\mu = 1/enR$,其中 $e$ 为电子电荷,$n$ 为载流子浓度,$R$ 为电阻。此外,迁移率还有其他的定义方式,如场效应迁移率 $\mu_{FE} = (1/C)\mathrm{d}\sigma/\mathrm{d}V_g$,其中 $C$ 为栅极电容,$\sigma$ 为电导;霍尔迁移率 $\mu_{Hall} = R_H / R$,其中 $R_H$ 为霍尔系数,$R_H = 1/ne$。值得注意的是,只有在远离狄拉克点,石墨烯的载流子浓度可以被栅压有效调控时,载流子迁移率才有意义。

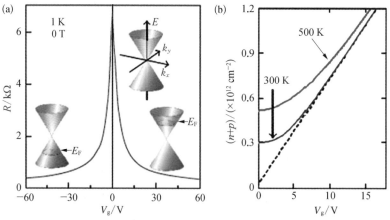

（a）电阻随栅压的变化,插图为石墨烯中费米能级随栅压的变化;（b）300 K 及 500 K 时载流子浓度与栅压的关系

图 2-2　石墨烯的双极化电场效应特性

### 2.1.2 石墨烯中电子传输及散射

完美的石墨烯让人着迷,然而实验中的石墨烯样品往往不是完美的,会存在边缘起伏甚至褶皱,也会存在缺陷或者吸附杂质,也有可能与周围环境相互作用。而这些因素通过引入空间不均匀或者作为散射源可以改变石墨烯的电学性能。大量的研究对这些因素进行详细的研究,以探究它们对石墨烯迁移率及导电性的影响机制。

理论上,根据石墨烯中载流子的平均自由程 $l$ 与石墨烯样品尺寸 $L$ 的关系,将石墨烯中电子输运分为两类:当 $l > L$ 时,被称为弹道输运,即载流子可以以费米速度直接从一个电极传输到另一个电极而不经过任何散射;当 $l < L$ 时,被称为扩散输运,即在这种情况下,载流子可能会发生弹性或者非弹性散射。常见的散射包括长程库仑散射、短程散射以及电子-声子散射。长程库仑散射源于石墨烯附近出现的带电杂质导致的静电势的长程扰动,如基底上的离子、石墨烯上吸附的带电杂质等。短程散射主要是由石墨烯上的点缺陷或者裂纹导致,短程散射对石墨烯迁移率的影响要远大于长程散射。电子-声子相互作用导致的散射可以看作是石墨烯的本征散射,在有限温度下都会影响石墨烯的迁移率。

### 2.1.3 石墨烯的迁移率

$Si/SiO_2$ 基底是石墨烯器件最常用的基底,从技术的角度看,研究 $Si/SiO_2$ 基底上石墨烯迁移率的影响因素,对发展高质量石墨烯器件具有重要的意义。在石墨烯发现伊始,就开始了对 $Si/SiO_2$ 基底上石墨烯迁移率的研究。通过测量并分析不同温度下 $SiO_2$ 上石墨烯的导电性,石墨烯的电阻率可以表示为 $\rho(n, T) = \rho_0(n) + \rho_A(T) + \rho_{RIP}(n, T)$,其中每一项都代表一种散射机制。如图 2-3(a),在较低温度下,石墨烯电阻率与温度呈线性关系,通过线性拟合,与 $y$ 轴的交点即为剩余电阻率 $\rho_0$,其与 $(n-1)$ 呈线性关系,如图 2-3(b)所示。剩余电阻率与缺陷及带电杂质有关。线性拟合的斜率即为声子散射导致的电阻率

$\rho_{A}$，可以看到 $\rho_{A}$ 与载流子浓度无关。然而，在温度较高时，石墨烯电阻率随温度的变化表现为明显的非线性行为，且在不同载流子浓度下行为差异很大。这样的电阻率被认为是源于 $SiO_2$ 表面极化声子导致的界面声子散射，对应的电阻率为 $\rho_{RIP}$，即 $SiO_2$ 表面的极化声子产生一个电场，与石墨烯中的载流子形成耦合，故而影响到石墨烯中载流子的迁移率。

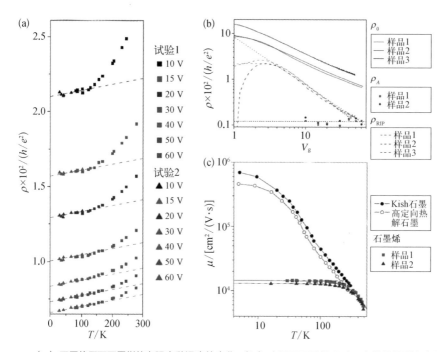

图 2-3　$SiO_2$ 上石墨烯的电学性质

（a）不同偏压下石墨烯的电阻率随温度的变化；（b）室温下不同栅压时三个样品的剩余电阻率 $\rho_0$、声子散射导致的电阻率 $\rho_A$、$SiO_2$ 表面极化声子导致的电阻率 $\rho_{RIP}$；（c）石墨烯和石墨中的迁移率随温度的变化

　　图 2-3(c)为石墨烯载流子浓度为 $1\times10^{12}$ cm$^{-2}$ 时迁移率随温度的变化及由于声子散射、界面声子散射以及杂质导致的迁移率极限。可以看到在温度小于 400 K 时，杂质对迁移率的影响是最主要的。通过与两种石墨烯母体材料对比，在低温区域，两种石墨材料具有更高的迁移率，表明主要影响石墨烯迁移率的是 $SiO_2$ 表面的带电杂质，而不是石墨烯的本征缺陷。当然，这是针对机械剥离法制备的石墨烯而言。因此，减小基底对石墨烯的影响，可以极大程度地提高石墨烯迁移率。

减小基底影响的方法之一是移除基底，即制作悬空石墨烯器件。与 SiO$_2$ 上器件的制作方法类似，在完成器件制作后，通过化学腐蚀的方法将石墨烯下面的 SiO$_2$ 层刻蚀掉，即可以获得悬空石墨烯器件，如图 2-4(a) 所示。在这样的悬空器件中，当载流子浓度小于 $5 \times 10^9 \, cm^{-2}$，低温下石墨烯的迁移率可以高达 $200\,000 \, cm^2/(V \cdot s)$。图 2-4(a)(b) 为悬空石墨烯和非悬空石墨烯中电阻随载流子浓度的变化。可以看到，在悬空石墨烯中，狄拉克点附近的电阻峰非常尖锐，同时最大电阻值随着温度降低不断地增大。而在非悬空石墨烯中，在 200 K 附近，石墨烯最大电阻值即达到饱和。这是由于，非悬空石墨烯受到基底表面带电杂质导致的电势起伏影响，导致狄拉克点附近电荷掺杂的空间波动。进一步对比 100 K 时悬空石墨烯和非悬空石墨烯迁移率随载流子浓度的变化发现 [图 2-4(c)]，在低载流子浓度下，悬空石墨烯的迁移率远大于非悬空石墨烯的迁移率，是因为狄拉克点附近能态密度小，受短程散射作用很弱，而悬空石墨烯消除了基底导致的长程散射，故表现出较高的迁移率。但在载流子浓度较大的情况下，两种石墨烯的迁移率相差不大，此时主要是短程散射，即石墨烯本征缺陷导致的散射起主导作用。

图 2-4　悬空石墨烯器件的电学输运性质

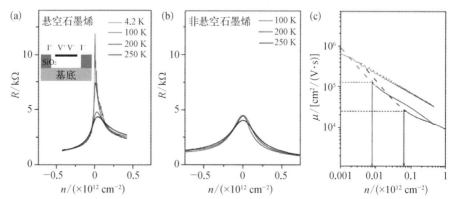

（a）（b）不同温度下悬空石墨烯（a）和非悬空石墨烯（b）的电阻随载流子浓度的变化，（a）中插图为悬空石墨烯器件示意图；（c）100 K 下悬空石墨烯（红线）和非悬空石墨烯（黑线）迁移率随载流子浓度的变化以及弹道输运模型理论计算（蓝线）

尽管悬空石墨烯器件表现出非常好的电子传输性能，但其对器件结构往往有很大的限制，故而不能实现广泛的应用。幸运的是，随着二维材料的不断被发现与认识，人们找到了替代 $SiO_2$ 的完美基底 h-BN。相比于 $SiO_2$ 基底，h-BN 具有显著的优势：首先，h-BN 具有原子级平整的表面，石墨烯在 h-BN 上面能更好地保持其二维特性，减小因为表面起伏造成的载流子散射；其次，h-BN 是层状材料，容易解离，解离的表面呈化学惰性，没有悬挂键，可以减少库仑杂质散射；最后，h-BN 的光学声子的能量较高，石墨烯同 h-BN 的电-声子相互作用在常温下会比 $SiO_2$ 弱。也就是说在 h-BN 上，石墨烯载流子受衬底声子的散射弱。如图 2-5(a) 所示，首先借助有机薄膜，将机械剥离法制备的石墨烯小片从硅片上剥离下来，然后在显微镜下精确对准，实现石墨烯对 h-BN 的点对点转移。为了获得更干净的样品，研究者们对转移方法不断地进行改善。h-BN 上的石墨烯电阻峰出现在零压附近，且峰很尖锐，对应的迁移率

图 2-5 h-BN 上石墨烯的电学输运性质

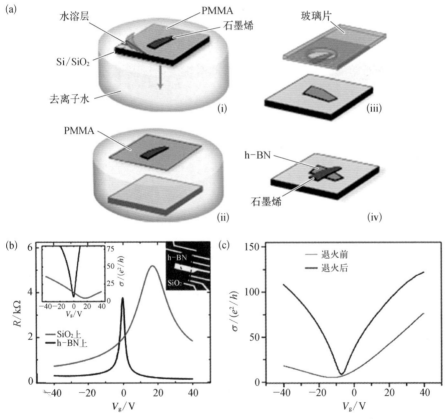

（a）在 h-BN 基底上转移石墨烯的示意图；（b）h-BN（黑线）和 $SiO_2$（红线）上单层石墨烯的电阻，插图为电导变化；（c）退火前后 h-BN 上石墨烯的电导变化

约为 20 000 cm²/(V·s);而 SiO₂ 上的石墨烯掺杂很严重,且电阻峰具有很明显的展宽,对应的迁移率约为 2 000 cm²/(V·s)。由此可见,由 h‑BN 作为基底,石墨烯器件的性能可以大大提升。一个值得注意的问题是,在转移的过程中,往往会有有机物残留或者引入应变,使石墨烯被掺杂并表现出较差的电学性能,所以为了获得质量更好的石墨烯器件,后续需要进行退火,如图 2‑5(c) 所示。

前面讨论的石墨烯迁移率都是以机械剥离法制备的石墨烯为研究对象。而机械剥离法制备的石墨烯的母体材料通常为高定向热解石墨(HOPG),它具有很好的晶体质量,因此获得石墨烯小片也都具有很高的质量,缺陷很少。这样的研究对于基础实验科学及探索石墨烯新奇性能具有很重要的意义。然而,机械剥离法制备的石墨烯小片并不适合真正的石墨烯应用研究,因此人们也在不断探索大面积高质量石墨烯的制备方法,以期实现石墨烯产业化应用,真正地改善人类生活方式,促进社会不断进步。化学气相沉积法是目前被认为最有可能实现石墨烯工业化生产的制备方法之一,它可以大面积制备出层数可控的石墨烯薄膜。但是气相沉积法制备的石墨烯存在两个问题。

(1) 通常石墨烯生长以工业多晶铜箔为基底,所得到的石墨烯薄膜为多晶薄膜,存在很多晶界。如图 2‑6(a)(b)所示,在石墨烯畴区拼接时,会形成两种晶界——拼接晶界或者搭接晶界。通过电学测量可知,晶界两边的石墨烯电阻差别很小,而晶界处的电阻值较大;拼接晶界的电阻大约是畴区电阻的 1.4 倍,拼接界面的存在相当于有效沟道长度增加 200 nm;搭接晶界的电阻大约是畴区电阻的 3.2 倍,搭接界面的存在相当于有效沟道长度增加 1.8 μm[图 2‑6(c)(d)]。由此可以看到晶界的存在会影响石墨烯薄膜的电学性质,尤其是搭接晶界,对电子的散射更为明显。因此,在化学气相沉积实验中,应避免搭接晶界的存在。

同时,研究者们也在不断努力去获得大晶畴石墨烯薄膜,甚至是单晶石墨烯薄膜,以减少或消除晶界对石墨烯薄膜性质的削弱。如图 2‑7(a)所示,通过降低形核密度,可以在多晶铜箔上获得厘米级大晶畴石墨烯畴。石墨烯畴区的取向不同,连接成膜后仍为多晶石墨烯薄膜。利用局部碳源供给的方法,可以实现

图 2-6 石墨烯晶界的电学性能

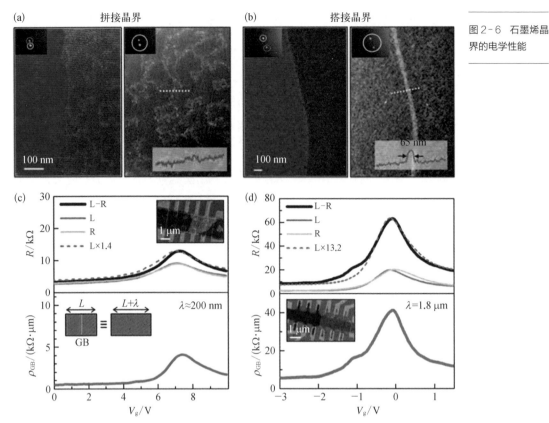

（a）（b）拼接晶界（a）及搭接晶界（b）的高分辨暗场透射电子显微镜（HR-DF-TEM）图像，插图中红线为白色虚线的高度图；（c）（d）晶界左边区域（L）、右边区域（R）以及横跨晶界（L-R）的电阻及横跨晶界的电阻率，插图为所测量石墨烯电子器件的 SEM 图像

单个形核点不断长大，进而获得单个单晶石墨烯畴区，尺寸可以达到 1.5 ft[①][图 2-7（b）]。同时，铜镍合金基底的使用，可以提高生长速率。外延生长是一种常用的获得单晶薄膜材料的制备方法。利用单晶 Cu(111) 作为基底，科学家成功地实现了米级单晶石墨烯薄膜的生长[图 2-7（c）]。Cu(111) 具有和石墨烯相同的晶格对称性，且晶格失配度仅为 4%。在晶格的诱导下，Cu(111) 上的石墨烯畴区取向均相同，可以实现无缝拼接，进而获得大单晶石墨烯薄膜。无数的石墨烯畴区同时长大并融合，相对于单核长大，生长速率大大提升，因此外延生长是一种更加适合于产业化生产的生长方式。

———————————

① 1 英尺（ft）＝0.304 8 米（m）。

图 2 - 7 大晶畴 /
单晶石墨烯

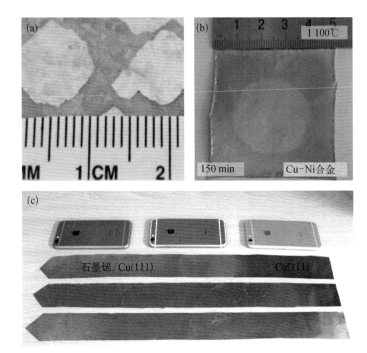

（a）多晶铜箔上大晶畴厘米级石墨烯；（b）局部碳源供给方法实现的单晶石墨烯畴区；（c）外延生长的米级单晶石墨烯薄膜

石墨烯与铜的热膨胀系数相差较大（室温下 Cu 约为 $1.7 \times 10^{-5}$ $K^{-1}$，石墨烯约为 $-7 \times 10^{-6}$ $K^{-1}$），石墨烯生长温度从约 $1\,000℃$ 降到室温，不考虑石墨烯与铜之间的相对滑动，石墨烯中会产生约 2% 的压应变。实际上，石墨烯与不同铜晶面的相互作用不同，当石墨烯与铜的耦合较弱时，会形成褶皱以释放部分应变。如图 2 - 8（a）所示，不同程度应变的释放会导致不同的褶皱构型。当释放的应变较小时，石墨烯会形成小的起伏，也称为涟漪（Ripple）；而释放的应变较大时，凸起的石墨烯会在范德瓦尔斯力的作用下相互接触，即发生坍塌（Collapse），坍塌的褶皱可以无撑持站立，也可能发生折叠。对折叠褶皱进行输运测量，结果如图 2 - 8（b）～（e）所示，折叠褶皱表现出非常明显的电学各向异性。沿褶皱方向，褶皱与单层石墨烯在狄拉克点附近电阻差异最大，随着载流子浓度增大时，差异逐渐减小。这是由于折叠的褶皱与三层石墨烯的结构类似，当在狄拉克点附近时，载流子可以平均地分布在三层石墨烯中，故而每层石墨烯中载流子浓度减小，电学输运性质提高；而当载流子浓度较高时，由于电荷屏蔽作用，几乎所有的载流子都被限制在底层石墨烯中，故而输运性质与单层石墨烯类似。折叠石墨烯截面的长度大约是单层石墨烯的 3 倍，但是其电阻与单层电阻相差很小，说明有层间隧穿发生。由以上讨论可以知道，褶皱的形成不会太大地降低石墨烯薄膜的电学性质，但是会导致电学的不均匀性，因此应该尽量避免。有实验证明，Cu(111) 与石墨烯有着很强的相互作用，可以很大程度地减少褶皱的形成。

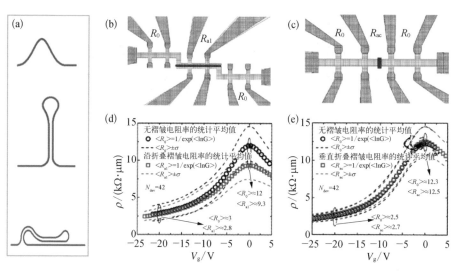

图 2-8　褶皱构型及折叠褶皱的电学输运特性

（a）三种石墨烯褶皱构型示意图；（b）(d) 沿石墨烯褶皱方向电阻测量的器件结构示意图（b）及 42 个器件的统计结果（d）；（c）(e) 垂直石墨烯褶皱方向电阻测量的器件结构示意图（c）及 42 个器件的统计结果（e）

（2）金属基底上的石墨烯需要转移到绝缘体基底上才能实现应用，而传统借助有机薄膜的转移方法会导致有机物残留、应变引入甚至石墨烯破损，这都会导致石墨烯的电学性能下降。为了减少转移过程导致的石墨烯质量下降，人们进行了大量的实验尝试，不断地优化转移方法。较为有效的方法之一是利用 h-BN 小片将石墨烯直接从铜箔上撕下来。将铜箔上的石墨烯进行轻微氧化，在不破坏石墨烯结构的前提下，石墨烯下铜箔表面形成一层薄薄的氧化层，氧化层的存在大大减弱了石墨烯与铜之间的耦合，依赖 h-BN 与石墨烯之间的强范德瓦尔斯力就可以将石墨烯从铜上撕下来。这个过程没有有机物与水溶液的参与,故而大大降低了对石墨烯的掺杂并且减少了有机物杂质,所制得的石墨烯器件也表现出优异的电子学性能,迁移率更是高达 $350\,000$ cm$^2$/(V·s)。而这一方法同样存在缺点,它只可以实现小片石墨烯的转移,且操作过程复杂,更适合实验研究。

为了实现大面积石墨烯转移,必须使用有机物支撑膜来防止转移过程中石墨烯的破裂,同时转移之后,有机物必须可以很干净地去除掉。所以在选择有机物时需要同时考虑有机物薄膜的强度、与石墨烯的相互作用及溶解性。最常用的聚甲基丙烯酸甲酯(PMMA)由于与石墨烯之间的作用力较强,往往不能完全去除,其残留物会极大地降低石墨烯的电学性质。在进行了大量尝试之后,研究者发现,松香小分子是一种非常适合实现大面积石墨烯转移的有机物,得到的石墨烯薄膜具有很好的质量,可以用来制作有机发光二极管。

## 2.2 量子霍尔效应

### 2.2.1 霍尔效应和传统量子霍尔效应

霍尔效应(Hall Effect)是电磁学物理中一个重要的物理现象。将通电导体置于垂直于电流方向的磁场中,会在垂直于磁场和电流方向的导体两端测到一个电压,所测的横向电压即为霍尔电压(Hall Voltage),这个效应被称为霍尔效应,美国物理学家埃德温·赫伯特·霍尔(Edwin Herbert Hall)于 1879 年首次发现(图 2-9)。在普通非磁导体中,运动电荷在磁场中会受到垂直于运动方向和磁场方向的洛伦兹力,使正负电

图 2-9 霍尔效应示意图

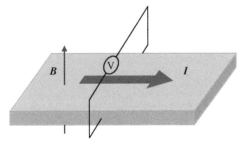

荷运动方向发生偏转并分别聚集于导体横向的两端，因此产生霍尔电压。霍尔电压与纵向电流的比值称为霍尔电阻，用来衡量霍尔效应的大小及表征材料的导电性能。

　　在发现霍尔电压一个世纪以后，1980 年冯·克利青（Klaus von Klitzing）在二维电子气系统（半导体异质结界面处的二维导电层）中观察到量子霍尔效应（Quantum Hall Effect，QHE）。与霍尔效应中的线性霍尔电压-磁场关系不同，量子霍尔效应中的霍尔电压在超过 1 T 的强磁场下偏离线性关系，呈现出明显的阶梯形状。这些阶梯形状平台具有非常精确的电阻值：$h/\nu e^2$，其中 $h$ 为普朗克常量，$e$ 为电子电量，$\nu$ 为一个整数。因此，这种形式的量子霍尔效应也被称为整数量子霍尔效应。同时，如果温度足够低，纵向电阻将变为零，说明电子的纵向输运是无能耗的，二维电子气系统的基态和第一激发态间存在带隙。尽管量子霍尔效应可以在毫米级尺度材料中观测到，但这种量子化的物理现象表明，量子霍尔效应的根本机理是量子力学的宏观体现。量子霍尔效应在二维电子气中普遍存在，在测量霍尔电阻中具有超高的分辨率，其量子化不依赖于具体材料并对样品的尺寸、杂质等外在因素不敏感，只和两个基本物理常量相关，因此，自 1990 年以来，量子霍尔效应一直是用来测量精确电阻的标准方法，并被用于确定精细结构常数 $\alpha = e^2/hc$，其中 $c$ 为光速。

　　具体来讲，量子霍尔效应是二维电子气系统的朗道（Landau）能级量子化表现。当二维电子气系统置于磁场中，单个电子的本征值被量子化为一系列具有高度简并的朗道能级［图 2-10(a)］。如果忽略磁场中的自旋能级分裂，则整数 $\nu$ 是朗道能级指数。基态能级简并度与磁场强度 $H$ 呈线性关系，朗道能级填充因子 $f$ 定义为占据电子数和朗道能级简并度的比值。单位面积内朗道能级的简并度为 $eH/ch$，如果 $\nu$ 个能级被填满，正好有 $f = \nu$。设材料电子浓度为 $n$，则朗道能级填充因子为

$$f = \frac{n}{eH/ch} \tag{2-1}$$

可见，朗道能级填充因子是电子浓度及磁场强度的函数。量子化的朗道能级和填充因子对磁场强度及电子浓度的依赖关系，以及伴随的无序效应，表现为量子霍尔效应现象。随着磁场强度的变化，霍尔电阻及纵向电阻量子化的经典曲线如图 2-10 所示。图 2-10(b)中，蓝线和绿线分别代表霍尔电阻率 $\rho_{xy}$ 和纵向电阻率 $\rho_{xx}$。从图中可见，随着磁场强度的变化，纵向电阻表现为一系列的峰，而在纵向电阻两峰间，霍尔电阻为常数，表现为一系列平台。当然，若保持磁场强度不变，通过调节栅电压进而改变电子浓度，同样可以调节朗道能级填充因子进而得到与图 2-10(b)类似的电阻量子化曲线。

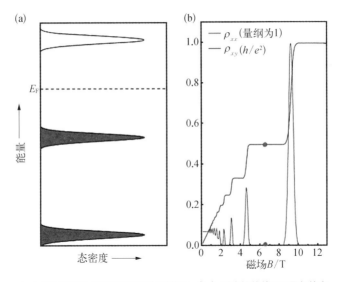

（a）在强磁场下二维电子气的朗道能级；（b）对应的整数量子霍尔效应

然而，在实际的二维电子气系统中由于存在杂质及表面态的无序，朗道能级简并性被部分解除，因此狄拉克 $\delta$ 函数形式的朗道能级被展宽。展宽的朗道能级中心附近仍是扩展态，两个朗道能级之间区域为局域态。当改变磁场强度 $H$ 或者电子浓度 $n$ 时，费米能级在扩展态和局域态间转换表现为霍尔电阻率 $\rho_{xy}$ 和纵向电阻率 $\rho_{xx}$ 的量子化，并且纵向电阻的峰宽被一定地展宽，使得实际实验中能更容易地观测到量子霍尔效应。

## 2.2.2　单层石墨烯中的半整数量子霍尔效应

二维材料的发现无疑开辟了材料物理新的研究领域。等离激元、声子、载流子等元激发准粒子被局域于纳米尺度，它们之间的相互作用被极大地增强从而常常主导材料的某些特性。同时，二维材料中电子态被限制在二维材料的表面形成二维电子气，电子态完全暴露在材料表面，很容易进行材料性质的人工调控。作为二维材料家族的代表，石墨烯中二维电子气具有超高的迁移率，无疑为量子霍尔效应的研究提供了良好的平台。特别是石墨烯中的电子满足狄拉克（Dirac）方程而不是薛定谔（Schrödinger）方程，这相对于其他二维电子气十分独特，石墨烯中的量子霍尔效应研究必定十分精彩。

图 2-11 为单层石墨烯的霍尔电导率 $\sigma_{xy}$ 在恒定磁场 $B$ 下随电子和空穴浓度变化的实验曲线。图中，典型的量子霍尔效应平台清晰可见，但是它们并不按我们预期的经典二维电子气中 $\sigma_{xy} = N(4e^2/h)$ 排序出现，其中 $N$ 为整数。单层石墨烯的量子霍尔效应平台出现在半整数 $\nu$ 处，因此第一个平台出现在 $2e^2/h$，并且排序为 $\left(N + \dfrac{1}{2}\right)(4e^2/h)$。从最低空穴朗道能级 $\left(\nu = -\dfrac{1}{2}\right)$ 跃迁到最低电子朗道能级 $\left(\nu = \dfrac{1}{2}\right)$ 所需要的载流子数 $\left(\Delta n = \dfrac{4B}{\Phi_0} \approx 1.2 \times 10^{12}\,\mathrm{cm}^{-2}\right.$，其中 $\Phi_0$

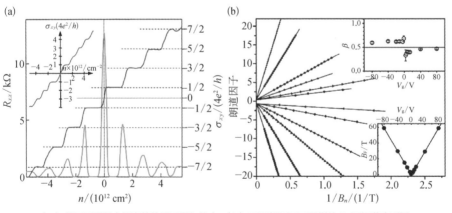

（a）单层石墨烯中的半整数量子霍尔效应；（b）不同栅压下石墨烯的 SdH 振荡扇形图

图 2-11

为磁通量）和其他近邻朗道能级之间的过渡需要的载流子数相同。这导致了霍尔电导率 $\sigma_{xy}$ 随载流子浓度变化曲线为一系列等距的阶梯,并不在通过载流子浓度为零时中断。为了对比出这种非常反常的物理现象,图 2-11(a)左上角插图展示了双层石墨烯的霍尔电导率,可以看到,双层石墨烯中的量子霍尔效应平台的序列恢复正常,与传统的量子霍尔效应一样第一个平台出现在 $4e^2/h$(但是双层石墨烯表现出另一种量子霍尔效应台阶的不同将在下节详细介绍)。可见,单层和双层石墨烯的量子霍尔效应有很大的区别。这是由于单层与双层石墨烯在狄拉克点附近的能带不同,石墨烯单层狄拉克点的费米子为无质量的狄拉克粒子,而双层石墨烯能带在狄拉克点附近劈裂为两对抛物线,电子有有限的质量,不能再描述为无质量狄拉克粒子。

为从理论上解释上述石墨烯的半整数量子霍尔效应,需要引入在垂直磁场 $B$ 中零质量狄拉克费米子的能量表达式,即

$$E_N = \text{sgn}(N)\sqrt{2e\hbar v_\text{F}^2 B\left| N + \frac{1}{2} \pm \frac{1}{2}\right|} \tag{2-2}$$

式中,$\hbar$ 为约化普朗克常量;$v_\text{F}$ 为费米速度;$N$ 为整数($N>0$ 表示电子为载流子,$N<0$ 表示空穴为载流子),表示朗道能级指标。在量子电动力学中,符号"$\pm$"描述了两个自旋,而在石墨烯中它指的是赝自旋。赝自旋与真正的自旋无关,起源于石墨烯中的两套不同狄拉克点(石墨烯晶格由两个碳原子组成,因此倒易空间有 $K$ 和 $K'$ 两个狄拉克点)。考虑到自旋和赝自旋,上面的公式表明最低的朗道能级($N=0$)出现在 $E_N=0$,此能级只能容纳一种(负的)赝自旋投影的费米子,简并度为 2。然而,其他能级($N\neq0$)均可被两种赝自旋($\pm$)占据,简并度为 4。这意味着对于 $N=0$ 的朗道能级,简并度是其他朗道能级的一半。或者,可以说所有的朗道能级都有相同的"复合"简并度,但 $N=0$ 的朗道能级简并是由电子和空穴共享的。因此第一个量子霍尔效应平台出现在正常载流子填充量的一半,同时,$\nu = -\frac{1}{2}$ 和 $\nu = \frac{1}{2}$ 都对应 $N=0$ 的朗道能级。而所有其他朗道能级($N\neq0$)

简并度正常,为 $\dfrac{4B}{\Phi_0}$,但是相对于正常霍尔效应序列仍然偏移 $\dfrac{1}{2}$。这解释了石墨烯中的半整数 $\nu = N + \dfrac{1}{2}$ 的量子霍尔效应。值得强调的是,由于石墨烯中的载流子在室温条件下运动时几乎不受散射影响,其超高的迁移率使得在室温下即可测到其量子霍尔效应。

石墨烯的半整数量子霍尔效应还可以看成狄拉克费米子在磁场中运动获得的贝里相位(Berry Phase)的直接体现。电子波函数 $\Phi(x) = \Phi_0(x)\,e^{i\gamma}$,其中 $\Phi_0(x)$ 为实函数,$e^{i\gamma}$ 为相位因子。根据量子力学知道波函数的绝对值平方为概率密度,相位因子在定态下没有物理意义,只有在描述一个物理过程中两点的相位差时才有确定的值和物理意义。通常,量子力学物理量只与粒子初、末态有关,其相位差为一定值,即这时的相位差与过程无关,称为"可积相位"。但狄拉克指出粒子初、末态相位差有可能仍然是不确定的,它的值依赖于连接两点的路径,路径不同相位不同,这种相位因子称为"不可积相位"。贝里相位为"不可积相位",描述系统中随着外参量缓慢改变又回到初始状态(称为绝热过程)时,系统波函数的相位的改变。在绝热过程中,贝里发现随着外参量的改变,系统波函数会在获得一个动力学相位因子的同时,还获得一个相位因子,即贝里相位(也称为几何相位)。如果一个准粒子环绕着动量空间中的闭合轮廓(即相位 $\Phi = 2\pi$)转一圈,准粒子的波函数将附加贝里相位 $\Phi = J\pi$(单层石墨烯 $J = 1$,双层石墨烯 $J = 2$)。在石墨烯中,贝里相位可以看作是由于准粒子在不同的碳子晶格之间(在单层石墨烯中为 A、B 碳原子,在双层石墨烯中为 $A_1$ 和 $B_2$ 碳原子)反复移动时,赝自旋的旋转附加产生的。处于磁场中的单层石墨烯的半经典磁振荡可描述为

$$\Delta R_{xx} = R(B, T)\cos\left[2\pi(B_F/B + 1/2 + \beta)\right] \qquad (2-3)$$

式中,$R(B, T)$ 为 Shubnikov de Haas(SdH)振荡幅度;$B_F$ 为 SdH 振荡频率;$\beta$ 为相应的贝里相位($0 < \beta < 1$)。通常情况下,$\beta = 1$ 或 $\beta = 0$。与此不同的是 $\beta = 1/2$,即对应于狄拉克粒子的出现。实验中,半经典状态下的这种相移可以通过对 SdH 扇形图的分析获得。图 2-11(b)为 $R_{xx}$ 中第 $n$ 个最小值

的 $1/B_n$ 值随朗道因子的数据图。通过线性拟合在纵坐标产生的截距即为贝里相位，即 $\beta = 0.5$，进一步表明石墨烯中非零贝里相的存在和狄拉克粒子的存在。

### 2.2.3 双层石墨烯中的反常量子霍尔效应

两层石墨烯通过范德瓦尔斯力耦合在一起形成的双层石墨烯表现出很多不同于单层石墨烯的物理性质。根据层间转角的不同，双层石墨烯可分为 AA、转角、AB 三种堆垛方式。在 AA(AB) 堆垛的双层石墨烯中，上下两层的 A —→ B 碳碳键是相同(相反)的，碳碳键夹角为 $\theta = 0°(\theta = 60°)$，而转角石墨烯对应碳碳键夹角为 $0° < \theta < 60°$。在自然界中石墨烯通常是以伯纳尔(Bernal)堆垛(即 AB 堆垛)为主，但是通过化学气相沉积生长、精确定点转移可以得到任意角度堆垛的双层石墨烯。双层石墨烯的能带具有很强的层间转角依赖性，其电子能带结构很显著地受层间转角的调控。对于伯纳尔堆垛的双层石墨烯，受两层的电子能态耦合的影响，单层石墨烯的费米能级处狄拉克锥蜕变成平行的上下两对抛物线。这种堆垛方式的双层石墨烯中心反演对称性仍然存在，因此其本征态也是零带隙的半金属。但是，当外加垂直于石墨烯平面的电场时，这种对称性被打破，石墨烯的带隙将被打开。

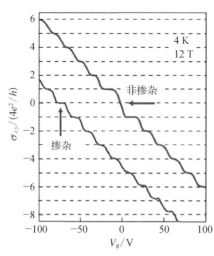

和单层石墨烯一样，伯纳尔堆垛的双层石墨烯也表现出反常量子霍尔效应（图 2-12），但是实验现象和单层石墨烯完全不同。从图中可见，量子霍尔效应平台 $\sigma_{xy} = N(4e^2/h)$ 按标准序列排布，但是在 $N = 0$ 处的第一个平台缺失，这也意味着双层石墨烯在中性点处仍然是金属性。这种反常量子霍尔效应起源于双层石墨烯中准粒子的奇异性质，其哈密顿量为

$$H = -\frac{\hbar^2}{2m}\begin{bmatrix} 0 & (k_x - i k_y)^2 \\ (k_x + i k_y)^2 & 0 \end{bmatrix} \qquad (2-4)$$

式中,$\hbar$ 为约化普朗克常量;$m$ 为电子质量;$k_x$、$k_y$ 分别为沿 $x$、$y$ 方向的动量;i 为虚部。

　　双层石墨烯中准粒子的哈密顿量结构类似于对角线结构狄拉克方程。哈密顿量所计算得到的准粒子是有手性的,类似于无质量的狄拉克费米子,但是具有有限质量 $m \approx 0.05 m_0$。这种具有较大质量的手性粒子在相对论量子理论中是一个矛盾。在单层石墨烯中,SdH 振荡相位 $\varPhi = \pi$,对应 1/2 贝里相位。而在双层石墨烯中 $\varPhi = 2\pi$,一般来说不会影响量子霍尔效应排序。但是,进一步分析发现,具有 $J\pi$ 贝里相位的哈密顿量在能量为零的朗道能级处为 $J$ 度简并。对于自由费米子量子霍尔体系(没有贝里相位),能量 $E_N = \hbar \omega_c (N + 1/2)$,基态为 $\hbar \omega_c /2$,其中 $\omega_c$ 为谐振子振动频率。对于单层石墨烯($J = 1$,$\varPhi = \pi$),能量 $E_N = \pm v_F \sqrt{2 \hbar eBN}$,能量为零的态为单一非简并态。对于双层石墨烯($J = 2$,$\varPhi = 2\pi$),"重狄拉克费米子"的朗道量化可以描述为:$E_N = \pm \hbar \omega \sqrt{N(N-1)}$,其中在零能级处($E_N = 0$)有两个简并度,$N = 0$ 和 1,$\omega$ 为回旋频率。零能级处两个简并度的出现,导致零能级处量子霍尔平台的缺失和在零能级处双倍高度的霍尔电导率跳跃(图 2-12 中红色曲线)。

　　有趣的是,当给伯纳尔堆垛的双层石墨烯加栅压时,这种反常量子霍尔效应又会回归到"标准"量子霍尔效应。实际上,栅压不仅改变了载流子浓度,同时其附加的电场引起两个石墨烯之间的不对称,诱发双层石墨烯产生带隙。电场诱导的带隙消除了 $E_N$ 为 0 时朗道能级的附加简并度,而且使量子霍尔阶梯保持不间断地由双倍高度阶梯分裂成两个正常高度的阶梯(图 2-12 中绿色曲线)。作为对比,图 2-13 画出了常规量子霍尔效应、本征双层石墨烯反常量子霍尔效应、单层石墨烯半整数量子霍尔效应。

## 2.2.4　石墨烯中的分数量子霍尔效应

　　在量子霍尔效应被发现两年后,分数量子霍尔效应(Fractional Quantum Hall

　　　　　　　　　　　　　　　　　　　　　　　　石墨烯的结构与基本性质

图 2- 13 常规量
子霍尔效应（a）、
本征双层石墨烯反
常量子霍尔效应
（b）及单层石墨
烯半整数量子霍尔
效应（c）对比图

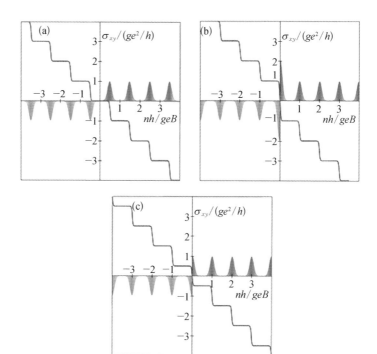

Effect，FQHE）于 1982 年由 Daniel Tsui 和 Horst Störmer 在 Arthur Gossard 研发的砷化镓异质结中首次实验观测到。分数量子霍尔效应有几乎与量子霍尔效应相同的特性，区别是分数量子霍尔效应的量化霍尔电导率在 $e^2/h$ 乘以一个分数倍时出现量子霍尔效应平台。第一个分数为 1/3，至今已有 100 多个分数量子霍尔态被观测到，其中绝大部分分数的分母为奇数。分数量子霍尔效应是一种集体态的表现，在这种集体态里，电子把磁通量线束缚在一起，形成新的准粒子、有着分数化基本电荷的新激发态，并且有可能出现分数统计。1998 年诺贝尔物理学奖授予 Daniel Tsui、Horst Störmer 和 Robert Laughlin 以表彰其发现和解释分数量子霍尔效应。

　　相比于量子霍尔效应，分数量子霍尔效应需要考虑二维电子气系统中的强库仑相互作用和电子之间的相关性，这会导致系统中产生具有分数单元电荷的准粒子。Robert Laughlin 提出了一个简洁的波函数来解释第一个分数量子霍尔态。这个波函数里考虑了电子之间的相互作用，并由此成功解释了其他 $1/m$（$m$ 为奇数）分数量子霍尔态。由大量电子形成的准粒子所带电荷小于一个电子电荷,这似乎有违常理,但是 Robert Laughlin 提出的由分数单元个电荷激发系统完美解决了这个矛盾。值得提出的是,分数量子霍尔效应是第一个观察到分数个电子电荷量激励的实验,这与粒子物理中夸克带2e/3电荷相对应。

观测到量子霍尔效应和分数量子霍尔效应的关键条件是需要材料具有超高的迁移率和极低的测试温度。石墨烯的超高迁移率使石墨烯可被探测到清晰的分数量子霍尔台阶,为研究分数量子霍尔效应的物理机理提供良好的平台。在石墨烯量子霍尔效应被发现的第四年,其1/3分数量子霍尔效应在迁移率高达 $2.6 \times 10^5$ cm$^2$/(V·s)的悬浮石墨烯中首次被探测到,探测温度为1.2 K、磁场为 12 T。相比于有基底的石墨烯,虽然悬浮石墨烯避免了基底的影响,大大提高了石墨烯的迁移率,但是悬浮石墨烯不稳定、引入局域应力且不好进行人为调控。因此一个好的基底对石墨烯分数量子霍尔效应的进一步研究至关重要。h-BN 同为二维家族材料,没有悬挂键的表面极其平坦,同时,约 5.2 eV的带隙使其很难和石墨烯进行直接的能带交叠,对石墨烯的能带的影响不是很大。图 2-14 为以 h-BN 基底的石墨烯测得的分数量子霍尔效应,可见至少有八个分数量子霍尔态被观测到,探测温度为 0.3 K、磁场为 35 T、迁移率为 $3 \times 10^4$ cm$^2$/(V·s)。

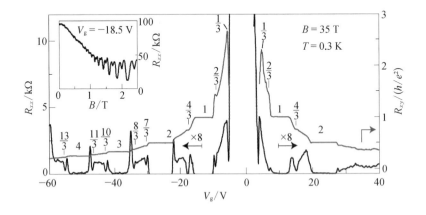

图 2-14 以 h-BN 为基底的单层石墨烯测得的分数量子霍尔效应

相比于正常分数量子霍尔效应,石墨烯分数量子霍尔效应的不同并不在于其缺少较大的奇数分母量子霍尔态,相信在更低温度和更高质量的石墨烯中会

　　　　　　　　　　　　　　　　石墨烯的结构与基本性质

观测到这些态。对比之下可以看出，石墨烯的量子霍尔态缺失 5/3 态而多出来 13/3 态。在较高的 Landau 能级处，电子-电子相互作用被显著抑制，因此量子霍尔效应基态可能被条带相或者泡沫相代替。然而石墨烯中在较高的 Landau 能级仍能存在分数量子霍尔态，为研究不同 Landau 能级波函数之间的有效相互作用提供可能。总而言之，石墨烯是研究多体相互作用的良好体系。

## 2.3 Klein 隧穿

根据经典量子力学，当一个由薛定谔方程描述的电子入射到一个势垒时，即使势垒比粒子的动能还要大，其有一定概率被反射、一定概率透射过势垒。根据进一步的计算可知，电子透射率 $T$ 随着势垒宽度、高度的增加而减小。1929 年，物理学家 Oskar Klein 通过将狄拉克方程应用于上述势垒的电子散射问题获得了完全不同的结果。Klein 的计算结果表明，如果电势 $V_0$ 超过电子的静止能量 $mc^2$ 的两倍(其中 $m$ 为电子质量，$c$ 为光速)，电子透射率 $T$ 几乎和势垒高度无关，即势垒几乎是透明的。而且，当电势接近无穷大时，电子反射率减弱，透射率接近百分之百，势垒接近完全透明。这个推论称为 Klein 谬论，它与传统非相对论量子隧穿形成鲜明的对比。从量子电动力学的角度出发，正负能量的两个态(电子和正电子)是由相同组分的旋量波函数组成，因此是相关的。对于电子来说，具有排斥性的足够强电势对正电子则具有很强的吸引力，并且陷入势垒的正电子能量与外部的电子连续。势垒两端的电子和正电子波函数匹配导致这种高概率的透射。狄拉克方程的这个基本性质即为电荷-共轭对称性。尽管现在看来 Klein 隧穿很好理解，但是在石墨烯出现以前，没有任何实验能够直接验证这个奇妙的物理现象。2006 年 Katsnelson、Novoselov 和 Geim 设计了石墨烯的 Klein 隧穿实验。根据他们的计算，单层石墨烯中的电子透射率为 1，与势垒宽度无关；双层石墨烯中的透射率随势垒宽度的增加迅速下降；而对于传统零能隙半导体材料，电子的透射率随势垒宽度的增加而发生振荡。2009 年，哥伦比亚大学 Philip Kim 组在石墨烯平面异质结中实验证实了石墨烯的 Klein 隧穿。

在第 1 章中已经介绍了石墨烯的能带结构,我们知道,在近费米能级处石墨烯能带表现为线性色散关系:$E = \hbar v_F$。类比于光子,石墨烯中的准粒子表现为无质量的相对论粒子,不过其速度并非是光速而是费米速度,$v_F \approx c/300$。类似于传统半导体,在零能级上方由电子作为载流子,而在负能级处则由空穴作为载流子。不同于传统半导体中电子和空穴由薛定谔方程描述(两者间不相关),石墨烯中的电子和空穴状态是相互关联的,表现出类似于量子电动力学中电荷-共轭对称性的性质。石墨烯由 A、B 两种碳原子组成,其必须用两个波函数来描述。石墨烯的双函数描述与旋量波函数非常相似,在量子电动力学中,石墨烯的"自旋"指数表示子晶格而不是真实的电子自旋,通常称为赝自旋,而石墨烯在近狄拉克点的锥形色散关系是来自子晶格 A 和 B 的能带的相互交集。因此,沿正方向传播的能量为 $E$ 的电子同源于在相同的能谱分支中能量为 $-E$ 的空穴以相反的方向传播。这说明在相同能谱分支中的电子和空穴具有相同的赝自旋,方向平行于电子的动量和反平行于空穴的动量。这里引入手性的概念来表示赝自旋在运动方向上的投影,对电子和空穴的运动方向分别是正号和负号。手性通常指石墨烯能谱中电子和空穴附加的内禀对称性,类似于三维量子电动力学中的手性。由此,石墨烯中的准粒子需要由狄拉克方程描述。

验证 Klein 隧穿的关键是构建 $mc^2$ 量级的势垒,因此对于电子等基本粒子来说这需要很大的电场。而在石墨烯中,无质量的狄拉克费米子无疑具有很大的优势,只要约 $10^5$ V/cm 的电场便可实现势垒的构建,这比其他基本粒子所需要的电场要小 11 个数量级。通过解狄拉克方程,可以得到石墨烯在遇到高能量势垒时($|V_0 > E|$),准粒子的透射率为

$$T = \frac{\cos^2 \phi}{1 - \cos^2(q_x D) \sin^2 \phi} \tag{2-5}$$

式中,$D$ 为势垒宽;$\phi$ 为入射角度;$q_x$ 为 $x$ 轴动量分量。当处在共振下,即 $q_x D = \pi N$($N = 0, \pm 1, \pm 2, \cdots$)时,透射率为 100%,势垒完全透明。更重要的是,当粒子垂直入射时($\phi = 0$),透射率总是为 100%,这是无质量狄拉克费米子 Klein 隧

穿的特征(图2-15)。石墨烯的 Klein 隧穿可以理解为准粒子在传播过程中的赝自旋守恒。向右运动的电子只能被散射到向右运动的电子态或向左运动的空穴态,对于势垒内部和外部的准粒子赝自旋方向的匹配导致完全隧穿效应。

图2-15 单层石墨烯 Klein 隧穿示意图

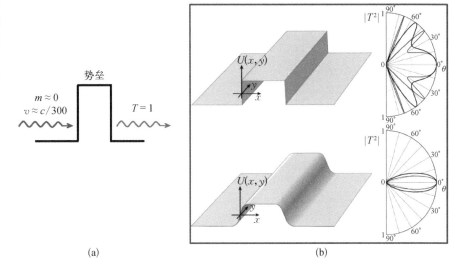

（a）　　　　　　　　　　　　　　（b）

## 2.4 本章小结

石墨烯具有超高的电子迁移率和优异的导电性,为目前电阻率最小的材料,比铜和银的导电性还要低。石墨烯极低的电阻率和极快的电子迁移速度,可用来发展出更薄、导电速度更快的新一代电子元件或晶体管。超高的电子迁移率也使石墨烯成为研究低维物理的良好平台,在石墨烯中发现的反常量子霍尔效应极大地扩展了人们对凝聚态物理的理解,为未来发展高速信息化世界铺平道路。

第 3 章

石墨烯的光学性质

## 3.1 石墨烯的光吸收

作为一种半金属材料,石墨烯导带和价带交于一点(狄拉克点),由于狄拉克点处线性的色散,使得本征石墨烯中不同频率的入射光激发带间跃迁产生光生载流子的概率相同,从可见光到中红外的超宽波段每层吸收 2.3% 的光。在有一定厚度氧化硅层的硅基底上,当氧化层厚度满足一定条件时,由于光路衍射和干涉效应而引起颜色变化,使得不同层数的石墨烯在光学显微镜下显示出不同的颜色和对比度[图 3-1(a)]以及瑞利散射衬度[图 3-1(b)],这极大地方便了石墨烯的机械剥离。从能带的角度,石墨烯的光吸收主要分为带间跃迁和带内跃迁。图 3-2 描述了不同频段所对应的跃迁过程。当入射光子能量较小时(一般对应太赫兹波段),石墨烯对光子的吸收主要来源于自由载流子的带内跃迁[图 3-2(a)]。由于动量守恒的限制,带内跳迁额外的动量需要声子或者杂质散射过程来提供。自由载流子集体振荡而产生的石墨烯表面等离激元也发生在此频率范围。此时,光电导可以由经典模型 Drude 模型来描述

$$\sigma(\omega) = \frac{\sigma_0}{1 + i\omega\tau} \tag{3-1}$$

式中,$\sigma_0$ 为直流面电导;i 为虚数单位;$\omega$ 为入射光频率;$\tau$ 为平均电子散射时间。当光垂直照射石墨烯表面时,光吸收 $A(\omega) = \frac{4\pi}{c} Re[\sigma(\omega)]$,其中 $Re$ 为对应物理量的实部。

当入射光子能量较高时(一般对应近红外及可见光波段),电子吸收光子后将发生带间跃迁[图 3-2(b)]。光电导可以由紧束缚近似计算得到,表现出与入射光的频率无关的特性。本征单层石墨烯光电导在宽光谱范围是一个常数。

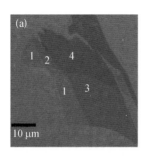 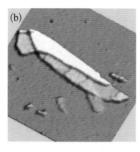 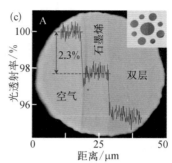

图 3-1 石墨烯光学性质

（a）不同层数石墨烯的光学图像；（b）不同层数石墨烯的瑞利散射成像；（c）石墨烯的光透射率图（50 μm孔径），插图为20 μm厚的金属支撑结构，其具有直径为20 μm、30 μm和50 μm的多个孔，石墨烯单晶置于其上

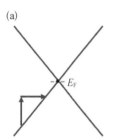 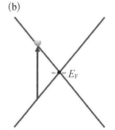 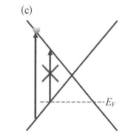

图 3-2 石墨烯的光吸收

（a）带内跃迁光吸收示意图；（b）带间跃迁光吸收示意图；（c）空穴掺杂石墨烯造成的带间跃迁阻止

$$\sigma(\omega) = \pi e^2 / 2h \qquad (3-2)$$

式中，$\omega$ 为入射光频率；$e$ 为电子电荷；$h$ 为普朗克常量。如图 3-1(c)所示，相应的吸光率为 $A(\omega) = (4\pi/c)\sigma(\omega) = 1 - T = \pi\alpha \approx 2.3\%$，其中 $\alpha$ 称为精细结构常数。单原子层厚度石墨烯的光吸收约为相同厚度 GaAs 的 50 倍。因此，在可见光到近红外波段的光照下，石墨烯光吸收很容易达到饱和，这一性质使其可用作光纤激光器锁模的可饱和吸收体，产生超快激光。此外，当入射光垂直于石墨烯表面入射时，石墨烯的反射率 $R = 0.25\pi$，明显小于其透光率的数值。因此，一般认为，多层石墨烯的吸光率与石墨烯的层数成正比（为 $N\pi\alpha$，$N$ 为石墨烯层数）。在具体应用中，利用光学微腔或光波导结构，使得光能够多次穿过石墨烯或者被石墨烯多次反射，进而增强光与石墨烯相互作用。

另外，石墨烯光学性能在很大程度上是由化学势（$\mu$）或费米能级（$E_F$）调节的。定量来讲，掺杂的石墨烯光电导可表示为

$$\sigma(\omega) = \frac{\pi e^2}{4h}\left[\tan h\left(\frac{\hbar\omega + 2E_F}{4k_B T}\right) + \tan h\left(\frac{\hbar\omega - 2E_F}{4k_B T}\right)\right] \quad (3-3)$$

式中，$k_B$ 为玻耳兹曼常数；$T$ 为热力学温度。通过施加栅压电荷注入或者化学掺杂的方式，可以动态调节石墨烯中费米能级。由于泡利不相容原理的限制，光子能量小于$|2E_F|$时，光学跃迁被禁止，而对能量大于$|2E_F|$的光子吸收不受影响，石墨烯的透光性得以被调控[图 3 - 2(c)]。由于石墨烯只有单原子厚度，且具有高的费米能级和线性的色散关系，因此通过门电压的方法，石墨烯的费米能级可以被调控几百兆电子伏特，这种电光调制特性为石墨烯应用提供了机遇，可以有效用于触摸屏、可调的红外探测器、调制器和发射器等，在光电子学领域具有重要的应用价值。

当入射为紫外或深紫外光（光子能量＞3 eV）时，由于三角扭曲效应，石墨烯能量、动量不再遵循线性色散关系，布里渊区 $M$ 点处能带结构出现鞍点，导致范霍夫奇点的出现，因而在此能量范围内，其吸收不再是精细常数。在单电子近似模型计算下，忽略石墨烯中的多体相互作用，预测在光子能量 5.2 eV 附近会有强烈的吸收峰（超过 10%）。然而实验结果显示，强烈吸收峰出现在 4.62 eV 附近（图 3 - 3），峰的红移可归因于石墨烯中强烈的激子效应，可以用激子态和连续带间强耦合 Fano 干涉模型解释。

图 3 - 3 单层石墨烯的光电导实验值（0.2~5.5 eV）

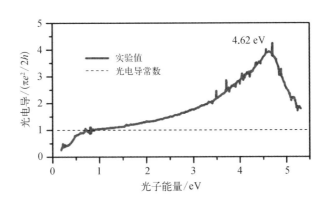

与材料吸收相对应的是光发射过程。光激发导致材料内部的电子跃迁到允许的激发态。当这些电子回到它们的热平衡态时，多余的能量可以通过发光过

程(Photoluminescence，PL)和非辐射过程(带内载流子碰撞以及和声子相互作用)释放。超快的载流子-载流子和载流子-声子碰撞散射使得石墨烯具有超快的载流子弛豫动力学过程。在超短脉冲激发下,其带内热平衡弛豫时间约100飞秒[①],带间跃迁弛豫时间约几个皮秒[②]。由于本征石墨烯半金属的零带隙特性,被激发的电子空穴对能量很快通过非辐射过程释放,因此,在连续光激发下,发光过程在本征石墨烯中无法观察到。Gokus 等将石墨烯用温和氧等离子体处理后,块状氧化石墨烯分散体和固体显示出宽的光致发光光谱,这种方法被认为与石墨烯中引入氧缺陷有关。之后,Sun 等利用石墨烯氧化物的光致近红外发光进行活细胞成像,结果显示较高的信噪比。Lui 等报道了在超快光脉冲照射下本征石墨烯的宽带非线性光致发光现象。研究发现,光发射功率和激发功率呈非线性关系,量子效率高达 $10^{-9}$,比一般样品 PL 效率高三个数量级,且荧光发射的能量甚至高于激发光。该现象可归因于热电子和空穴的重新分布,当石墨烯被超快光脉冲照射后,带间激发会在价带和导带形成非平衡载流子,载流子通过碰撞以及和光学支声子相互作用释放能量,在达到热力学平衡前,重新分布的热电子-空穴对快速复合发光。

## 3.2 石墨烯的非线性光学性质

1961 年,Peter Franken 等第一次用脉冲红宝石激光器观察到了非线性效应二次谐波产生(Second Harmonic Generation，SHG),标志着非线性光学的诞生。目前非线性光学在激光技术、材料加工和通信等许多领域都有着非常重要的应用,例如光学参量放大器(Optical Parametric Amplifier，OPA)、宽带可调式超短脉冲激光器(飞秒至皮秒)和光参数振荡器(Optical Parametric Oscillator，OPO)等。对于石墨烯,由于其六角蜂窝状结构具有反演对称性,二

---

① 1飞秒(fs)＝$10^{-15}$秒(s)。
② 1皮秒(ps)＝$10^{-12}$秒(s)。

阶非线性效应往往是被禁止或极其微弱的。然而,石墨烯已经被证明有巨大的非线性折射率、宽带的可饱和吸收、宽带的反饱和吸收、巨大的双光子吸收等非线性特性。最早在2009年,比利时布鲁塞尔自由大学的科研人员对石墨烯的三阶非线性参数进行测量时,惊奇地发现石墨烯在1 550 nm的非线性折射率为$10^{-7}$ cm$^2$/W,比普通电介质材料高出约5个量级。这个结果激起了科研人员对石墨烯非线性光学特性的极大兴趣。之后,石墨烯在近红外波段的三阶非线性极化率通过采用四波混频的方法测量得到,结果为$1.5 \times 10^{-7}$ esu,比普通电介质材料高5个数量级。另外,石墨烯的宽带可饱和吸收特性在激光和光通信领域有重要应用,其零带隙的能带特性使得石墨烯无须处理就可以作为各种波段的可饱和吸收体应用于激光锁模技术,可以实现不同波长的超短脉冲激光输出。自2009年石墨烯首次应用于激光器领域以来,基于其可饱和吸收性质的被动光纤脉冲激光器相继出现,已经覆盖了1 μm、1.25 μm、1.5 μm、2 μm、3 μm等波段。尤其是Jaroslaw等利用石墨烯可饱和吸收器件在一个级联光纤激光器中,先用一束半导体激光泵浦,实现了1.5 μm锁模,然后用输出的1.5 μm激光进行泵浦,同时实现2 μm锁模,充分验证了石墨烯饱和吸收体可以同时用在多个波段的优良性质。

光学谐波产生最先在原子气体中被深入研究,用于产生深紫外光和阿秒脉冲激光。利用高次谐波产生不同频段的光子,可以将光频覆盖大部分电磁波谱,甚至拓展至太赫兹范围,丰富和发展了光谱学探测技术。由于石墨烯零带隙及线性能量色散特点,其群速度只取决于$k$向量的方向,使其非线性电磁响应非常强烈,其光学谐波被预期有着非常高的效率。半经典模型和量子力学理论都预测了单层石墨烯高次谐波(High-Harmonic Generation,HHG)的产生。Yoshikawa等首次利用中红外脉冲激光[半高宽约为60 meV,图3-4(a)],在室温下观察到石墨烯中高次谐波的产生,最多可以到九次谐波[图3-4(b)]。进一步的研究结果显示石墨烯中的HHG强度与激发光的椭偏度有关,产生的谐波辐射也会显示出各向异性[图3-4(c)]。该实验结果为进一步研究强场、超快动力学以及狄拉克费米子的非线性行为奠定了基础。

石墨烯的低维度意味着其非线性光学效应容易被调控。在特定的光波频率

图 3-4 石墨烯高
次谐波

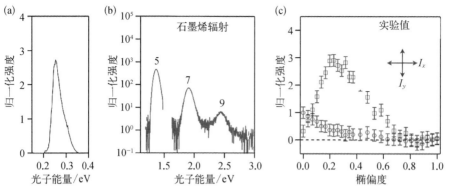

（a）激发脉冲的光谱，半高宽约为 60 meV；（b）石墨烯中高次谐波辐射谱；（c）石墨烯七次谐波的归一化强度随激发光椭偏度的变化

激发下，由于泡利不相容原理的限制，逐渐调节费米能级可以先后禁止单光子（$|E_F| > 1/2\hbar\omega_0$）、双光子（$|E_F| > \hbar\omega_0$）和三光子（$|E_F| > 3/2\hbar\omega_0$）带间跳迁。吴施伟等在石墨烯制备的场效应晶体管器件中采用离子凝胶为栅电极调控石墨烯费米能级[图 3-5(a)]，用线偏振的飞秒脉冲激光器作为入射光源，观测到了石墨烯三阶非线性效应受化学势 $\mu$ 和入射光子能量调控曲线。实验结果在特定区域呈现出"肩形"上升曲线，反映了三次谐波（Third-Harmonic Generation，THG）效应背后的共振型电子跃迁机制[图 3-5(b)]。具体来说，当入射光波长为 1 556 nm（对应的光子能量为 0.794 eV）时，加载外界电场、实现绝对值为 2$\mu$（$\mu = -0.74$ eV）的化学势改变后，THG 信号实现了约 30 倍的增强效应[图 3-5(c)]。作者还系统地测量并分析了电场调控下的四波混频（Four-Wave Mixing，FWM）现象，主要包括几种典型的和频（Sum-Frequency Mixings，SFM）和差频（Difference-Frequency Mixings，DFM）过程。研究发现，SFM 过程在 $|\mu| = 0.73$ eV 的信号峰值比在 $\mu = 0$ 时有显著增强，但是 DFM 过程所对应的峰值则显示出相反的趋势。同时，SFM 过程也表现出与 THG 信号类似的"肩形"上升曲线以及与化学势 2$\mu$ 的台阶状依赖关系[图 3-5(d)(e)]。利用光电子跃迁机制可以较好地解释这一现象。概括地说，石墨烯中三阶非线性光学响应是由多个具有不同相位和强度的量子共振跃迁通道之间协同竞争导致的整体效应，其受载流子密度强烈影响。通过大范围调控石墨烯中的载流子密度和化学

势可以控制相关量子共振跃迁通道开关,主导竞争与合作的力量会此消彼长,从而最终导致了结果中观察到的有趣现象。为了更好地理解电场调制下的石墨烯非线性光学响应背后的物理机制,研究团队还采用数学解析的方法阐释了 THG 和 FWM 现象及其与化学势的依赖关系。理论计算结果与实验测量值保持一致,展现出理论模型对描述石墨烯非线性过程的准确性和可靠性,可以为等效二阶非线性现象乃至更高阶的光学非线性效应的理解与预测提供强有力的理论支撑。

图 3-5 电调制石墨烯三次谐波及四波混频

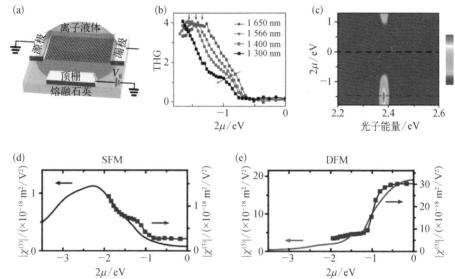

(a)基于离子凝胶调控技术的石墨烯场效应晶体管器件示意图;(b)不同激发光波长入射时,THG 信号与化学势的关系;(c)THG 信号强度随化学势及入射光子能量的变化;(d)加法型四波混频信号 SFM 与(e)减法型四波混频信号 DFM 随化学势的变化,其中蓝色方块为实验值,黑色与红色曲线为理论值

英国剑桥大学的 Ferrari 等利用调节 $SiO_2/Si$ 基底的背栅电压的方式调控单层石墨烯的费米能级,同样实现了石墨烯三阶非线性效应的宽光谱电场可调。他们通过微纳加工制备 Au 源/漏电极、以高导电 $SiO_2/Si$ 基底作为背栅极,制备出了背栅电压调制的石墨烯场效应管器件[图 3-6(a)]。为了研究 SHG 的宽光谱响应性质,他们选择了入射光能量为 0.4~0.7 eV,对应的三阶非线性光能量为 1.2~2.1 eV,通过调节器件的背栅电压,实现了对费米能级的调节,进而观测到

THG 效率与费米能级的依赖关系[图 3-6(b)]。电调制石墨烯三次谐波为基于石墨烯的新型非线性光子器件铺平了道路,其低维特征可用于实现光通信和信号处理的片上方案,具有广阔的应用前景。

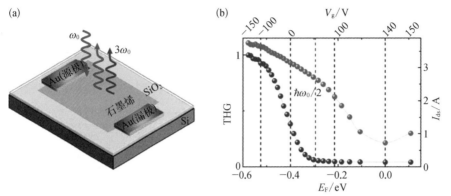

图 3-6 背栅电压调制石墨烯三次谐波

（a）基于背栅电压调控的石墨烯场效应晶体管器件的器件结构示意图；（b）石墨烯场效应晶体管器件的 THG 效率与费米能级的依赖关系以及源漏电流与栅极电压的依赖关系

在近红外区域,石墨烯高次谐波的产生主要依赖于强电场中石墨烯的带间跃迁。而在太赫兹区域,理论也预测了室温下高效的石墨烯高次谐波产生。最初科研人员报道了低温环境下 45 层石墨烯的三次、五次谐波产生,但是实验上三次谐波产生效率远低于理论预测值。之后,Gensch 等使用了基于加速器的新型超导射频太赫兹辐射源——TELBE(频率在 0.3~0.68 THz),首次展示了室温环境条件下石墨烯太赫兹频率范围中的三次、五次、七次谐波[图 3-7(a)(b)],并且效率分别高达 $10^{-3}$、$10^{-4}$、$10^{-5}$。相比于基于激光的太赫兹光源,TELBE 的脉冲频率高出百倍,从而可以达到研究石墨烯所需的测量精度。另一个关键因素是,研究人员们采用含有许多自由电子的石墨烯,这些电子源于石墨烯衬底或环境的掺杂。这些自由电子通过太赫兹振荡电场激发为热电子,由于石墨烯中热电子相互作用很快(100 fs),从而整体电子温度升高,电导率降低;之后由于石墨烯中电子和晶格声子相互作用(约 1 ps),电子分布重新达到热平衡,电子温度降低,电导率升高[图 3-7(c)]。狄拉克电子作为一个非线性中介将能量从吸收的太赫兹场转移到石墨烯晶格,使石墨烯的电导率随时间而变化,驱动石墨烯中的非线性电流振荡,导致高奇次谐波的发射。在理论上,利用热动力学模型也得到了在太赫兹场驱动下诱导石墨烯中电子瞬态能量振荡,从而瞬态调制石墨烯对太赫兹的吸收[图3-7(d)]。该实验证明了碳基电子器件能在超快时钟频率下极高效地运作,为制作超高速石墨烯基纳米电子器件铺平了道路。

图3-7 石墨烯太赫兹高次谐波

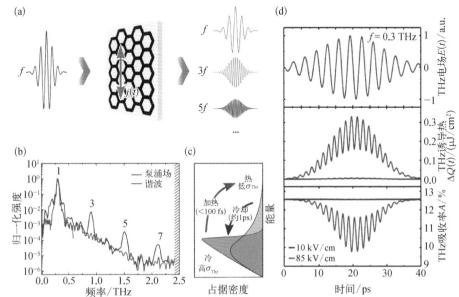

（a）实验示意图:太赫兹泵浦光入射在石墨烯样品上,产生三次、五次和七次谐波;（b）红线为入射太赫兹波的基频频谱,蓝线为透过石墨烯样品 THz 波的频谱生成清晰可见三次、五次和七次谐波;（c）石墨烯太赫兹谐波产生的机理图;（d）基于热力学模型计算石墨烯的带内非线性太赫兹电导率随驱动场的变化

## 3.3　石墨烯表面等离激元

金属中自由电子的集体振荡称为等离激元(Plasmons)。当光波(电磁波)入射到金属与电介质分界面时,电磁场被局限在金属表面很小的范围内并发生增强,这种现象就被称为表面等离激元现象(Surface Plasmon)。表面等离激元自五十多年前被发现以来,就受到了科学家们广泛的关注,其突破了衍射极限并实

现纳米尺寸下对光的操控,有益于光学元器件微型化和集成化。此前,这个领域的研究对象主要为金、银等贵金属材料体系,但由于这些材料高损耗、不可调节性以及应用结构固定使其应用面临窘境。石墨烯表面等离激元脱颖而出,具有完全不同于表面金属等离激元的性质。由于石墨烯表面等离激元特殊的电子能带结构,其表现出独特的电学可调性、低本征损耗及高度光场局域等优异的性能。

### 3.3.1  石墨烯表面等离激元的基本原理与性质

石墨烯中狄拉克等离子体的基本性质引起科学家们广泛的兴趣,而对于研究石墨烯表面等离子体,其色散关系是十分重要的。研究者们通过各种理论模型对其进行了描述,包括半经典模型、随机相变近似模型(Random Phase Approximation,RPA)、紧束缚近似、第一性原理计算模型,其中半经典模型和随机相变近似模型是最常用的理论和分析模型。在半经典模型中,传统金属等离子激元传播模式为横磁场(Transverse Magnetic,TM)模式,电场矢量(波矢向量 $q$)平行于等离子体激元传播方向。利用适当的边界条件,通过求解麦克斯韦方程,得到等离激元色散关系,即

$$q_{sp} = \frac{\omega}{c} \sqrt{\frac{\varepsilon_r \varepsilon_m(\omega)}{\varepsilon_r + \varepsilon_m(\omega)}} \qquad (3-4)$$

式中,$q_{sp}$ 为波矢量;$\omega$ 为光的角频率;$c$ 为光速;$\varepsilon_r$ 为相对介电常数,$\varepsilon_r = 1$;$\varepsilon_m$ 为介质介电常数。因此金属介质表面可以激发表面等离激元[介电常数实部小于零,$\varepsilon_r \varepsilon_m(\omega) < 0$],表面等离激元的电磁场能量被局域在微小纳米尺度的区域内。例如,在可见光谱高波长范围,在空气/银界面上的表面等离激元具有更强的局域性,其波矢量 $q_{sp}$ 比其自由空间动量($q_0 = \omega/c$)大一个数量级。由于介电常数的虚部增加,金属等离子体材料的损耗将随着频率的降低而急剧增加,这使其在太赫兹和中红外频率领域的应用面临窘境。石墨烯的自由载流子响应使得它能够像金属一样支持表面等离激元的传播,不同于金属薄膜和介质界面的等离激元,石墨烯

表面等离激元同时存在于石墨烯附近的上、下介质中,这是因为石墨烯只有单原子层厚。当石墨烯上、下的介质不对称时,一般可认为石墨烯处于均匀介质环境中,介电常数取上、下介质的平均值。通过求解相应边界条件下的麦克斯韦方程组,可得到石墨烯表面等离激元的色散关系,也支持 TM 模式。在非延时体系中,当 $q \gg q_0$,此时

$$q \approx \frac{\mathrm{i}2\omega \varepsilon_{\mathrm{r}} \varepsilon_0}{\sigma(q, w)} \tag{3-5}$$

式中,i 为虚数单位;$\varepsilon_{\mathrm{r}}$ 为石墨烯上、下介电常数的平均值;$\varepsilon_0$ 为真空介电常数;$\sigma(q, w)$ 为石墨烯非局域电导率。在长波极限和低频近似下,电导率贡献主要来自带间电子,可以用 Drude 模型来描述,即

$$\sigma(w) = \frac{\mathrm{i}e^2 |E_{\mathrm{F}}|}{\pi \hbar^2 (w + \mathrm{i}/\tau_{\mathrm{e}})} \tag{3-6}$$

式中,$E_{\mathrm{F}}$ 为费米能级;$\hbar$ 为约化普朗克常量;$w$ 为等离激元频率;$\tau_{\mathrm{e}}$ 为动量弛豫时间。将石墨烯的电导率公式带入后,可以推导出色散关系为

$$q(w) = \frac{2\pi \hbar^2 \varepsilon_{\mathrm{r}} \varepsilon_0}{e^2 E_{\mathrm{F}}} w^2 (1 + \mathrm{i}/\omega\tau) = \frac{\varepsilon_{\mathrm{r}}}{2\alpha} \frac{w}{w_{\mathrm{F}}} k_0 (1 + \mathrm{i}/\omega\tau) \tag{3-7}$$

式中,$\tau$ 为平均电子散射时间;$w_{\mathrm{F}} = E_{\mathrm{F}}/\hbar$;$k_0 = \omega/c$,$c$ 为光速;$\alpha = e^2/4\pi\hbar\varepsilon_0 c \approx 1/137$,为精细常数。在中红外频率,$w$ 与 $w_{\mathrm{F}}$ 在同一个数量级。从公式中可以看出,石墨烯表面等离激元波频率比自由空间大两个数量级,$10^6$ 的体积压缩比使得电磁场具有更高的局域性。如果使 $\tau_{\mathrm{e}} = 0$,从式(3-7)可以得到石墨烯表面等离激元色散关系,即

$$w_{\mathrm{pl}} = \sqrt{\frac{e^2 E_{\mathrm{F}} q}{2\pi \hbar^2 \varepsilon_{\mathrm{r}} \varepsilon_0}} \tag{3-8}$$

可以看出,石墨烯表面等离激元在石墨烯中的色散与费米能级(或在室温下的化学势)、频率和介质环境有关,并且它们也受能带结构和电子态密度的影响。例如,当石墨烯中电子浓度达到 $10^{13}$ cm$^{-2}$ 时,等离子体共振频率将发生在中红外波段,而传统金属中的电子浓度则使等离激元主要发生在可见光波段。另外,如

前所述,以单层石墨烯为例,可以通过改变电荷浓度从而轻易地调节费米能级,这可以通过外部(电学掺杂)和内部手段(化学掺杂)分别实现,使得石墨烯的表面等离激元具有可调性。与贵金属相比,在光谱区中较小的介电常数虚部和穿透深度使石墨烯损耗较少。因此,相比于金属的差可调谐性和高损耗,石墨烯在中红外-太赫兹纳米光子学领域更具吸引力。石墨烯单原子层厚使得等离子体对环境极为敏感,关于等离子体激元-基底声子耦合、等离子体-分子振动耦合以及石墨烯等离子体与单原子层六角形氮化硼(h-BN)声子之间的耦合也被大量研究。

在随机相变近似模型中,Hwang 和 Wunsch 等假设温度为 0 K,电子的弛豫时间为无穷大,每个电子在由外场和其他电子的诱导场所叠加的自洽场中移动。在长波极限下,石墨烯表面等离激元的色散关系为

$$w_{pl} = (g_s \, g_v \, e^2 \, E_F \, / \, 2 \, \varepsilon_r)^{1/2}$$

式中,$g_s$ 与 $g_v$ 分别是石墨烯自旋和赝自旋简并,$g_s = 2$、$g_v = 2$。石墨烯表面等离激元的色散关系遵循 $w_{pl} \propto \sqrt{q}$,与其他二维电子气体系中等离激元的色散关系一致。不同的是,由于随机相变近似理论下的非局域效应,随着 $q$ 的增大,$w$ 与 $q$ 呈线性关系。实验上利用电子能量损失谱(Electron Energy Loss Spectroscopy,EELS),研究在 SiC(0001)表面外延生长及在 CVD 法在 Cu 表面生长的单层或多层石墨烯,验证了这一点。另一点不同的是,在传统的二维电子气中有 $w_0 \propto n^{1/2}$,而石墨烯中等离子体频率与载流子密度的关系为 $w_0 \propto n^{1/4}$,实验上也得到了验证。

简言之,对比传统的等离激元材料,石墨烯表面等离激元具有以下几个特点:(1) 高度光场局域,具有更强的局域性;(2) 独特的电学可调性,通过电学或化学方法对载流子浓度的改变,可以很容易对表面等离激元谱进行调控,从而石墨烯表面等离激元的共振频率从中红外到太赫兹连续可调;(3) 低本征损耗,石墨烯中电子具有极高的迁移率,突破了传统等离激元具有大的欧姆损耗的瓶颈。这些性质使得石墨烯表面等离激元在生物/化学传感器、光谱学以及红外/太赫兹探测等领域具有重要应用。

## 3.3.2 石墨烯表面等离激元的观测

二维电子气中的等离激元可以通过一系列直接或间接的办法观测,包括光学探测、电子能量损失谱、非弹性散射、角分辨的光电子谱以及扫描隧道光谱。在石墨烯等离子体的光学研究之前,电子能量损失谱测量主要研究了高能量等离子体(π 和 σ 等离子体)。受传统中二维电子气系统太赫兹等离子体激元的启发,石墨烯表面等离激元光学研究始于 20 世纪 70 年代。通过对悬浮的单层石墨烯薄膜以及在外延生长的石墨烯样品上电子能量损失谱和角分辨的光电子谱的大量研究,石墨烯表面等离激元与基底中声子强烈耦合作用也被揭示出来。近年来,随着微纳加工技术发展,纳米光学及近场光学已成为研究石墨烯表面等离激元的主流手段。

对于传统的等离激元材料,光的强亚波长限制使得在实验上很难激发等离子体激元。入射光通常不具有足够的动量来直接激发等离子体,因为自由空间光子通常具有比等离子体激元更长的波长并因此具有更低的动量。与金属微结构中的局域表面等离激元激发相似,人为创造石墨烯微纳结构也可以激发局域等离激元。Long 等利用光刻技术和等离子体刻蚀方法,利用 CVD 法制备的大面积石墨烯制作成石墨烯微米/纳米条带阵列,首次报道了石墨微米条带阵列、纳米条带阵列的表面等离子激元激发[图 3 - 8(a)]。Long 等使石墨烯条带宽度和间隙比保持在 1∶1,验证石墨烯表面等离激元共振在太赫兹频段可通过条带宽度的变化来调控[图3 - 8(c)]。只有具有半波长的奇数倍的模式与光耦合,才能产生有效的电荷偶极子,并产生用于载流子集体振荡的必要的回复力。因此,通过改变条带宽度可以调节等离激元的共振频率。结果显示,当条带宽度从几十纳米变化到几微米,石墨烯表面等离激元的共振频率从中红外变化到太赫兹频段。激发光垂直照射在石墨烯条带阵列上,当其偏振方向与石墨烯条带垂直时,激发石墨烯中局域等离激元;当其偏振方向平行于条带时,石墨烯条带的光响应类似于整片石墨烯的情况。因此通过调节偏振片的偏振方向,可原位扣除背景信号,实现等离激元信号的高精度探测。也可以通过门电压来改变石墨烯微纳阵列的表面等离激元,通过栅极电压($V_g$)调节,揭示出了石墨烯等离子体频率对载流子掺杂程度依赖性（$w_0 \propto n^{1/4}$），与通过随机相位近似模型预测的结果相符[图3-8(b)]。另外，通过将石墨烯加工成纳米圆盘阵列，Yan等通过改变圆盘尺寸和栅极电压，利用其等离激元性质实现了对中红外光的可调吸收[图3-8(d)]。与石墨烯微/纳米带相比，微/纳米圆盘中的等离子体的耦合与光的极化无关。通过增加石墨烯的层数，可以进一步提高石墨烯表面等离激元对光的吸收效率，并且共振峰强也显著增强。结果显示，将石墨烯和透明有机薄膜交替堆叠，发现其吸光率随着堆叠层数线性增加[图3-8(e)]。这是因为石墨烯表面等离激元的Drude重量随着层数线性增加。

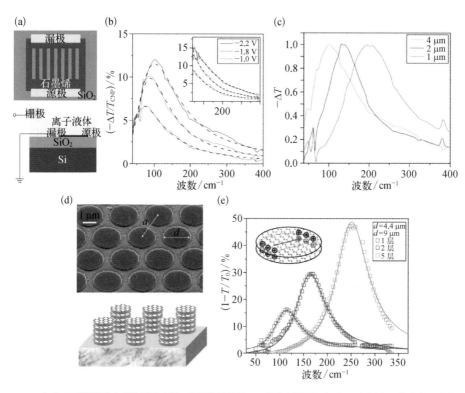

图3-8 本征石墨烯表面等离激元

（a）石墨烯微米条带阵列示意图，上图为俯视图，下图为侧视图；（b）石墨烯表面等离激元共振吸收峰随栅极电压的变化；（c）石墨烯表面等离激元共振吸收峰随条带宽度的变化；（d）石墨烯绝缘体圆盘示意图；（e）不同层数磁盘的消光光谱

在传统二维电子气中，低频段（0～100 MHz）磁等离子体被大量研究。石墨烯具有低的回旋质量（比传统金属低两个数量级），因此等离子体对磁场具有更强的响应，

在 1 T 磁场下,高频等离激元模式发生劈裂。当石墨烯圆盘阵列放置于磁场中时,磁场与圆盘垂直[图 3-9(a)],等离激元峰分裂成两种模式,一个称为体模式,另一个是边缘模式。图 3-9(b)说明了这两种模式的载体轨迹,边缘模式在磁盘边缘和磁盘周围具有旋转电流,周围的磁盘可以给予边缘等离子体频率;体模式在圆盘内部具有电荷载体,其在强场极限下集体回旋共振。值得注意的是,这两种模式的线宽变化非常不同,边缘模式非常尖锐,而体模式被展宽。另外,这种磁等离子体不仅出现在精确设计的圆盘中,在 CVD 法制备的大面积石墨烯中也观察出了磁等离子体,这与石墨烯中存在的褶皱以及基底台阶导致的纳米级不均匀性有关。

图 3-9

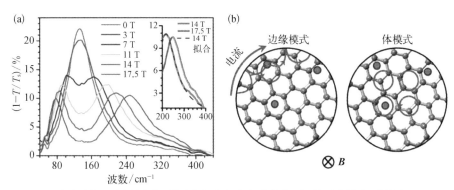

（a）磁场下高频等离激元模式发生劈裂;（b）等离激元在磁场边缘模式和体模式

另一方面,利用扫描近场光学显微镜(Scan Near-field Optical Microscopy,SNOM)针尖的散射光,补偿光子和等离激元的动量失配,也可以激发石墨烯表面等离激元。用散射型 SNOM 探测石墨烯表面等离激元时,入射激光束聚焦在原子力显微镜(Atomic Force Microscope,AFM)导电针尖上引起诱导偶极,当针尖靠近样品时,该诱导偶极在石墨烯(或其他被测样品)中产生镜像偶极。这两个偶极相互作用改变吸光率,从而使得经探针反射回去的光信号携带样品信息(诱导偶极与样品性质相关)。由于样品信号只来自探针尖端下方,散射型 SNOM 的分辨率为针尖的曲率半径,能达到十几纳米,这极大地突破了光的衍射极限。Fei、Chen 等及其他研究组利用散射型 SNOM 对石墨烯表面等离激元做了大量的研究,包括观测到石墨烯表面等离子激元的实空间传播,直接观察到在晶界处发生反射,确定了在 h-BN 基底上石墨烯具有更长的寿命,以及用泵浦-

探测技术探测等离激元的动力学过程。图 3-10(b)为石墨烯(SiO₂/Si 基底上)表面等离激元的近场成像图。当传导的等离激元波被边界或者缺陷反射时，反射波与入射波发生干涉，形成驻波。图中近场光学像中的条纹图案，即为激发的传播型表面等离激元被边界反射而得到的干涉图样。通过该驻波可以清晰地测量传导的石墨烯表面等离激元波的波长。结果显示，当以自由空间光波长为9.7 μm的入射光激发时，产生的表面等离激元波长为 260 nm，波长被压缩约 40倍。另外，表面等离激元的波长可通过栅极电压或波矢进行调节。图 3-10(d)显示出表面等离激元波长随栅极电压的变化，提取的光电导实部和虚部都随电压发生变化[图 3-10(d)插图]。

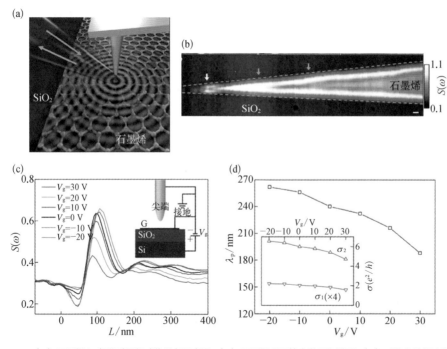

图 3-10　直接观测传导的石墨烯表面等离激元波

（a）石墨烯/二氧化硅近场成像设备示意图；（b）石墨烯表面等离激元扫描图；（c）成像条纹幅度随栅极电压的变化；（d）表面等离激元波长随栅极电压的变化，插图为光电导（实部和虚部）随栅压的变化

### 3.3.3　石墨烯表面等离激元的应用

红外光谱能够提供分子的精细结构，在对物质的分析和鉴定中具有广泛用

途。随着研究的深入,人们需要对微量物质甚至是单分子进行探测,因而希望红外光谱具有越来越高的探测精度。通过等离激元增强提高光谱测量精度具有广泛的应用,等离激元增强也能提高红外探测的精度,但是金属等离激元共振频率主要在可见光、近红外波段,在中红外波段光场增强有限。石墨烯纳米结构中的局域等离激元处于近红外到中红外频段,并且电学动态可调,使得检测具有选择性。其次,石墨烯表面等离激元的强能量限制使得检测少量分子的灵敏度更高。因此,石墨烯表面等离激元在分子传感上具有巨大潜力。Li 等首次利用石墨烯表面等离激元增强薄层的有机物红外光谱检测。图 3-11(a)为覆盖有 PMMA 薄层的石墨烯纳米带阵列的红外吸收光谱,可以看到 PMMA 的羰基键的振动特征峰在 1 750 $cm^{-1}$ 附近,当激发光偏振垂直于石墨烯纳米带阵列时,石墨烯表面等离激元被激发,该振动峰变得非常突出。尖锐的振动模式和相对宽的石墨烯表面等离激元模式强烈耦合形成法诺共振,影响了振动峰的波形。Hai 等通过使用他们自己专门设计的以 $CF_2$ 纳米膜为基底的石墨烯表面等离激元结构发展了纳米尺寸分子指纹传感器[图 3-11(b)],该结构避免了等离激元-基底声子杂化。另外,入射红外光束激发石墨烯等离子体共振,利用栅极电压来原位调控石墨烯表面等离激元共振频率,使其覆盖整个分子红外光谱区(600~1 500 $cm^{-1}$)。对比有(红色曲线)和没有(黑色曲线)石墨烯等离子体增强聚氧化乙烯(PEO)可以看出,未受干扰和高度局域石墨烯表面等离激元提供了精准到亚单层级别高检测灵敏度的面内与面外振动模式的同步检测[图 3-11(c)],极大地突破了当前远场中红外光谱的检测限制。

石墨烯表面等离激元在中红外到太赫兹光电调制、光电探测等领域都展现出了应用前景。由于其共振频率在中红外到太赫兹(10~400 $cm^{-1}$)特殊的电学可调性,通过石墨烯表面等离激元器件的设计和栅极电压的调控可实现对光的折射率、吸光率、振幅以及相位等性质进行动态调节。目前已有许多研究小组将石墨烯加工成不同结构的超材料,在栅极电压的调控下实现了石墨烯表面等离激元对入射光选择性吸收的动态可调。例如,如前所述,利用石墨烯微米条带阵列,分别通过改变条带宽度和栅极电压实现了石墨烯对太赫频段光的选择性吸收;将石墨烯加工成纳米圆盘阵列,通过改变圆盘尺寸和栅极电压,利用其等离

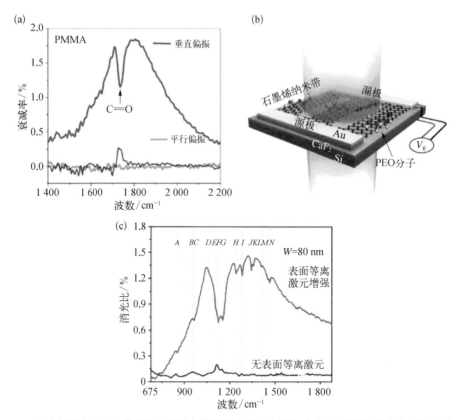

图 3- 11  石墨烯表面等离激元增强红外光谱

（a）覆盖有 PMMA 薄层的石墨烯纳米带阵列的红外吸收光谱；（b）石墨烯表面等离激元增强红外光谱传感器示意图；（c）8 nm 厚的 PEO 薄膜的感测结果，红色垂直线表示 PEO 分子各种振动模式

激元实现了对中红外光的可调吸收；另外,利用石墨烯纳米带等离子体波与入射光共振,增强光电探测器的吸收,从而提高光电探测器的响应度、灵敏度。在太赫兹频率范围内,带内光学跃迁使得石墨烯具有更强的光学响应,适度掺杂石墨烯可以吸收 40% 的入射辐射,如此强大的光物质相互作用使石墨烯在太赫兹范围内具有广阔的潜在应用,如太赫兹超材料和电磁干扰屏蔽等。

## 3.4  本章小结

本章介绍了石墨烯光学响应的基本性质,主要涵盖了石墨烯光吸收、石墨烯非线性光学响应以及石墨烯表面等离激元三方面。石墨烯具有可见光以及红外波段的超宽波段吸收,高的非线性光学响应,高局域、低损耗的表面等离激元激发以及敏感的光电可调性质等优点,有望成为下一代光学器件的建筑基石。总体而言,石墨烯光学应用尚处于研究初期,要想充分利用石墨烯的光学优势,还需要更加深入的研究。

第 4 章

**石墨烯的热学性质**

## 4.1　石墨烯的声子色散关系

　　单层石墨烯的一个原胞中包含两个不等价的碳原子 A 和 B,所以共有六支声子色散曲线。石墨烯的六支声子色散曲线分为三个声学支(A)和三个光学支(O)(理论计算结果如图 4-1 所示)。光学支和声学支的命名主要源于它们在长波极限的性质。对于材料中的各声子模式,长波近似波矢 $q \longrightarrow 0$,在许多实际问题中有特别重要的作用。声学波频率相对低且频率随波矢变化较大,光学波频率相对高且频率随波矢变化较小;声学波的能量虽然较低,但是其动量却可以很大,光学波声子具有较高的能量,动量往往小。因此,在能量的连续传播过程中,如石墨烯的热传导过程,常以声学波声子的贡献为主;而在与电磁场耦合、与光子相互作用时,则以光学波声子的贡献为主,例如石墨烯的拉曼光谱。

图 4-1　石墨烯声子色散曲线

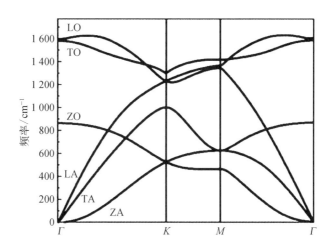

　　一般来讲,声子的振动方向以一个碳原子和与其最近邻碳原子所形成的碳碳键的方向(也就是碳原子 A 与最近邻的碳原子 B 形成的 A—B 碳碳键方向)为判断标准。根据振动方向平行或垂直于 A—B 碳碳键方向可以将声子模式分为纵向(Longitudinal,L)模式和横向(Transverse,T)模式。对于各向同性的三维晶体材料而言,两个横向模式是二重简并的。但是在石墨烯这一类低维材料中,

二重简并被打破,分裂成 L 和 Z 两种模式。L 为面内纵向振动模式,Z 为面外横向振动模式,其中 Z 模式也被称为弯曲声子模式(Flexural Phonon)。由此可以将石墨烯的三个声学支(A)和三个光学支(O)再划分,三个光学支分别是面内纵向光学支 LO、面内横向光学支 TO 和面外横向光学支 ZO,三个声学支分别为面内纵向声学支 LA、面内横向声学支 TA 和面外横向声学支 ZA(图 4-2)。

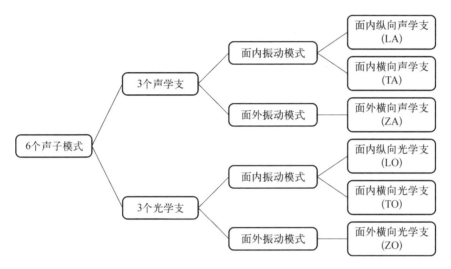

图 4-2 石墨烯各声子关系

为了可以更好地理解石墨烯的声子色散关系和拉曼光谱,这里引入简单的群论结论进行讨论。

石墨烯具有二维六角晶格结构,所属点群为 $D_{6h}$。表 4-1 为 $D_{6h}$ 点群的特征标表。表中根据原子分子物理领域常用的规则,在不等价不可约表示的标识中,用 A、B 代表一维不可约表示,E 代表二维不可约表示,表中最后两列给出了不可约表示的基。对于具有中心反演对称性的体系,下标 u 和 g 分别代表奇宇称和偶宇称。

| | E | $2C_6$ | $2C_3$ | $C_2$ | $3C_2'$ | $3C_2''$ | i | $2S_3$ | $2S_6$ | $\sigma_h$ | $3\sigma_d$ | $3\sigma_v$ | | |
|---|---|---|---|---|---|---|---|---|---|---|---|---|---|---|
| $A_{1g}$ | 1 | 1 | 1 | 1 | 1 | 1 | 1 | 1 | 1 | 1 | 1 | 1 | | $x^2+y^2,\ z^2$ |
| $A_{2g}$ | 1 | 1 | 1 | 1 | -1 | -1 | 1 | 1 | 1 | 1 | -1 | -1 | $R_z$ | |
| $B_{1g}$ | 1 | -1 | 1 | -1 | 1 | -1 | 1 | -1 | 1 | -1 | 1 | -1 | | |

表 4-1 $D_{6h}$ 点群的特征标表

石墨烯的结构与基本性质

|  | E | $2C_6$ | $2C_3$ | $C_2$ | $3C_2'$ | $3C_2''$ | $i$ | $2S_3$ | $2S_6$ | $\sigma_h$ | $3\sigma_d$ | $3\sigma_v$ |  |  |
|---|---|---|---|---|---|---|---|---|---|---|---|---|---|---|
| $B_{2g}$ | 1 | −1 | 1 | −1 | −1 | 1 | 1 | −1 | 1 | −1 | −1 | 1 |  |  |
| $E_{1g}$ | 2 | 1 | −1 | −2 | 0 | 0 | 2 | 1 | −1 | −2 | 0 | 0 | $(R_x, R_y)$ | $(xz, yz)$ |
| $E_{2g}$ | 2 | −1 | −1 | 2 | 0 | 0 | 2 | −1 | −1 | 2 | 0 | 0 |  | $(x^2-y^2, xy)$ |
| $A_{1u}$ | 1 | 1 | 1 | 1 | 1 | 1 | −1 | −1 | −1 | −1 | −1 | −1 |  |  |
| $A_{2u}$ | 1 | 1 | 1 | −1 | −1 | −1 | −1 | −1 | −1 | −1 | 1 | 1 | $z$ |  |
| $B_{1u}$ | 1 | −1 | 1 | −1 | 1 | −1 | −1 | 1 | −1 | 1 | −1 | 1 |  |  |
| $B_{2u}$ | 1 | −1 | 1 | −1 | −1 | 1 | −1 | 1 | −1 | 1 | 1 | −1 |  |  |
| $E_{1u}$ | 2 | 1 | −1 | −2 | 0 | 0 | −2 | −1 | 1 | 2 | 0 | 0 | $(x, y)$ |  |
| $E_{2u}$ | 2 | −1 | −1 | 2 | 0 | 0 | −2 | 1 | 1 | −2 | 0 | 0 |  |  |

由 $D_{6h}$ 点群的特征标表可知石墨烯原胞全部运动的对称类型，即表中所包含的不可约表示；减去其中属于平动和转动的部分，就能得到属于本征振动的不可约表示；还能根据特征标表判断出这些本征振动对应的拉曼活性。计算表明，石墨烯布里渊中心 $\Gamma$ 点振动的不可约表示为

$$\Gamma_{振动} = B_{2g} \oplus E_{2g} \oplus A_{2u} \oplus E_{1u} \qquad (4-1)$$

可以看出石墨烯共有四种本征的振动模式（图 4-3）。$A_{2u}$ 和 $E_{1u}$ 模式分别代表了原子面在不同方向上的平移振动；$B_{2g}$ 模式代表碳原子垂直于石墨烯面内的光学支声子振动模式；$E_{2g}$ 代表面内振动光学声子二重简并模式。

图 4-3 石墨烯的四种本征振动模式示意图

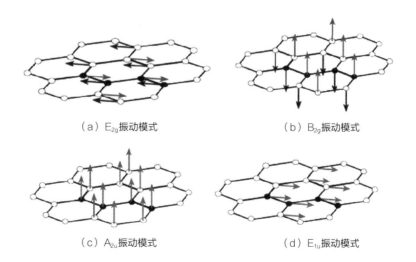

（a）$E_{2g}$ 振动模式　　　　　　　（b）$B_{2g}$ 振动模式

（c）$A_{2u}$ 振动模式　　　　　　　（d）$E_{1u}$ 振动模式

对于中心对称体系,如果一个振动模式所属的对称类型和极化率的某个分量所属的对称类型相同,也就是说如果一个振动模式隶属于 $x^2$、$y^2$、$z^2$、$xy$、$xz$、$yz$ 这样的二元乘积中的某一个,或者隶属于 $(x^2 - y^2)$ 这样二元乘积的一个组合,那么它就具有拉曼活性。根据 $D_{6h}$ 特征标表,可以看出只有 $E_{2g}$ 模式的不可约表示对应着这样的二次函数基,所以在石墨烯的这四种本征振动模式中,只有 $E_{2g}$ 模式具有拉曼活性。

## 4.2 石墨烯的拉曼光谱

拉曼光谱作为一种无创的表征手段,广泛应用于表征材料结构和电子特性。石墨烯拉曼光谱最主要的特征峰有 G 峰、G′ 峰和 D 峰(G 来源于石墨英语 Graphite 的首字母,D 来源于无序英语 Disorder 的首字母)三个峰。由于 G′ 峰的位置近似于二倍 D 峰的位置,其也可称为 2D 峰。

图 4-4(a) 为在 514.5 nm 激光激发下无缺陷本征石墨烯的典型拉曼光谱图。图中有位于 1 582 cm⁻¹ 附近的 G 峰和位于 2 700 cm⁻¹ 附近的 G′ 峰两个特征峰。对于含有缺陷或者是在边缘处的石墨烯,还会出现位于 1 350 cm⁻¹ 附近的 D 峰 [图 4-4(b)]。

根据前面对称性的分析,在石墨烯中的一阶拉曼散射过程,只有 $E_{2g}$ 模式才

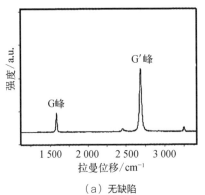

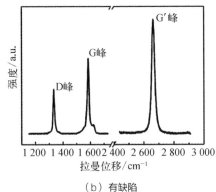

（a）无缺陷　　　　　　　　　　（b）有缺陷

图 4-4 石墨烯的拉曼光谱

具有拉曼活性。所以石墨烯只有一个一阶拉曼散射过程导致的特征峰,对应图中的 G 峰。G 峰源于 sp$^2$ 杂化碳原子的面内振动,是在布里渊区中心 $\Gamma$ 点处二重简并的 TO 声子和 LO 声子(图 4-1)相互作用产生的,具有 E$_{2g}$ 对称性。

G 峰的一个重要性质是其峰位具有温度依赖性。图 4-5 为石墨烯 G 峰的峰位随外界温度变化的实验测量结果。可以看出,在所测量的温度范围内,当温度升高时,石墨烯 G 峰向低波数方向移动,且与温度呈线性相关。用线性函数来拟合,可以得到关系式为

$$w(T) = w_0 + \chi T \qquad (4-2)$$

式中,$w(T)$ 为温度为 $T$ 时 G 峰的峰位;$w_0$ 为将温度 $T$ 延长到 0 K 时 G 峰的拉曼位移,一般单层石墨烯可取 1 584 cm$^{-1}$;$\chi$ 为一阶温度系数。实验测得石墨烯的一阶温度系数为 $(1.62 \pm 0.20) \times 10^{-2}$,由此可以通过拉曼光谱中 G 峰的峰位来判断石墨烯的温度。

图 4-5 石墨烯 G 峰峰位随外界温度变化

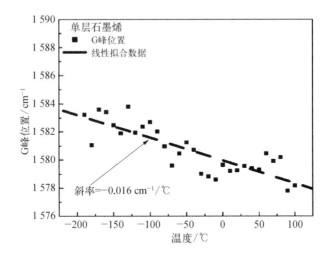

除此之外,应变也会对 G 峰峰位产生影响。图 4-6 为单层石墨烯的 G 峰峰位随应变的变化关系。可以看出,当石墨烯产生拉伸应变时,G 峰会向低波数位移,且峰位位移量与所受应变呈线性关系,实验测量单层石墨烯应变系数为 $(-14.2 \pm 0.7)$ cm$^{-1}$/%。石墨烯 G 峰对应变的响应可以归结于 A—B 碳碳键的

拉伸。有研究进一步证明,石墨烯在受到拉伸应变时,拉曼特征峰向低波数位移,而在压缩应变下,则会由于碳原子间距离的减小而向高波数方向移动。石墨烯拉曼光谱中 G 峰对外界环境变化响应灵敏,其对温度和应变的依赖性在后来热导率和热膨胀系数的测量中起到了重要作用。

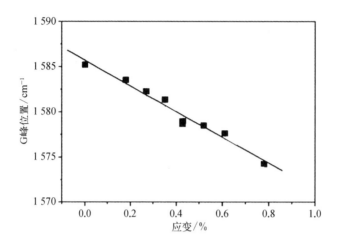

图 4-6 单层石墨烯G峰峰位随应变的变化关系

G′峰和 D 峰均对应二阶双共振拉曼散射过程。前面提到 G′峰拉曼位移约为 D 峰的两倍,所以有时也称其为 2D 峰,但是 D 峰源于电子与缺陷的散射,G′峰的产生与缺陷无关。如图 4-7 所示,G′峰是电子与 K 点附近的 TO 声子发生两次谷间非弹性散射产生的,而 D 峰则是由于电子分别与一个 TO 声子和一个缺陷发生谷间散射产生的,所以都是二阶过程。

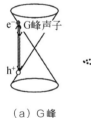
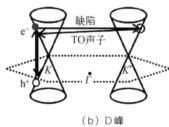
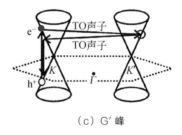

（a）G 峰　　　　　　（b）D 峰　　　　　　（c）G′峰

图 4-7 石墨烯的各拉曼特征峰的产生过程

对于拉曼散射过程,当系统处于能量为 $E_g$ 的基态、吸收能量为 $\hbar\omega$ 光子时,如果 $E_g + \hbar\omega$ 并不对应材料的一个定态,称为非共振拉曼散射。如果光子能量与材料某个电子跃迁的能量相等或者相近,这种共振将导致拉曼散射的强度增大,称为共振拉曼散射。由于石墨烯特殊的能带结构，大量的二阶拉曼过程都是共振过程。

在 G′峰和 D 峰的产生过程中，布里渊区 $K$ 点附近波矢为 $\boldsymbol{k}$ 的电子，吸收能量为 $\hbar\omega$ 的光子后，被波矢为 $\boldsymbol{q}$、能量为 $E_{\text{phonon}}$ 的声子或缺陷散射到 $K′$ 点（$K$ 与 $K′$ 为时间反演对称关系），电子波矢变为 $\boldsymbol{k}+\boldsymbol{q}$。随后，电子重新被散射回 $\boldsymbol{k}$ 态，与 $\boldsymbol{k}$ 态中的一个空穴复合，发射出一个光子。在散射过程中，中间态 $\boldsymbol{k}+\boldsymbol{q}$ 以及初态和末态 $\boldsymbol{k}$ 通常都是一个真实的电子态，所以是双共振过程。

这种双共振过程连接了第一布里渊区里不等价的 $K$ 和 $K′$ 点，所以被称为谷间过程。原则上，$K$ 点附近的很多电子态和具有波矢的声子都可以满足双共振条件。但是，由于满足双共振条件的声子态密度存在奇点，电子-声子散射矩阵元具有角度依赖性，导致只有几个特定的双共振过程对 G′峰和 D 峰有贡献。当入射光子能量 $\hbar\omega$ 逐渐增加到接近石墨烯狄拉克点的能量时，满足共振过程条件的电子波矢 $\boldsymbol{k}$ 到布里渊区 $K$ 点的距离变远。随着电子波矢 $\boldsymbol{k}$ 的增加，与其发生散射过程的声子的波矢 $\boldsymbol{q}$ 也增大。所以在实验中改变激发激光的能量可以观察到能量色散关系。

同 G 峰一样，G′峰和 D 峰对应变的响应也十分灵敏。G 峰来源于第一布里渊区中心 $\varGamma$ 点的一阶散射过程，G′峰和 D 峰都是在布里渊区 $K$ 点附近的二阶拉曼散射过程。根据之前的报道，双轴应变对石墨烯布里渊区 $\varGamma$ 和 $K$ 点附近能带结构的影响有很大差异，因此一阶 G 峰和二阶双共振 G′峰和 D 峰对应变的依赖关系也很不相同。

当石墨烯产生应变时，G′峰会分裂成两个峰 G⁺ 和 G⁻，如图 4-8 所示。两个峰的峰位都相对于没有应变时的 G′峰发生红移。随着应变强度的增加，两个峰的峰位都发生了红移。在石墨烯不同方向（Armchair 方向和 Zigzag 方向）产生应变时，布里渊区 $K$ 点附近的变化也不一样（图 4-9）。石墨烯没有产生应变时，某一 $K$ 点附近三个最邻近的 $K′$ 点是完全等价的，所以拉曼过程出现的是 G′单峰。当 Armchair 方向产生应变时，倒格矢发生畸变，三个最邻近的 $K′$ 点中的一个相对于另外两个到 $K$ 点的距离会变远。所以这个二阶的拉曼过程会有两种包含不同动量声子的散射过程，导致 G′峰分裂成两个峰。同理，当 Zigzag 方向产生应变时，倒格矢也会有类似的畸变导致 G′峰的分裂。对于 Armchair 方向的

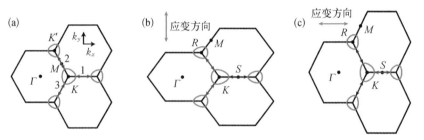

图 4 - 8　石墨烯 G′峰随应变的变化关系

（a）Armchair 方向应变　　　（b）Zigzag 方向应变对 G′峰的影响

图 4 - 9　石墨烯发生应变时示意图

（a）没有发生应变；（b）Armchair 方向产生应变；（c）Zigzag 方向产生应变时倒空间变化图示

应变，$G^+$ 和 $G^-$ 位移速率分别为 $-63.1\ \mathrm{cm}^{-1}/\%$ 和 $-44.1\ \mathrm{cm}^{-1}/\%$；对于 Zigzag 方向的应变，$G^+$ 和 $G^-$ 位移速率分别为 $-67.8\ \mathrm{cm}^{-1}/\%$ 和 $-26.0\ \mathrm{cm}^{-1}/\%$。

　　除了对温度和应变的响应外，石墨烯拉曼光谱在早期最重要的应用就是用来判断石墨烯的层数。图 4 - 10 为 $SiO_2$（300 nm）/Si 基底上 1～4 层石墨烯的拉曼光谱，激发波长为 532 nm。可以看出，在单层石墨烯中，G′峰的强度明显大于 G 峰，并具有完美的单洛伦兹峰型。随着层数的增加，G′峰的半峰宽不断增大并且向高波数偏移。G′峰源于电子与 TO 声子二阶散射过程，与石墨烯的能带结构紧密相关。对于 AB 堆垛的双层石墨烯，电子能带结构发生分裂，导带和价带均由两支抛物线组成，存在四种可能的双共振散射过程，因此双层石墨烯的 G′峰可以拟合为四个洛伦兹峰，同样地，三层石墨烯 G′峰可以用六个洛伦兹峰来拟合。不同层数石墨烯的拉曼光谱除了 G′峰的差异，由于在多层石墨烯中会有更多的碳原子被检测到，G 峰的强度也随着层数的增加而近似线性增加。因此 G 峰的强度、G 峰

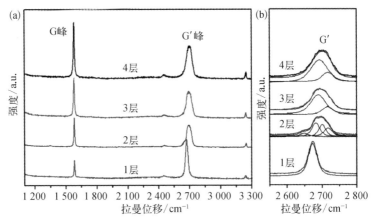

图4-10 石墨烯
拉曼峰随层数的变
化关系

（a）G峰和G′峰随层数的变化；（b）随层数变化的G′峰的拟合示意图

与G′峰的强度比以及G′峰的峰型常被用来作为石墨烯层数的判断依据。

　　除去最典型的G峰、G′峰和D峰外，石墨烯中还有很多其他的二阶拉曼散射峰，有研究表明石墨烯含有各种二阶的和频与倍频拉曼峰（图4-11），但是由于这些信号的强度较弱，在很多测量中常常被忽略。深入分析这些拉曼信号对于加深理解石墨烯中电子-电子、电子-声子的相互作用大有帮助。

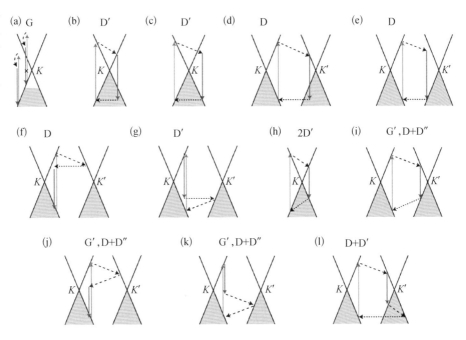

图4-11 石墨烯
一阶、二阶和频与
倍频拉曼过程

## 4.3 石墨烯热容

固体中讨论的热容一般指定容热容 $C_V$。固体热容主要来源于两部分：一是晶格热振动，称为晶格热容；二是电子的热运动，称为电子热容。在金刚石、石墨和碳纳米管这一类碳材料中，晶格热容主导了晶体整体的热容，所以在讨论石墨烯热容时一般只讨论晶格热容。由于还没有实验测出单层石墨烯的精确热容，在这里只基于石墨烯热容的理论计算、石墨热容的实验结果和简单模型进行定性讨论。

### 4.3.1 杜隆-珀替定律

在高温下，由于量子化效应可被忽略，所以常用经典理论中的杜隆-珀替定律来估计材料的热容。根据经典统计理论的能量均分定理，每一个简谐振动的平均能量是 $k_B T$，其中 $k_B$ 是玻耳兹曼常数，$T$ 为温度。考虑有 $N$ 个原子的二维材料，则体系共有 $2N$ 个简谐振动模，总的平均能量 $E = 2Nk_B T$，可得热容 $C_V = 2Nk_B$，即热容是一个与温度和材料无关的常数。高温时，这条定律与实验吻合得很好，但在温度没有那么高的时候，热容不再保持为常数，而是随温度下降 $C_V$ 很快趋向于零。因此在低温下，不能用杜隆-珀替定律解释比热容随温度变化的规律，必须引入量子理论。

### 4.3.2 二维晶格德拜模型

德拜模型是在讨论材料热容时最广泛使用的理论。考虑由 $N$ 个相同原子组成面积为 $S$ 的二维晶格德拜模型。在二维晶格情况下，对于一个波矢 $q$，对应着一个纵波和一个横波，波速分别为 $v_{LA}$、$v_{TA}$。横波和纵波都服从线性色散关系 $w = v_A q$，其中 $w$ 为格波振动频率，$v_A$ 为对应波速。

在 $q \longrightarrow q + \mathrm{d}q$ 区间内,波速为 $v_{\mathrm{LA}}$ 的纵波的模式数目为

$$\frac{S}{(2\pi)^2}2\pi q\mathrm{d}q = \frac{Sw}{2\pi v_{\mathrm{LA}}^2}\mathrm{d}w$$

同理得到横波的数目为 $\dfrac{Sw}{2\pi v_{\mathrm{TA}}^2}\mathrm{d}w$。

可以得到总的态密度分布 $g(w)$ 为

$$g(w) = \frac{Sw}{\pi v^2} \tag{4-3}$$

式中,$\dfrac{1}{v^2} = \dfrac{1}{2}\left(\dfrac{1}{v_{\mathrm{LA}}^2} + \dfrac{1}{v_{\mathrm{TA}}^2}\right)$。

晶格的热容为

$$C_{\mathrm{V}}(T) = k_{\mathrm{B}}\int_0^{w_{\mathrm{m}}} \frac{\left(\dfrac{\hbar w}{k_{\mathrm{B}}T}\right)^2 \exp\left(\dfrac{\hbar w}{k_{\mathrm{B}}T}\right)}{\left[\exp\left(\dfrac{\hbar w}{k_{\mathrm{B}}T}\right) - 1\right]^2} g(w)\mathrm{d}w \tag{4-4}$$

积分上限由 $\displaystyle\int_0^{w_{\mathrm{m}}} g(w)\mathrm{d}w = 2N$ 求出,由此可得

$$w_{\mathrm{m}} = \left(4\pi\frac{N}{S}\right)^{\frac{1}{2}} v$$

做变量变换 $x = \dfrac{\hbar w}{k_{\mathrm{B}}T}$,$\Theta = \dfrac{\hbar w_{\mathrm{m}}}{k_{\mathrm{B}}}$,代入式(4-4),可得

$$C_{\mathrm{V}}(T) = \frac{Sk_{\mathrm{B}}}{\pi v^2}\left(\frac{k_{\mathrm{B}}T}{\hbar}\right)^2 \int_0^{\Theta/T} \frac{x^3 e^x}{(e^x - 1)^2}\mathrm{d}x \tag{4-5}$$

当温度甚低时,$\Theta/T$ 趋于无穷,可得热容与温度之间的关系为

$$C_{\mathrm{V}} \propto T^2 \tag{4-6}$$

在极低温下,二维晶格的热容 $C_{\mathrm{V}}$ 与 $T^2$ 成比例。

计算表明,对于面积为 $S$ 的石墨烯二维原子层,石墨烯的声子热容可近似得到

$$C_{ph} = \frac{3 S k_B^3 T^2}{2\pi \hbar^2 v_S^2} \times 7.212 \quad T \ll \Theta$$

式中，$v_S$ 为声速。如果考虑电子热容，电子的分布服从费米-狄拉克分布。当邻近费米能级 $E_F$ 时，石墨烯的 $\pi$ 电子态能带服从线性色散关系，形成一个点状的费米面，也就是狄拉克点。这导致在从基态逐渐接近费米能级的过程中，石墨烯的电子态密度以线性关系趋向于 0。低温下石墨烯的电子热容近似得到

$$C_e = \frac{2 S k_B^3 T^2}{\pi \hbar^2 v_F^2} \times 5.409$$

式中，$v_F$ 为石墨烯的费米速度，约为 $10^8$ cm/s。低温下石墨烯中声子和电子对热容的贡献都与 $T^2$ 成比例，声子热容和电子热容的比值为

$$\frac{C_{ph}}{C_e} \approx \left(\frac{v_F}{v_S}\right)^2 \approx 10^4$$

在低温条件下进一步地证明，石墨烯中声子对热容的贡献占据了绝对主导的地位。

根据德拜模型，可以得到对于 $d$ 维晶体中色散关系服从 $w \sim q^n$ 的声子，对晶体热容的贡献 $C_{ph}$ 与 $T^{d/n}$ 相关。如果是完美的二维晶体，格波运动被严格地限制在面内，则在低温下热容 $C_V$ 与 $T^2$ 成比例。然而石墨烯虽一直被称为二维材料，但是垂直于平面的振动并没有被完全禁止，所以实际是一个准二维体系。除了面内纵向模式 LA 和横向模式 TA 外，面外横向模式 ZA 对热容的贡献不能被忽略。不同于 LA 和 TA 模式服从线性色散关系，ZA 模式服从平方色散关系 $w \propto q^2$。参考德拜模型中线性色散 LA 和 TA 声子态密度的计算，可以得到平方色散的 ZA 声子态密度分布为常数，对热容的贡献与 $T$ 相关。有数值计算的结果表明，对于孤立悬空的石墨烯，在很低温度下，热容由 ZA 模式主导，与温度 $T$ 呈线性相关；之后随着温度的升高，LA 和 TA 声子对热容的贡献逐渐增加，热容过渡到与 $T^2$ 成比例；最后温度不断升高到德拜温度（理论计算约为 2 100 K）后，进入经典近似极限，热容趋近于常数。由

于热容是热力学中最基本的量之一,因此 ZA 模式对于石墨烯的很多热学量都有重要影响。

石墨烯的热容到目前为止还没有被直接测量过,现阶段的研究都以理论计算为主,而在实验中则很多时候依据石墨热容的实验数据作为参考。精密的热学测量对实验的要求非常高,相比于传统的三维材料,低维材料的热学量测量则更增加了测量的难度。因此,对于石墨烯的热学性质,除了热容没有被直接测量外,在之后热膨胀和热传导的测量中,由于实验手段和实验条件各不相同,选取的计算模型各式各样,因此在不同实验工作中测得的热学量不尽相同,这里只选取一些较为公认的实验结果以供参考。

## 4.4　石墨烯热膨胀

很多理论工作在准简谐近似下分别利用密度泛函理论、蒙特卡罗方法、非平衡格林函数法、基于第一性原理的分子动力学法对石墨烯的热膨胀系数进行了研究。结果表明在有限温度下,石墨烯的热膨胀系数为负,在实验上也证实了这一点。但是由于理论模型和实验测量都存在一定局限性,其负热膨胀系数区间还存在争议。

格林艾森参数 $\gamma$ 是反映晶体非简谐特征的重要参量。根据格林艾森状态方程,可以得到晶体的体膨胀系数 $\alpha$ 为

$$\alpha = \frac{\gamma C_{\mathrm{v}}}{k_0 V} \tag{4-7}$$

式中,$C_{\mathrm{v}}$ 为晶体热容;$k_0$ 为晶体体变模量;$V$ 为晶体体积。式(4-7)表示当温度变化时,热膨胀系数近似和热容成比例,对很多固体材料的测量都证实了格林艾森关系。

根据式(4-7)可以看出,石墨烯热膨胀系数的正负取决于格林艾森参数的符号。研究不同声子模式在热膨胀中的贡献,在有限温度的情况下,主要考虑三

个声学声子的低频模式。

对于石墨烯两个面内声子模式,即纵向模式 LA 和横向模式 TA,它们的格林艾森参数都为正,且数值都很小。因此,对负热膨胀系数起主要贡献的是格林艾森参数为负且数值大的面外横向模式 ZA。图 4-12 给出了计算模拟所得石墨烯的格林艾森参数的分布曲线,可以明显看出 ZA 的贡献最大,主导了石墨烯的负膨胀。如果温度不断升高,除了上面考虑的低频模式外,格林艾森参数为正的高频振动模式也会被激发,所以热膨胀系数会逐渐由负值变为正值。

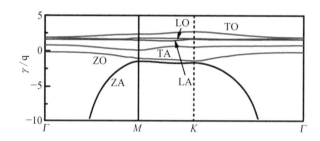

图 4-12 石墨烯各声子模式的格林艾森参数

如果要直接测量石墨烯的热膨胀系数,则需要独立无支撑的石墨烯样品。然而准备这种样品的难度非常大,大多数的石墨烯样品都是依附在基底上或是横跨衬底沟槽两端,因此很难直接测量出石墨烯的热膨胀系数。另一方面,如果基底的热膨胀系数已知,且与石墨烯热膨胀系数明显不同,那么当温度变化时,石墨烯和基底的热膨胀量并不相同,因而可以通过检测热膨胀失配产生的应力来估算石墨烯的热膨胀系数。石墨烯的拉曼光谱中的 G 峰对应力变化十分敏感,正好可以用来检测应力。

2011 年就已经有实验测量了石墨烯在 200~400 K 温度内的热膨胀系数。实验中使用 $SiO_2$(300 nm)/Si 基底,$SiO_2$ 热膨胀系数随温度的变化关系已知且在测量温度范围内始终为正。温度降低时,石墨烯层向外膨胀而 $SiO_2$ 层向内收缩;温度升高时,$SiO_2$ 层受热膨胀而石墨烯层收缩,因而石墨烯样品面内会产生挤压或拉伸的张力(图 4-13)。温度变化时,热效应和应力都会导致 G 峰峰位的变化,所以在计算的过程中需要都考虑进去。由于石墨烯和基底之间通过较弱的范德瓦尔斯力相互作用,当温度超过 200~400 K 时,热膨胀导致的张力过大会使石墨烯与基底产生相对滑移,使测量结果出现偏差。因此用上述方法测量时,温度变化范围也不宜太大。实验结果表明,在200～400 K内,石墨烯的热膨胀系数都为负,室温下石墨烯的热膨胀系数为(－8.0±0.7)×$10^{-6}$ $K^{-1}$。

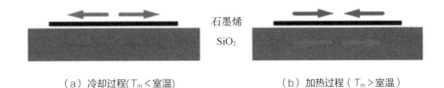

图 4-13

（a）冷却过程($T_m$<室温)　　　　　　　　　（b）加热过程($T_m$>室温)

## 4.5　石墨烯热导

固体的热导和热容一样,也分为两部分贡献:来源于电子运动导热的电子热导率 $\kappa_e$ 及来源于格波传播导热的晶格热导率 $\kappa_p$。总的热导率 $\kappa$ 是两者之和,即 $\kappa = \kappa_p + \kappa_e$。同样地,对于石墨、金刚石、碳纳米管和富勒烯一类的碳材料来讲,热传导主要靠的是晶格热振动,也就是声子的热导。对于各声学支,热学过程中起主导地位的又是声学支声子,因此本节主要讨论石墨烯中声学声子的热导。

石墨烯很早就被预测具有非常高的热导率。研究材料热导的一个重要方法是求解声子的玻耳兹曼输运方程,在石墨烯中,利用弛豫时间近似和德拜模型引入参数处理不同的散射机制,利用迭代的方法得到输运方程的数值求解。但是在求解的过程中,引入很多参数并进行多次迭代,十分复杂。本节只引入气体微观模型简单讨论。

根据气体热传导的微观解释,把晶格热运动系统类似看成是"声子气体",可以得到热导率的近似公式

$$\kappa = \frac{1}{3} C_V \lambda v \tag{4-8}$$

式中，$C_V$ 为晶体热容；$\lambda$ 为声子的平均自由程；$v$ 为声子的群速度。理论结果表明，LA 声子的群速度 $v_{LA} \approx 21.3\ \text{km/s}$，TA 声子的群速度 $v_{TA} \approx 13.6\ \text{km/s}$，比硅或锗中声子群速度高出 4～6 倍。由此可以粗略估计出石墨烯的热导率极高。

在碳的体材料中，比如金刚石等，在热导中起主导作用的有三个声学声子模式：一个纵向 LA 模式和两个简并的横向 TA 模式。其中的每一种模式中，声子的频率都与波矢成正比，也就是都服从线性色散关系。由于在石墨烯中，横向的两个声子模式不再简并，分裂为 TA 和 ZA 两种模式，其中的 ZA 模式不再服从线性色散关系，而是服从二次色散关系。根据前面分析可知，石墨烯的整体热导可以表示为热容，即声子平均自由程和群速度的乘积在整个声子频率范围内的积分。由于在悬空的石墨烯中，ZA 模式的群速度与 LA 模式和 TA 模式相比很小，因此一些理论分析在计算热导时将 ZA 模式的贡献直接忽略掉。

然而另一方面，在低温区间内，ZA 模式的热容要大于 LA 模式和 TA 模式，占主导地位。同时 ZA 模式的平均散射时间比 TA 模式和 LA 模式长很多，平均自由程就长很多。基于这两种效应，也有很多研究认为 ZA 模式在热传导的过程中有很大的贡献。有计算表明，对于悬空石墨烯，在 300 K 时，ZA 模式热传导占总体热导的 77%；在 100 K 时，ZA 模式的贡献甚至达到 86%。而当石墨烯有基底支撑时，石墨烯和基底的范德瓦尔斯力相互作用抑制 ZA 模式的振动，减弱了 ZA 模式对热导的贡献。在室温下，基底支撑石墨烯中 ZA 模式对热导的贡献仅有 25%。

一般来讲，研究块体材料时，材料的尺度远大于声子的平均自由程，所以热导率可以近似认为不随尺度发生变化。对于低维材料而言，随着尺寸接近甚至小于平均自由程 $\lambda$，热导率将呈现出明显的尺寸效应。尺寸效应导致石墨烯随着尺寸变化将出现扩散传导和弹道输运两种声子输运方式。当材料的尺寸 $L$ 远大于声子平均自由程 $\lambda$ 时，此时的热传导为扩散传导[图 4-14(a)]。傅里叶定律所描述的就是扩散传导过程，即热导率不随材料的尺寸发生变化，声子行进过程会发生多次散射。而当材料的尺寸 $L$ 接近甚至小于 $\lambda$ 时，此时的热传导为弹道输运[图 4-14(b)]。

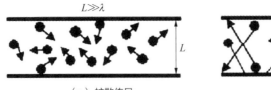

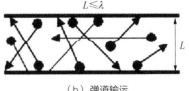

$L \gg \lambda$ $L \leqslant \lambda$

（a）扩散传导 （b）弹道输运

声子平均自由程对热导有很大的影响。声子平均自由程的大小由两个
过程决定：一是声子之间的相互碰撞；二是固体中缺陷和边界对声子的散
射。当热导由晶格的非谐性所决定时，我们称此时的热导是本征的。在简谐
近似下，认为晶体中的简正振动模式是相互独立的，一个模式被激发后将保
持不变，不会和其他模式交换能量。若真的如此的话，两个温度不同的晶体
接触后就不会达到热平衡。实际上，如果将势能中非谐项的贡献也考虑进
去，简正振动就不是严格独立的，而是相互之间存在能量的交换。从声子模
型的角度来讲，就是声子之间会发生碰撞。当晶体是没有缺陷和杂质的完美
晶体时，声子只能被其他声子非谐地散射，这达到了本征热导的限制条件。
这种非谐相互作用在三维晶体中导致了有限的热导率，该过程被称为倒逆过
程。用来描述晶体非谐效应程度的就是格林艾森参数。正常散射不改变热
流的基本方向，但是倒逆过程对热传导起阻碍作用，是热阻的一个重要过程。
而当热导主要由于外部效应，如声子‑杂质散射或者声子‑边界散射所限制
时，此时的热导被称为非本征热导。有实验研究发现，在室温的情况下，石墨
烯的热导率随着其长度变化会呈现对数率增长，并且在较短尺寸下会出现弹
道输运的现象。

对于面积为 $S$ 的截面热导率可由热力学公式得到，即

$$\frac{\partial Q}{\partial t} = -k \oint \nabla T dS \tag{4-9}$$

式中，$Q$ 为时间 $t$ 内传导的总热量；$T$ 为绝对温度；$k$ 为热导率。根据式（4‑2）所
得 G 峰峰位与温度的变化关系，热导率 $k$ 最终可以表示为

$$k = \left( \frac{1}{2} \pi h \right) \left( \frac{\Delta p}{\Delta T} \right) = \chi \left( \frac{1}{2} \pi h \right) \left( \frac{\delta w}{\delta p} \right)^{-1} \tag{4-10}$$

式中，$h$ 为单层石墨烯的厚度；$\Delta p$ 为激光功率的变化；$\Delta T$ 为由于激光功率的变化而引起的局域温度的变化；$\delta w$ 为样品表面热功率变化为 $\delta p$ 时引起的石墨烯 G 峰的位移；$\chi$ 为一阶温度系数。

最终，计算可得室温下石墨烯的热导率为 $(4.40\sim5.78)\times10^3$ W/$(m \cdot K)$。很多材料为了尽量减少空气中热耗散，一般都在高真空下进行输运测量热导率。事实上很多石墨烯的热导实验中，忽略了空气中的热耗散[空气热导率约为 0.025 W/$(m \cdot K)$]，以及由于大部分石墨烯处于悬空状态，

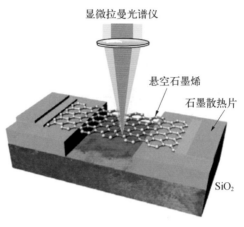

图 4-15 石墨烯热导实验示意图

显微拉曼光谱仪

悬空石墨烯

石墨散热片

SiO₂

只有很小一部分石墨烯与基底接触（图 4-15），氧化物的热导率低，接触界面的热阻大，因而这部分的热耗散也常被忽略。所以提高实验条件和改进实验方法可以更准确地测出石墨烯的热导率。石墨烯的超高热导率对于其在集成电路的应用十分有益，更是成为良好热管理材料的基础。

## 4.6　石墨烯热管理

作为目前发现的最薄、最坚硬、导电导热性能最强的新型纳米材料，石墨烯被称为"黑金""新材料之王"，科学家甚至预言石墨烯将成为"彻底改变 21 世纪的黑科技"。石墨烯优异的热学性质使得其在热管理应用方面有着非常好的前景。

随着现代微电子技术的发展和制造工艺的进步，电子器件的特征尺寸在逐年缩小，目前已经进入纳米量级。随着电路特征尺寸的减小，电子芯片的集成度日益提高。人们在越来越小的电路中集成了越来越多的器件，其在运行和使用的过程中会产生和积累大量的热量。为保证正常稳定运行，对

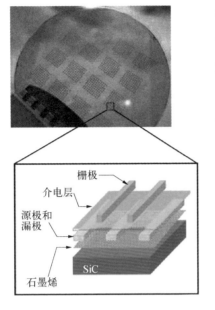

栅极

介电层

源极和漏极

石墨烯

SiC

材料的热传导性质提出很高的要求。石墨烯的导电性能好、迁移率高、稳定性好、容易集成加工，同时又有着超高的热导率，是非常理想的集成电路材料，图 4‑16 是实验室加工的 2 英寸晶圆上的石墨烯集成电路。石墨烯应用于电子芯片的关键是能否调控石墨烯打开合适的带隙，同时，为保障集成芯片的性质，生长大面积单晶石墨烯以及提高微纳加工精度以保证石墨烯纳米带边缘洁净都是十分必要的。

高效节能环保的发电方式一直是工业生产中的研究热点。热电发电机有望可以将生产中的废热稳定地转化成电力，这对于提高能量利用效率、研究新型节能发电方式具有重大的意义。为了实现这个目的，科学家们一直在寻找具有良好性质的热电材料。一个简单的判断方法就是高效的热电材料应该具有很高的塞贝克（Seebeck）系数，其中 Seebeck 系数 $S = E / \nabla T$，表示一定温度梯度 $\nabla T$ 下产生电动势 $E$ 的能力，当材料两端温度差一定时，能够产生的电动势越大，Seebeck 系数就越大（图 4‑17）。通俗地讲就是好的热电材料电导率要尽可能的高，同时热导率要尽量的低。石墨烯作为一种二维纳米材料，展现出一系列新奇性质：机械力学强度高、比表面积大、柔性好、电导率高、热导率高，同时还具有很好的光学透过性，这其中的很多性质都被认为非常适合做热电材料。但是一个无法避开的瓶颈就是石墨烯的超高热导率和极低的 Seebeck 常数。近年来随着技术的发展，可以通过控制生长条件和修饰工艺调控石墨烯的能带结构，从而降低石墨烯热导率，增大 Seebeck 系数。可以预见未来石墨烯在热电应用中的前景是十分广阔的。

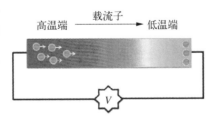

图 4‑17　热电效应示意图

高温端　　载流子　　低温端

$V$

已经有实验发现用氧等离子体处理后,少层石墨烯薄膜的 Seebeck 系数显著增强。实验中先通过四探针法测得少层石墨烯的电导率为$(4\sim5)\times10^4$ S/m,且在 $300\sim575$ K 温度内基本稳定。之后测量热电性质得到少层石墨烯的本征 Seebeck 系数在 $475\sim575$ K 最高,约为 $80~\mu V/K$。经过氧等离子处理 15 s 后,在温度为 575 K 时测得 Seebeck 系数达到最大值,约为 $700~\mu V/K$,并且电导率依然可以保持 $0.8\times10^4\sim1\times10^4$ S/m(图 4 - 18)。

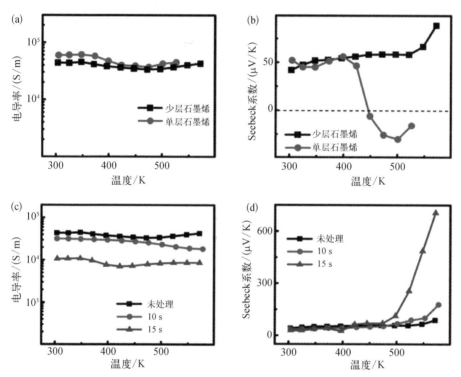

图 4 - 18 石墨烯在氧等离子体处理前后热电性质随温度的变化

(a) 处理前的电率率; (b) 处理前的 Seebeck 系数; (c) 不同时长处理后的电导率; (d) 不同时长处理后的 Seebeck 系数

利用高分辨透射电子显微镜可以看到,在被氧等离子体处理后,石墨烯薄膜原子结构中的无序性增加。图 4 - 19(b)中的黄色圆圈圈出了晶体中碳原子的有序排列,红色圆圈圈出了处理后无序排列的碳原子。这种无序结构的增多有效地增强了少层石墨烯薄膜的 Seebeck 系数。但是这种氧等离子体处理的方法不太适用于单层石墨烯,因为在处理的过程中很容易破坏石墨烯的单原子层结构,

石墨烯的结构与基本性质

即使是少层石墨烯薄膜也只能短时间处理。处理时长为 20 s 时,少层石墨烯薄膜的电导率已经低到不适合用于热电研究了。由拉曼光谱[图 4 - 19(c)]也可以看出材料结构已经被严重破坏。

图 4 - 19　石墨烯在氧等离子体处理前后的原子结构

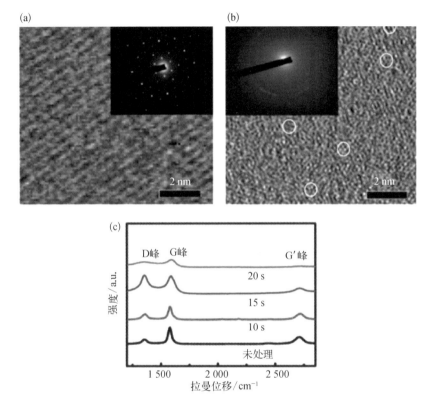

(a)处理前;(b)处理后;(c)不同时长氧等离子体处理后的拉曼光谱

热电研究中的一个问题就是没有合适的材料可以在温度高于 1 500 K 时实现有效的热电转化。实验证明在 3 300 K 高温下还原氧化石墨烯纳米片,得到的材料可以在 3 000 K 高温下有效稳定地热电转化。图 4 - 20(a)为实验中使用的 T 形还原氧化石墨烯热桥的结构示意图,图 4 - 20(b)是 T 形还原氧化石墨烯热桥在 520～2 900 K 温度内的 Seebeck 系数。可以看到在 1 200 K 时,Seebeck 系数达到最大值150 $\mu$V/K,在 3 000 K 时,依然有 50 $\mu$V/K,这为高温下的热电材料研究提供了新的平台。

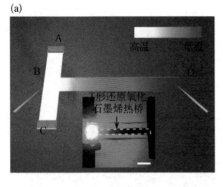
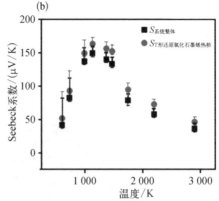

图 4-20

（a）T形还原氧化石墨烯热桥结构图示；（b）T形还原氧化石墨烯热桥的 Seebeck 系数随温度的变化

近年来，高功率密度电池（现阶段大多为锂电池）技术上的进步极大地促进了移动通信、消费电子产品和汽车工业的发展。电池在使用过程中不断积累热量，当温度过高时，甚至可能会导致电池热致击穿、电池单元破裂和材料泄露。传统的解决办法就是在电池中加入热致相变材料。相变材料在相变过程中吸收或释放相变潜热，是实现相变储能的介质。相变材料潜热储能密度高，能够在很小的温度变化范围内发生相变，迅速吸收、放出大量的热。同时相变材料还具有相变温度适宜、体积小、相变潜热值较大、易于控制等优点。

然而，相变材料室温下的热导率非常的低，例如最常用的固态石蜡的热导率一般只有 0.2~0.3 W/(m·K)。传统的相变材料只是将电池中产生的热量储存起来，而并不是将其导走。电池中使用相变材料的另一个目的是缓冲外界急剧的环境变化，防止因为强烈震动或温度骤变影响电池的工作性能。这与电子芯片中的热管理方式并不相同。在电子芯片工艺中，为了降低电路温度，一般使用界面热导材料或者散热器将热量从芯片上传导出去。而实际上可以通过引入掺杂石墨烯的复合相变材料将这两种热管理的方式结合在一起，得到性能更加稳定的功率密度电池。通常来讲，添加石墨烯对相变材料的相变温度和相变潜热的影响不大，而填充的石墨烯在相变材料中形成空间网络结构，极大地提高了复合材料的热导率。另一方面，相变材料在相变时易溢出泄露，而复合相变材料在测试中也表现出很好的热稳定性和化学稳定性。同时石墨烯的密度低，也利于电池的小型化和轻量化。

　　尽管石墨烯从理论和实验上都被证明了具有超高的面内热导率,但是作为一种准二维材料,其热导率有着很强的各向异性。石墨烯的面外热导率由于层与层之间的范德瓦尔斯力而受到限制,成为热耗散问题的一个瓶颈。为了能在实际应用中突破这个瓶颈,有人提出了石墨烯和碳纳米管组合形成的以碳纳米管为支柱、石墨烯为平面薄层的三维网络结构,如图4-21所示。这种三维超级材料有可能最大限度发挥碳纳米管和石墨烯各自的优点,形成新一代的热管理材料。这种材料将会有非常强的热学可调节性,巨大的散热面积为电池内部设计提供了更多种可能,同时极高的表面积和多孔结构又是十分理想的储氢以及超级电容器材料,并且可以根据特定的热学需求来设计不同结构。

图4-21　石墨烯和碳纳米管组合形成的三维超级材料的结构示意图

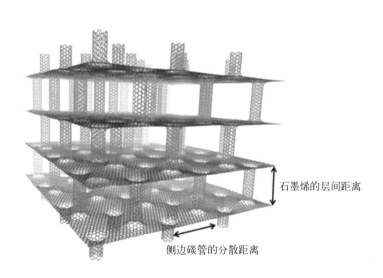

石墨烯的层间距离

侧边碳管的分散距离

　　有模型计算显示,侧边碳管的分散距离和石墨烯的层间距离对这种三维结构的导热性能起到了关键性的作用。当侧边碳管的分散距离为几十纳米时,由于碳纳米管和石墨烯中声子的平均自由程都很大,热在传播过程中实际上是弹道输运,只有当遇到石墨烯和碳纳米管的节点时,声子才第一次被散射。所以正是这些节点决定了这种材料导热能量的上限。进一步来讲,由于石墨烯和碳纳米管里碳原子都是 $sp^2$ 杂化成键,声子谱也十分相似,若石墨烯和碳纳米管以共价键的方式连接在一起,那么将极大地增强节点处的热传导,所以在节点处的界面热阻将远低于石墨烯的层间热阻。因此,可以通过调节结构中的侧边碳纳米管和石墨烯层来控制不同方向的热传导。理论预测的节点界面热导率约为 $10\ GW/(m\cdot K)$,与实验上测得的石墨热导率[$18\ GW/(m\cdot K)$]大致在一个量级,比室温下与基底接触的石墨烯的热导率[约为 $50\ MW/(m\cdot K)$]高出了两个数量级。设计中如果采用长碳纳米管和小面积石墨烯相结合,那么碳纳米管的分布将十分紧凑,相当于用碳纳米管代替了层与层之间的界面,形成更有效的热传导通道。这种碳管的紧密堆积可以十分显著地提高石墨烯-碳纳米管复合材料的面外热导率。另一方面,如果在石墨烯-碳纳米管复合结构中使用短碳纳米管和大面积石墨烯相结合,碳纳米管的分布将十分稀疏。由于碳纳米管的密度非常小,实际相当于在石墨材料中增加了许多界面,反而降低了面外热导率。如前文所述,在热电应用中,人们一直寻求降低石墨烯热导、提高 Seebeck 系数的方法,这种情况反而为热电应用提供了机会。

已经有实验基于这种三维网络结构的思想,将石墨烯和碳纳米管相结合,制备出具有良好导热性能的材料(图 4-22)。实验中用商业公司生产的由多层石墨烯有序堆叠形成的石墨薄膜作为原始材料。石墨薄膜的表面通过电子束蒸镀的方法,先后沉积 2 nm Fe 薄膜和 3 nm $Al_2O_3$ 薄膜。其中,Fe

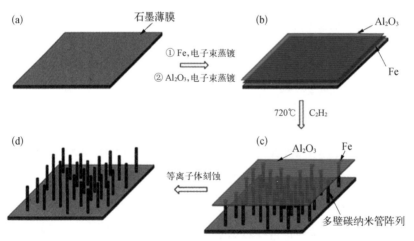

图 4-22 石墨烯-多壁碳纳米管复合材料生长过程示意图

(a)原始材料石墨薄膜;(b)电子束蒸镀 Fe 薄膜和 $Al_2O_3$ 薄膜;(c)碳纳米管垂直生长过程;(d)等离子体刻蚀将顶部 $Al_2O_3$ 层除掉

石墨烯的结构与基本性质

薄膜作为多壁碳纳米管生长过程中的催化剂,Al₂O₃薄膜有利于促进多壁碳纳米管的顶端生长过程。通过 CVD 法,乙炔作为碳源,可以在石墨薄膜表面合成多壁碳纳米管阵列。由于碳纳米管是在顶端生长过程合成的,所以在生长过程结束后,Fe 催化剂和 3 nm 厚的 Al₂O₃薄膜被碳纳米管顶在上方,和原始的石墨薄膜分开。之后,再用等离子刻蚀方法将表面的 Al₂O₃薄膜去除掉,就得到了由共价键键合的石墨烯-多壁碳纳米管复合材料[图 4-22(d)]。

为了进一步评估石墨烯-多壁碳纳米管复合材料应用于微纳集成电路时的散热性能,实验中准备了两个测试芯片[结构如图 4-23(a)],测试芯片中央处为热点。热点处的加热功率密度从 0 W/cm 增加至 900 W/cm,对应的热点温度从室温到 100℃以上。首先分别测量两个裸芯片的热点处温度随功率密度的变化作为参考背景。之后分别在两个芯片上旋涂石墨薄膜和石墨烯-多壁碳纳米管复合材料薄膜。以加热功率为 800 W/cm 为例,芯片一在旋涂石墨烯-多壁碳纳米管复合材料薄膜后,热点温度降低了 10℃,芯片二在旋涂了石墨薄膜后热点温度降低了 6℃。

图 4-23

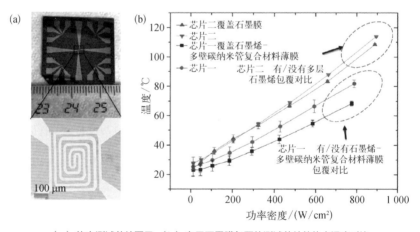

（a）热电测试芯片图示;（b）有无石墨膜包覆的测试芯片的热点温度对比

可以看出石墨烯本身超高的面内热导率使其具有不错的散热能力,实验测量得到原始石墨薄膜材料的面内热导率约为 1 600 W/(m·K)。但是由于有限的比表面积,石墨薄膜没有很好的热对流效应,而多壁碳纳米管阵列的高比表面积促进了热对流效应。石墨薄膜表面生长了碳纳米管之后，碳管阵列十分有效地增强了在垂直于石墨表面方向的热耗散。相比于石墨薄膜中原子层之间的范德瓦尔斯力，多壁碳纳米管和石墨薄膜的连接处是共价键键合，极大地增强了界面处的热流传递。利用脉冲光热反射法，测量发现石墨烯与多壁碳纳米管的界面处热阻和石墨烯的层间热阻相比要小三个数量级。

## 4.7　本章小结

石墨烯新奇的热学性质引起了科学研究的广泛兴趣。本章简要介绍了石墨烯的热容性质、声子特性、负热膨胀系数和热导性质。石墨烯超高的面内热导率使其成为集成电路和高功率器件中理想的热耗散材料。而通过设计石墨烯-碳纳米管三维网络结构，可以克服石墨烯面外热导率低的限制，提高材料的热导上限。同时，由于石墨烯相对较高的声子平均自由程，常温下在石墨烯中可以明显地观察到热输运的尺寸效应，为研究低维材料中傅里叶定律和声子的弹道-扩散输运提供了平台。在热电应用方面，增强石墨烯的 Seebeck 系数需要在降低热导系数的同时尽量保持其高电导率不受影响，有效降低石墨烯中电子-声子耦合的研究将极大拓宽石墨烯在热电领域的发展空间。

石墨烯出色的热学性能结合优异的物理性质使其在热管理领域有着十分美好的应用前景，同时在各种具体的应用中也存在着很多挑战和困难，但是可以预见的是，石墨烯一定会在热管理应用领域承担越来越重要的角色。

第 5 章

石墨烯的力学性质

## 5.1 石墨烯的力学特性

石墨烯片具有高的灵活性。它可以像气球一样被拉伸，甚至在几个大气压力下也无碍，并且即使是像氦这样的小原子也无法渗透它。石墨烯是极轻的材料，1 m² 质量约为 0.77 mg。

### 5.1.1 石墨烯的不平整性和热力学稳定性

石墨烯超常的力学性能使其广泛应用于以下几个领域：（1）使用石墨烯作为超强的功能材料；（2）控制石墨烯在电力储存和能量储存使用中的耐久性；（3）容易形成弯曲的石墨烯样品用于电子和结构应用；（4）合成纳米复合物用于结构和功能材料。同时，石墨烯独特的变形和断裂过程等微观结构知识在基础科学研究中具有至关重要的意义。

当材料进入微/纳米尺度时，往往具有远远高于相应体材料的强度和韧性，纳米材料的力学行为是固体力学领域的重要科学问题。石墨烯中的碳碳键是由不同碳原子通过碳碳 $sp^2$ 杂化形成的共价 σ 键，σ 键是自然界中最强的化学键，并且把石墨烯中所有的碳原子束缚在一个平面内，这使得石墨烯具有优异的力学性质。

科学家们一直认为严格的二维晶体结构由于热力学不稳定性而难以独立稳定地存在。Novoselov 等使用机械剥离法成功制备了单层石墨烯，使科学家们对"完美二维晶体结构无法在非绝对零度下稳定存在"这一基本论述提出了质疑。Meyer 和 Ishigami 等将石墨烯附着在微型支架或置于 $SiO_2$ 基底上，通过透射电子显微镜观察并进行数值模拟，研究发现石墨烯产生了面外起伏褶皱，如图 5-1 所示。Fasolino 等采用蒙特卡洛模拟方法研究了石墨烯的表面平整度问题，发现石墨烯中自发地存在约 8 nm 的波纹状褶皱（图 5-2）。Carlsson 对此进行了讨论，认为石墨烯中的碳原子在薄膜上下没有邻近原子，碳原子容易在法向方向上因为没有回复力而失去平衡。这些纳米级别的三维褶皱结构使二维石墨烯晶体结构稳定地存在。碳碳键的柔性也和褶皱的产生存在一定的关系。理论上碳碳键长为0.142 nm，但是石墨烯薄膜中的碳碳键长为 0.130～0.154 nm。同时，石墨烯的边界还表现出不稳定性，边界的结构和形貌对石墨烯的性质会产生重要影响。

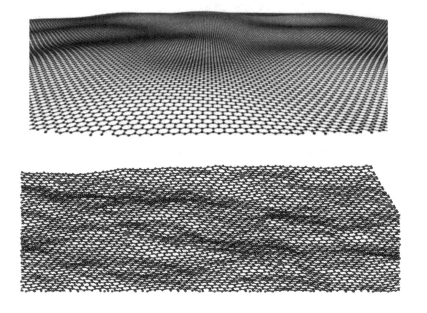

图5-1　石墨烯TEM 图像数值模拟结果

图5-2　石墨烯的蒙特卡洛模拟结果（红色箭头表示约80 Å）

## 5.1.2　石墨烯的杨氏模量

近年来石墨烯力学性能的主要研究内容包括石墨烯的杨氏模量、泊松比、抗拉强度等基本力学性能参数的测定。杨氏模量等力学性能参数属于连续介质下的力学概念，石墨烯的厚度必须采用连续介质假设后计算得到的杨氏模量等力学性能参数才有意义，因此采用不同的厚度去计算得到的杨氏模量等结果是不同的。

Lee 等首先对纯净石墨烯的弹性性质和强度进行了系统的实验分析。在这个实验中，首先将机械剥离法得到的少层石墨烯转移到具有圆形孔洞的悬浮

　　　　　　　　　　　　　　　　　　　　石墨烯的结构与基本性质

基底上形成悬浮膜(图 5 - 3),再利用原子力显微镜对膜层施加力。实验发现石墨烯具有非线性的弹性性质和脆性断裂。石墨烯在拉力负荷下的非线性弹性响应被描述为 $\sigma = E\varepsilon + D\varepsilon^2$,其中 $\sigma$ 为施加的应力,$\varepsilon$ 为弹性形变,$E$ 为杨氏模量,$D$ 为三阶的弹性刚度。假设石墨烯厚度为 0.335 nm,通过实验测得石墨烯的杨氏模量 $E = 1.0$ TPa,三阶弹性刚度 $D = -2.0$ TPa。石墨烯的脆性断裂发生在压力大小等于它的本征强度 $\sigma_{\text{int}} = 130$ GPa 时,这个数值大于所有现在已经测得的材料。石墨烯的杨氏模量和本征强度极其大,这使得石墨烯在结构设计应用和其他领域相当具有吸引力。同时,石墨烯很容易弯曲,这种行为特性很容易在实践中得到应用。Poot 等采用原子力纳米压痕实验测试了多层石墨烯的弯曲刚度和应力特性,并研究了这些性质随薄膜厚度的增加而增加的特性。除了实验之外,第一性原理计算、结构力学、连续介质力学、有限元方法和分子动力学模拟等数值计算得到石墨烯的杨氏模量为 0.8~1.7 TPa,强度为 70~130 GPa。

图 5 - 3 测量石墨烯力学性质的原理图

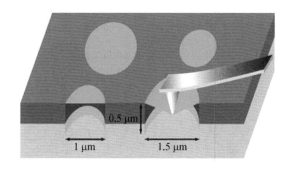

将石墨烯与几种常见材料的杨氏模量进行比较(表 5 - 1),可以看到石墨烯具有很高的杨氏模量。

表 5 - 1 石墨烯与几种常见材料的杨氏模量

| 常 见 材 料 | 杨氏模量/GPa |
| --- | --- |
| 石墨烯 | 1 000 |
| 铜 | 110~130 |
| 熟铁和钢 | 190~210 |
| 碳化硅 | 450 |

| 常 见 材 料 | 杨氏模量/GPa |
|---|---|
| 金刚石 | 1 050～1 200 |
| 铝合金 | 69 |
| 钛 | 105～120 |
| 硅 | 150 |

### 5.1.3 石墨烯的位错和晶界

　　石墨烯缺陷的存在能够明显地影响其塑性形变和断裂。在石墨烯中实验观察到的典型缺陷有空缺、Stone-Wales缺陷、位错和晶界，如图5-4所示。石墨烯中的位错和晶界对石墨烯的力学性质有重大的影响。石墨烯中的位错可以作为塑性形变的媒介，然而晶界可以极大地减少石墨烯的强度特征。石墨烯中的晶格全位错违背了其平移对称性的点缺陷，它们代表在二维六方晶格中的五元环-七元环对。传统三维固体中的塑性形变主要是通过晶格位错的形成和运动。石墨烯中的晶界被定义为分开具有不同晶向石墨烯畴区的线缺陷。每一个二维石墨烯片中的晶界分隔开两个具有不同大小晶界角的石墨烯畴区，晶界角就是描述不同石墨烯畴区晶格取向的相对角度大小，旋转轴垂直于石墨烯片表面。

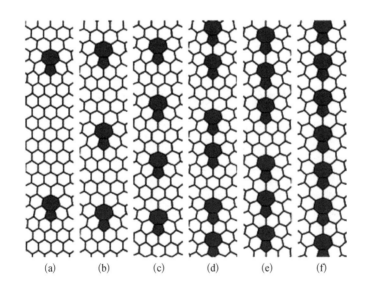

(a)　　(b)　　(c)　　(d)　　(e)　　(f)

图5-4 扶手椅型晶界在不同晶界角下的位错结构［从（a）到（f）分别对应于晶界角 θ = 5.1°、9.5°、13.2°、16.4°、17.9°及21.8°］

现在，满足技术需求的大面积多晶石墨烯片已经被成功制备。晶界作为大面积石墨烯片不可避免的结构元素，其对石墨烯石墨烯力学性能的影响从基础到应用的研究都是非常有趣的。Ruiz-Vargas 等采用原子力纳米压痕实验和分子动力学模拟对多晶石墨烯的强度特征进行了研究。多晶石墨烯样品是通过化学气相沉积的方法生长在铜基底上，然后转移到预制有孔阵列的氮化硅网格上（图 5-5）。晶界是通过实验中观察到增强非晶碳和氧化铁纳米颗粒吸收发生的地方来确认，纳米压痕实验表明晶界和涟漪会有效地降低多晶石墨烯的强度。通过对 60 余个石墨烯薄膜进行纳米压痕实验，可以发现平均有效杨氏模量大小为 55 N/m，比纯净单层石墨烯本征杨氏模量的六分之一还小得多（图 5-6）。

图 5-5　多晶石墨烯样品制备

（a）石墨烯的纳米压痕实验示意图

（b）SEM 图像

图 5-6　石墨烯杨氏模量结果分布图

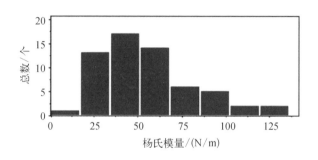

通过理论研究和实验发现，类似于气泡等适度弯曲的石墨烯结构会很大程度地影响石墨烯的电学性质，这将在技术上提供一个通过石墨烯片的曲率特征来设计和控制石墨烯的电子特征的渠道。

## 5.1.4 提高石墨烯的力学性能

虽然石墨烯具有优异的机械强度、良好的导电性和热稳定性，如果不被密封在其他基体中，我们很难利用石墨烯的这些特殊性质。石墨烯与不同类型的聚合物、金属或金属氧化物结合，可增强其强度和性能，使得它适用于某些特定的应用。

石墨烯与聚合物基体的结合有多种方式，如原位聚合、熔融条件下进行混合等。如果石墨烯在聚合物中是可溶解或可分散的，那么溶液混合法是一种普通、简单的方法且可用于大规模制备。专家学者在聚合物与半导体和石墨烯结合方面也做了很多研究，通过交替的双、三重键以及与芳族或杂芳环建立连接。此类聚合物的合成可应用于有机发光二极管、光伏电池、有机激光器、太阳能电池、超级电容器等领域。

Stankovich 研究指出，当石墨烯分散在聚苯乙烯中时，渗滤阈值仅为 0.1%（体积分数），这是由于官能化石墨烯在聚苯乙烯中具有优异的分散性。此外，加入了 1%（质量分数）的石墨烯，母体的力学性能也得以增强。

另一种用于提高石墨烯基复合材料机械强度的尝试是使用亲水性聚乙烯醇或疏水性聚甲基酸甲酯聚合物。氧化石墨烯的合成与添加聚合物同时发生。通过这种方法，Putz 等通过真空辅助自组装技术制备出高度有序且均匀的多层氧化石墨烯聚合物纳米复合材料。此方法中片间的间距可以通过在层间廊道加入聚合物来调整。加入材料的氢键能力影响着结构的模量和强度。与纯聚合物相比，将石墨烯加入聚乙烯醇可将刚度提高 1 000%，远高于混合定律，而聚甲基酸甲酯基复合材料的刚度仍与混合定律相同，然而拉伸强度比原始聚合物提高了 1 100% 以上。

## 5.2 石墨烯的应变

### 5.2.1 应变对石墨烯带隙的影响

石墨烯具有众多优异的性质，如超薄的厚度、双极性电荷传输、可调的金属性质、好的柔韧性、高强度等。石墨烯具有很小的厚度，外加应力会影响石墨烯的电子特性。很多石墨烯领域的研究者从理论上探讨了施加应力对石墨烯电子结构和光学性质的影响，常用的方法有第一性原理、密度泛函理论、紧束缚近似和非平衡格林函数方法。Gui 等发现应变对称分布的石墨烯是零带隙半导体，在弹性限度内其赝能隙大小随应力的增大线性减小，而不对称应变分布的石墨烯在费米能级处会产生带隙。Pereira 等从理论上验证了可以通过应变来调控石墨烯带隙的打开，在超过 23% 的单轴应变作用下石墨烯会产生带隙。通过采取合适的应力施加方式来调节载流子的动力学性质打开了石墨烯的新型应用的大门。

Ni 等通过第一性原理预测在 1% 的单轴拉伸应变下石墨烯会打开大约 300 meV 的带隙，如图 5-7 所示，通过给石墨烯一个方向施加拉伸应变，会导致在平面内另一个垂直方向产生收缩[图 5-7(a)]。从没有施加应变的石墨烯能带结构和施加 1% 的单轴拉伸应变的石墨烯能带结构沿着 $\Gamma$-$K$-$M$ 方向能够看出[图 5-7(b)(c)]，在布里渊区的 $K$ 点能够看见打开的带隙。并且 Ni 等还发现，打开的带隙大小随着单轴拉伸应变的增加呈线性关系(图 5-8)。插图展示的是计算得到的没有施加应变和施加 1% 应变后的石墨烯电子态密度。红色点是在他们的最大施加应力(0.78%)实验条件下得到的数据点，和理论计算得到的结果相符合。

给单层石墨烯施加拉伸应变从实验上提供了另外一种调控石墨烯带隙的手段，比现在打开石墨烯带隙经常使用的其他手段更加有效和便于控制。

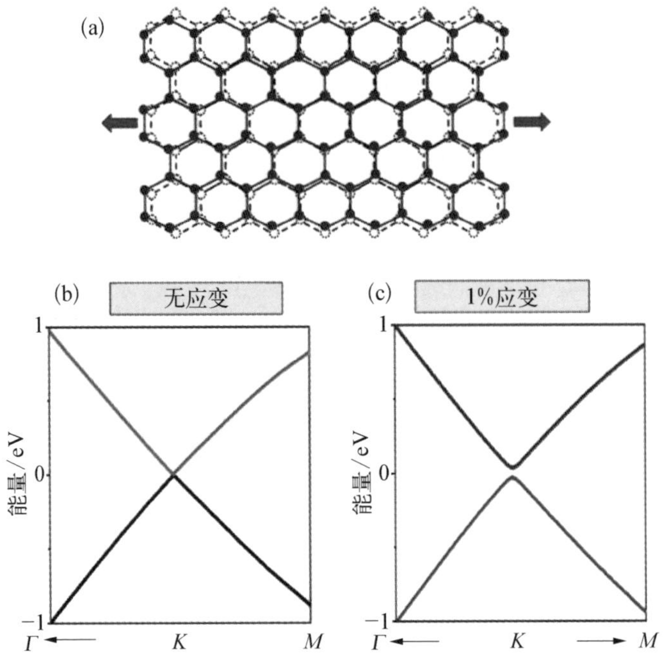

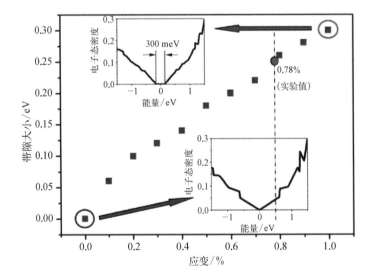

(a)

图 5-7 应变对石墨烯能带结构调控的示意图

(b) 无应变

(c) 1%应变

（a）单轴拉伸应变施加在石墨烯超晶胞上示意图；（b）通过理论计算得到的不加应力时的石墨烯能带结构；（c）加 1%应力时的石墨烯能带结构

图 5-8 石墨烯打开带隙与单轴拉伸应变的关系

　石墨烯的结构与基本性质

### 5.2.2　应变增强石墨烯中电子-声子耦合

尽管石墨烯已经展现出来了许多优秀的性质,但是它不能超导。如果可以找到一种方法在石墨烯中引入超导,可能有效集成最新设备的概念,例如纳米尺度的超导量子干涉、超导晶体管、单电子超导量子点等设备。通过 Bardeen-Cooper-Schrieffer(BCS)理论可以知道,通过增强电子-声子耦合作用来产生声子激发的超导。由第一性原理计算可得,结合电子或空穴掺杂,双轴拉伸应变可以极大地提高石墨烯的电子-声子耦合作用,以便将石墨烯转变为 BCS 超导体。

电子-声子耦合强度可以用一个量纲为 1 的参数 $\lambda$ 来描述。在本征石墨烯中,$\lambda$ 值很小,超导现象不会发生,这是由于石墨烯的狄拉克点电子结构导致电子态密度被减小。增大 $\lambda$ 值,首先要增加在狄拉克点附近的电子态密度,可以通过掺杂电子或空穴来实现。Chen 等对此进行了研究,如图 5 - 9(a)所示,通过第一性原理计算得到 p 型石墨烯的电子态密度 $N_F$ 和 $\lambda$ 随掺杂浓度 $n$ 的变化,明显可以观察到随着 $n$ 增加,$N_F$ 和 $\lambda$ 都会同时增加。在掺杂浓度高达 $6.2 \times 10^{14}$ cm$^{-2}$ 时,$\lambda \approx 0.19$,但是此时的电子-声子耦合作用仍旧很弱。这表明了掺杂对于石墨烯产生超导现象是必要但非充分条件。他们通过进一步的研究发现对于掺杂的石墨烯,$\lambda$ 值可以通过增大双轴拉伸应变得到很大的增加。如图 5 - 9(b)所

图 5 - 9　掺杂对于石墨烯产生超导现象是必要但非充分条件

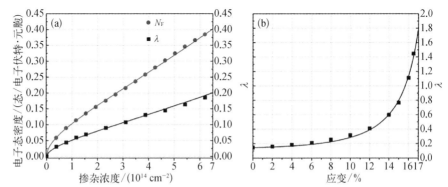

（a）通过第一性原理计算得到 p 型石墨烯的 $N_F$ 和 $\lambda$ 随掺杂浓度的变化；（b）在掺杂浓度为 $4.65 \times 10^{14}$ cm$^{-2}$ 时,空穴掺杂石墨烯的 $\lambda$ 随应变的变化

示,在掺杂浓度为 $4.65 \times 10^{14}$ cm$^{-2}$ 时,空穴掺杂石墨烯的 $\lambda$ 随应变增加急剧增加。当应变大小为 16.5% 时,$\lambda$ 值高达 1.45,已经达到了强电子-声子耦合作用范围。

石墨烯的邻近超导首先是在和超导体相互作用当中被发现,比如直接生长在超导 Ru(0001) 薄膜表面的单层石墨烯的超导温度小于 2.1 K。掺杂引起石墨烯中的超导现象也被报道过。Ludbrook 等发现通过附着一层锂原子到单层石墨烯上面,可以使材料达到一个稳定的超导状态,超导转变温度小于 5.9 K。综上所述,掺杂和施加双轴应力相结合提供了一种新的增加石墨烯中电子-声子耦合作用的途径,从而增加了石墨烯的超导转变温度。一方面,石墨烯的掺杂可以通过吸附杂质原子或者给其施加栅压来实现,可以提供高达 $4 \times 10^{14}$ cm$^{-2}$ 掺杂浓度。另一方面,实验发现石墨烯可以承受高达 25% 的拉伸弹力而不会发生断裂,所以完全可以期望石墨烯在外加拉伸应力和掺杂的情况下可以实现高的超导转变温度。

## 5.2.3 应力调控石墨烯表面杂质原子的自组装

表面吸附被认为是一种有效调控石墨烯电学和化学性质的方法。石墨烯的氢化作用提供了一个简洁打开石墨烯带隙的方法,而且在实验和理论上得到了广泛的研究。然而,氢原子在石墨烯表面的吸附根本上来说是一个随机的过程,把氢原子按照需要送往指定的位置不是很容易。应力调控对于促进吸附在石墨烯表面的氢原子进行自组装具有广泛的应用前景,压缩应变会导致石墨烯表面出现凸起和涟漪,碳原子在一些特定的具有很大曲率的位置会变得更有化学活性,可以作为氢原子吸附的首选位点。

按照上述观点,一种应力调控石墨烯表面吸附的氢原子自组装过程的方法被 Wang 等设计了出来。如图 5-10 所示,这个过程包含两步,首先是准备原始长度为 $L$ 的石墨烯片[图 5-10(a)],在第一步,施加沿 $x$ 方向的单轴压缩应变,在达到一个临界值后,原本平坦的石墨烯片会变得不稳定,形成起伏不定的一维正弦涟漪状团,周期为 $N_W$[图 5-10(b)]。基于连续介质力学模型,计算出来临

界应变的大小为 $\varepsilon_{cr} = \dfrac{h^2 n^2 \pi^2}{12(1-\nu^2)L^2}$，其中 $h=0.7$ Å，为石墨烯的厚度；$n$ 为涟漪状周期的数目；$\nu=0.34$，为泊松比。对于正常的石墨烯大小（$L$ 为 $10\sim10^4$ nm），临界应变非常小（$<0.1\%$）。对于给定长度 $L$ 的石墨烯，当 $\varepsilon_{cr}$ 增加 $n$ 也会增加。也就是说，涟漪图案的周期 $N_W$ 可以被石墨烯的长度和压缩应力的大小来调控。在第二步，氢原子被引入到石墨烯涟漪上，它们更倾向于以形成最大曲率的方式吸附在碳原子上，同时形成高度有序的氢原子图案[图 5 - 10(c)]。弯曲地方的碳原子具有更高的反应活性，因为相比于具有平面对称性的 $sp^2$ 电子构型，弯曲地方的碳原子具有 $sp^{2+}$ δ 电子构型，更接近氢化作用后的 $sp^3$ 电子构型，因此对于弯曲地方的碳原子会比平面碳原子需要更少的能量去吸附氢原子。氢条纹的形成将一个涟漪周期分成了两个带状区域，就像一个硬壁势将 π 电子限制在氢条纹内，因此石墨烯涟漪表现为石墨烯纳米带并且具有一个打开的带隙。

图 5 - 10 应力调控石墨烯表面吸附的氢原子自组装过程的示意图

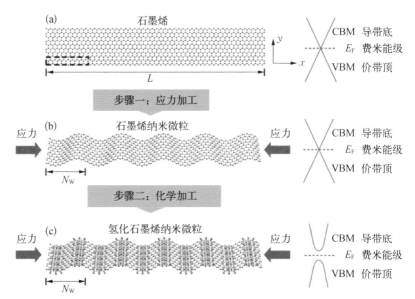

（a）零带隙的纯净石墨烯；（b）通过施加压缩应力形成的石墨烯涟漪；（c）石墨烯涟漪上直接吸附氢原子，打开了带隙

应当指出应力调控的方法对于氢原子的自组装过程有明显的优势：

（1）氢原子通过应力导致的纳米涟漪结构被引入到具有很大曲率的目标位

置,而不是随机的吸附位点,这导致了具有一个宽度均匀、有方向、平滑边缘和非零带隙的氢化石墨烯纳米带;

(2) 压缩应变的大小可以调节石墨烯纳米带的宽度,最终会影响打开的石墨烯带隙;

(3) 氢原子自组装的过程是可重复的,让氢原子吸附在固定位点和从上面解吸附会导致可逆且具有相同带隙大小的金属-半导体-金属转变过程。

类似地,应力调控的自组装方法也适用于其他吸附在石墨烯表面的原子,比如氟、氯和氧原子。

应力调控同时打开了石墨烯中更加新颖的基本物理现象研究和更有效率的集成设备概念探索的大门。同时,应力调控作为调控石墨烯性质的有效方法,也可以被应用到其他的二维材料,比如过渡金属硫族化合物、黑磷等。应力调控也可以显著地增大一些二维半导体的带隙,从而改变它们的电子结构和光电性能。

## 5.3　石墨烯的摩擦

减小摩擦和损耗相关的机械故障是当今移动机械组装的重大挑战之一,现在研究者们还在寻找新的材料、涂层和润滑剂去避免这些机械故障。很多研究表明,在不同的温度、环境和摩擦条件下,不同材料的摩擦和损耗机理都不相同。磨损是其中的一种摩擦耗能机理,如图 5-11 所示,主要是样品由于剪切作用带来能量损耗和在滑移面上运动时材料表面的损耗。通常摩擦耗能会同时伴随对材料的物理损伤,这可以采取结构变形和疲劳或者裂纹萌生和扩展的形式,但将会导致松散磨屑的形成。这种摩擦诱导的损耗通常会在滑移的过程中消耗部分能量,磨损现象可以通过摩擦系统摩擦行为的变化来观察到。当磨损表面变得粗糙和高度活跃(由于许多缺陷和初生态表面原子的产生),摩擦损耗将会增加从而导致更多的能量损耗。宏观

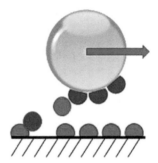

图 5-11　磨损过程示意图

石墨烯的结构与基本性质

尺度的滑移是典型的磨损导致摩擦耗能过程,特别是在高负载、高速和环境效应的影响下。

石墨是由许多层石墨烯组成的块状材料,是众所周知的固体润滑剂,一层或几层石墨烯也可以提供有效的润滑。石墨烯表现出来可以有效地减小在钢铁和金表面的摩擦和磨损等相关损耗的优良性质,Berman 等证明石墨烯除了可以在滑移面上提供简单的剪切作用,还可以有效抑制磨损、黏合和腐蚀降解。他们研究发现溶液法制得的少层石墨烯可以减小在空气中滑动钢铁表面上的摩擦和阻力(相对湿度为 30%)。他们研究的内容是溶液法制得的石墨烯对钢球和平滑钢表面摩擦过程中起到的作用,实验环境是 30% 的相对湿度空气中。他们做了四组模拟实验:无处理的钢球在平滑钢表面滑移;无处理的钢球在表面有石墨烯的平滑钢表面滑移(浸没在溶液法制得的石墨烯中);无处理的钢球在表面有石墨烯的平滑钢表面滑移(在实验过程中间歇滴入溶液法制得的石墨烯液滴);无处理的钢球在平滑表面滑移(浸没在酒精中)。实验结果如图 5 - 12 所示,可以看出溶液法制得的少层石墨烯可以有效地减小摩擦过程中的摩擦系数,间歇滴入石墨烯液滴的方法最为有效。

图 5 - 12 不同实验条件下摩擦系统的摩擦系数

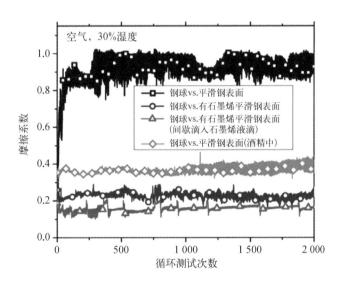

Berman 等提出的可能解释是少层石墨烯作为二维纳米材料,在滑动接触表面形成了具有保护作用的保形涂层,减小了摩擦腐蚀和损耗。为了进一步证明少层石墨烯具有的超润滑性质,他们又研究了三组模拟实验中钢球面和平滑

面上磨损痕迹的光学照片。在空气中钢球和平滑钢面摩擦时，摩擦表面会有很出现很严重的摩擦痕迹[图5-13(a)(b)]。当在摩擦表面加入溶液法制得的石墨烯后，摩擦痕迹的直径大小和摩擦痕迹的宽度大小都会变小[图5-13(c)～(f)]。三组模拟实验在摩擦测试后对摩擦痕迹还进行了拉曼光谱研究[图5-13(b)(d)(f)]，拉曼光谱插图里的是选中摩擦痕迹区域的拉曼成像结果，反映了石墨烯 G′峰的强度大小在摩擦痕迹区域的分布（在 2 700 cm$^{-1}$处的拉曼信

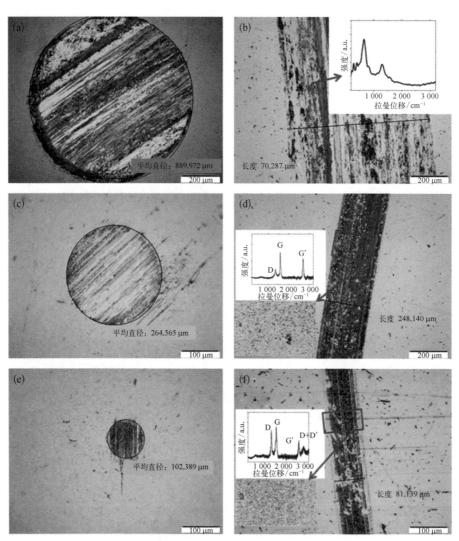

图5-13 摩擦痕迹的光学成像和拉曼成像

（a）（b）没有加溶液法制得的石墨烯；（c）（d）加了溶液法制得的石墨烯；（e）（f）周期性滴入溶液法制得的石墨烯

石墨烯的结构与基本性质

号强度大小，红色表示最高强度，蓝色表示没有信号时的最小强度）。从摩擦痕迹的光学成像和拉曼成像图中都可以看出，加入溶液法制得的石墨烯能够有效地减少摩擦损耗和摩擦痕迹。和图 5-12 的结果一致，加入溶液法制得的石墨烯液滴减少摩擦损耗的效果最好，但是给石墨烯引入了新的缺陷拉曼峰 D + D′（峰位在 2 940 cm$^{-1}$ 处）。很多研究工作用拉曼光谱对不锈钢的腐蚀进行了深入研究，发现在 700 cm$^{-1}$ 及以下有一个氧化铁的特征峰。但是从图 5-13(f) 可以看出摩擦痕迹的氧化铁的特征峰很弱，和没有加入溶液法制得的石墨烯润滑前的氧化铁峰[图 5-13(b)]有很大的差别。以上可以分析得出石墨烯有效降低了钢的氧化腐蚀。

## 5.4　本章小结

在石墨烯中，每个碳原子通过很强的 σ 键（自然界中最强的化学键）与其他 3 个碳原子相连接，这些很强的碳碳键致使石墨烯片层具有极其优异的力学性质和结构刚性。Lee 等首次利用原子力显微镜纳米压痕实验研究了石墨烯的弹性性质和断裂强度，得到石墨烯的杨氏模量为 (1.0 ± 0.1) TPa，理想强度为 (130 ± 10) GPa。另外，Lee 和 Berman 等还分别利用原子力显微镜和光学成像的方法从微观与宏观角度研究了石墨烯的摩擦力学行为。

本章回顾了应变对石墨烯性质的影响，还讨论了石墨烯的应力调控可能带来的应用。均匀的单轴应变或者剪切应变会使石墨烯的狄拉克锥向相反的方向远离布里渊区的 $K$ 和 $K'$ 点，但是当施加应变小于阈值时，不能在石墨烯中打开带隙（对于单轴应变大于 20%，对于剪切应变要大于 16%）。当施加应变大于阈值时，由于狄拉克锥的合并，石墨烯的带隙将会打开。在石墨烯中打开带隙的另外一种方法是设计特定的非均匀应变分布，可以产生很强的量子化的赝磁场，因此会导致朗道量子化和类似量子化霍尔效应的态。在有限掺杂的情况下，如果费米能级位于两个朗道能级之间，石墨烯会从半金属态转变为半导体态。除了石墨烯的电子结构发生了改变，石墨烯拉曼光谱随着应变的变化也被研究，比如拉曼光谱中的 G 峰和 G′峰在均匀应变下都会发生红移，因此拉曼光谱可以作为一种监控应变大小很有效的手段。本章也提到了双轴应变对于石墨烯电子-声子耦合作用的影响，双轴拉伸应变可以通过减小光学声子模来增强电子-声子耦合作用，甚至可以在石墨烯中引入超导。本章最后还涉及应力调控可能会对石墨烯表面外来原子自组装带来的应用，通过给平滑的石墨烯表面施加压缩应变形成石墨烯纳米尺度的涟漪，表面吸附的杂质原子，比如氢原子等，可以被引入到具有很大曲率的固定位点而不是随机的吸附位点。

　　科研工作者还对石墨烯力学性能的温度相关性和应变率相关性、原子尺度缺陷和掺杂对石墨烯力学性能的影响等方面进行了大量的研究。石墨烯具有优异的力学性能，而且石墨烯具有很大的比表面积，其强度远高于碳纤维，在经济性方面远好于碳纳米管，因此在纳米增强复合材料和微纳电子器件等领域具有广泛的应用。

第 6 章

石墨烯的化学性质

## 6.1　石墨烯的不可穿透性

石墨烯是由单层碳原子以蜂窝状结构排列形成的材料,由于其面内碳原子均以 $sp^2$ 杂化的形式结合,形成离域大 π 键,其表面电子云排列非常紧密,导致石墨烯具有非常好的不可穿透性。除了质子,石墨烯可以阻挡一切气体或液体分子穿过。因此,石墨烯在海水淡化、处理原油泄漏、DNA 分子检测、保护金属防腐蚀等领域都有非常好的应用前景。

### 6.1.1　石墨烯在海水淡化领域的应用

近年来,石墨烯、氧化石墨烯、化学修饰的石墨烯都在海水淡化领域凸显出广阔的应用前景。作为一种单原子层厚度的材料,石墨烯表面几乎没有摩擦,这使得石墨烯制成的过滤膜具有最小的传输阻力和最大的渗透通量。除此之外,石墨烯优异的机械强度、化学稳定性和成熟的低成本制备技术都使得石墨烯在海水过滤领域的实际应用成为可能。

石墨烯对于所有气体(包括氦气)都是完全隔绝的,这是因为它独特的芳族环导致的电子态密度阻止了这些分子的穿透。最初的理论研究集中在将石墨烯钻出孔洞来作为多孔石墨烯膜实现对水、离子和气体的选择性通过[图 6-1(a)]。尽管被预测会有非常好的分离性能,但是如何将大面积石墨烯进行有效的打孔一直还是一个非常重要的挑战。除了打孔过滤之外,石墨烯,尤其是氧

图 6-1　石墨烯过滤膜的两种过滤方式示意图

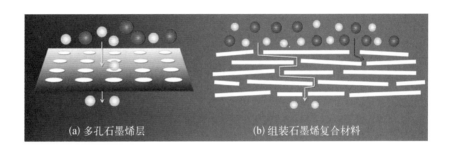

(a) 多孔石墨烯层　　　　　(b) 组装石墨烯复合材料

化石墨烯纳米片,可以被组装成压片结构,通过其中的二维纳米通道来实现小分子的有效快速传输[图 6-1(b)]。诺贝尔奖获得者 Geim 及其课题组发现,氧化石墨烯制备的亚微米厚的压片薄层可以完全阻隔液体、蒸气和气体,但是可以允许水畅通无阻地通过。自此之后,组装的氧化石墨烯薄膜被大量研究用于海水净化和溶剂脱水。此外,精细控制结构的石墨烯复合材料还可以用于气体分离。

综上可知,石墨烯应用于海水淡化主要分为两种原理(图 6-1):第一种利用石墨烯的不可穿透性,将石墨烯打孔,制备出有孔洞的石墨烯薄膜,利用这些不同大小的孔洞来实现对不同分子或离子的过滤;第二种利用堆垛的氧化石墨烯压片结构的层间纳米通道,通过调节薄层之间的间距来调节纳米通道的分子、离子选择性通过。

对于第一种过滤方式,Surwade 等通过氧等离子体轰击的方法将石墨烯薄膜打出孔洞,轰击时间越久,所获得的孔洞就会越多,直径越大(图 6-2)。利用这种有孔洞的石墨烯,他们研究了海水脱盐的可能性。他们发现采用四种不同几

图 6-2

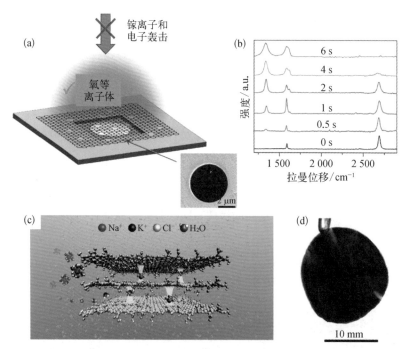

（a）石墨烯筛示意图;（b）石墨烯拉曼信号随刻蚀时间延长的变化;（c）石墨烯过滤不同离子示意图;（d）一个石墨烯过滤膜光学图

何形状的石墨烯都可以用来海水淡化。氧等离子体轰击制备石墨烯孔洞的方法比较有效,制备出的纳米孔可以有效地对溶液中的离子进行选择性过滤(如 $K^+$、$Na^+$、$Li^+$、$Cl^-$ 等)。

Chen 等发现离子与石墨烯片层内芳香环结构之间存在水合离子-π相互作用。这样的作用像"桥墩"一样支撑石墨烯片层,精确控制了石墨烯膜的层间距,而不同大小的水合离子相当于不同大小的"桥墩",进而对应于不同的层间距(图6-2)。吴明红团队在方海平等协助下,通过实验成功证实并观测到石墨烯膜与不同的离子溶液作用后确有特定的层间距,这样的间距可以小到一纳米左右,而不同离子对应的间距差异小于十分之一纳米;当石墨烯膜与水合直径小的离子溶液结合后,具有更大水合直径的离子就难以进入石墨烯膜。因此,通过离子选择可以实现对石墨烯膜的层间距达十分之一纳米的精确控制。在理论模型的基础上,他们又设计制备了一系列水合离子控制的多孔陶瓷支撑的石墨烯复合膜,从实验上实现了不同离子间的精确筛分。对于具有最小水合直径的钾离子,由于钾离子的水合层较弱,进入石墨烯膜后水合层发生形变,导致特别小的层间距,这样,经过钾离子溶液浸泡的石墨烯膜能阻止水合钾离子自身的进入,有效截留盐溶液中包括钾离子本身在内的所有离子,同时还能维持水分子通过,实现一边是离子溶液、另一边是纯水的水处理效果。

## 6.1.2 石墨烯在处理原油泄漏领域的应用

海上原油泄漏不仅给生态环境带来灾难性的破坏,还会造成巨大的经济损失。然而,原油泄漏所产生的水面浮油具有面积大、油层薄、黏度大等特点,难以采用传统的技术和材料来有效地处理。撇油船在围油栏的配合下能够处理的浮油面积非常有限,并且回收的浮油中含水量大;向原油泄漏区域播撒分散剂也仅能将部分浮油分散到水体中,而形成的原油乳液颗粒依然会威胁到海洋生物的生存环境;直接引燃浮油会引发严重的空气污染,同时会造成浮油泄漏区域缺氧。近年来,多孔疏水亲油材料因其具有成本低、油水分离效率高、操作简单、环境友好等诸多优势,逐渐受到研究人员的重视。然而,多孔疏水亲油材料仅对低黏度油品具有较高的吸附效率,而对水面原油泄漏的清理回收非常困难。因为原油的黏度比较大,即使是低黏度的原油,在泄漏后的短短几小时内,黏度就会增加数百倍以上,使多孔疏水亲油材料难以将浮油快速吸附到内部,从而降低多孔疏水亲油材料的利用率和浮油清理的速度。因此,为了促进多孔疏水亲油材料在海上浮油清理领域的广泛应用,迫切需要解决高黏度浮油在多孔疏水亲油材料内部扩散慢的难题。石墨烯具有独特的结构和性质,可以形成三维多孔、疏水程度可调的泡沫状,在油污吸附方面有天然的优势。

2012 年,Bi 等使用破絮般的石墨烯材料做成多孔的海绵状结构,通过多种方法实现其微观结构的调控,以此来优化石墨烯海绵的吸附性能和力学性能。经研究,他们发现石墨烯海绵具有超高效吸附特性,并将其不吸水却可以吸附油等有机物的特性成功用于快速清除海上漏油,实现了油水高效分离(图 6 - 3)。另外,将石墨烯与商用海绵牢固结合,可得到具有较强机械强度的石墨烯基复合海绵。该海绵与负压系统结合,可实现连续油水分离,大大提高分离效率,降低使用成本。

图 6-3

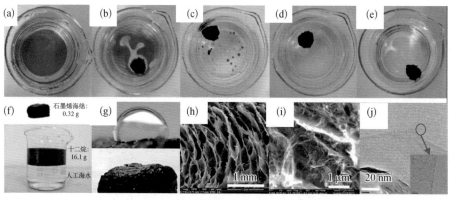

(a)~(e)石墨烯海绵吸油过程示意图;(f)石墨烯海绵样品;(g)~(j)石墨烯海绵不断放大照片

2017 年,Ge 等将焦耳热效应引入到多孔疏水亲油吸油材料中,设计并研制出可快速降低水面上原油黏度的石墨烯功能化海绵组装体材料和能连续收集环境中泄漏的原油的收集装置,大幅提高了吸油材料对高黏度浮油的吸附速度,显著降低了浮油清理时间。

　　首先,他们采用离心辅助浸渍涂覆技术,在商业海绵表面均匀地包裹上石墨烯涂层,得到经石墨烯修饰后的海绵不仅导电,还具有疏水亲油特性。他们研究发现,在这种经石墨烯功能化后的海绵上施加电压后,产生的焦耳热会迅速增加与其接触的原油温度,有效降低了与之接触的原油的黏度,从而提高原油在石墨烯功能化海绵内部的扩散系数,最终使得经石墨烯功能化海绵能够快速吸附水面上的高黏度原油(图6-4)。为了提高电能的利用效率,他们将加热区域限制到石墨烯功能化海绵的底部,顶层的海绵和水面的浮油相当于隔热层,减慢热量向空气和水体中扩散,提高热量向原油传递的效率。

图 6-4

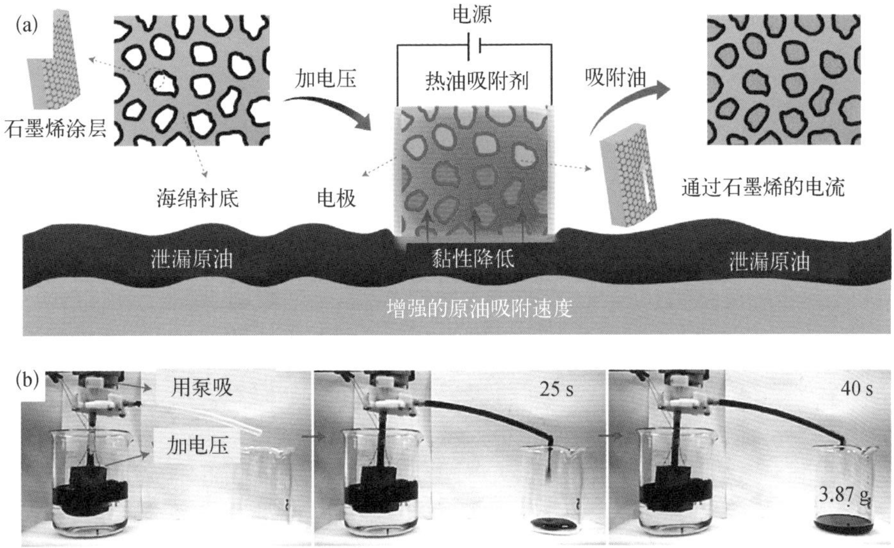

（a）石墨烯海绵吸油示意图;（b）石墨烯海绵吸油过程光学图

## 6.1.3　石墨烯在 DNA 领域的应用

　　如何实现快速、廉价、可靠的 DNA 测序可能是近十年最具重要性的目标之一,因为它将为人类的个体化治疗铺平道路,指明方向。为了实现这一目标,近年来已经开始了许多基于纳米科技的方法探索和研究,其中就包括纳米孔测序。

石墨烯作为一种新型材料,由于它独特的结构和性能,在这一领域为全新的DNA测序技术带来了曙光。围绕着石墨烯用于DNA测序的技术已经开始从理论构想变成了现实。

最近关于石墨烯用于DNA测序有很多种思路,总结起来如图6-5所示。首先,石墨烯的原子层厚度和完全不可穿透性可以用于基于纳米孔的碱基序列排序。由于每一个DNA分子穿过纳米孔时导致的离子电流会略有不同,通过这些电流信号的采集和分析,可以实现DNA测序[图6-5(a)]。其他的测序方式则用到了石墨烯的导电特性,如图6-5(b)(c)所示,不同的石墨烯间隙结构之间会有不同的隧穿电流,由于不同的碱基对对纳米带上电流的影响不同,通过监视DNA分子穿过纳米孔时面内电流的变化可以实现DNA分子测序。最后一种思路则是利用不同的DNA分子物理吸附在石墨烯表面会导致石墨烯电流的改变,通过采集分析,也可以实现DNA分子的测序[图6-5(d)]。

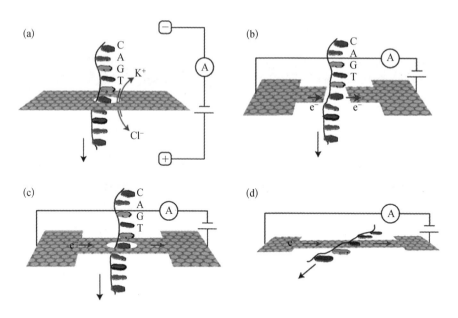

图6-5 几种石墨烯应用于DNA测序原理示意图

2010年,哈佛大学和美国麻省理工学院的研究人员在实验上证实了石墨烯确实可以用于DNA测序。他们采用上面提到的第一种思路,在石墨烯上钻出纳米孔,通过检测孔隙的离子交换证实长DNA分子能像线穿过针眼一样地通过石墨烯纳米孔。

　　　　　　　　　　　　　　　　　石墨烯的结构与基本性质

## 6.2  石墨烯的化学惰性

石墨烯是一种单层的二维碳原子组成的材料,它对于常见的气体分子都具有完全不可穿透性,因此被认为是一个完美的金属防腐涂层的候选者。另外,石墨烯化学性质稳定,可以在400℃的大气中保持稳定。现在已经有了成熟的工艺,可以将石墨烯生长到米量级尺寸,同时,利用已有的转移方法可以将石墨烯转移到各种衬底上。因此,石墨烯作为防腐涂层是具有非常大的可行性的。另外,单层、双层石墨烯均可以有非常高的透光率(4层石墨烯的透光率大于90%),所以不会影响到衬底的光学性质。

实验上,Chen等首先研究了高温下石墨烯对于铜箔和铜镍合金衬底的保护作用。如图6-6所示,他们将石墨烯直接生长在铜箔和铜镍合金的表面,在空气

图6-6

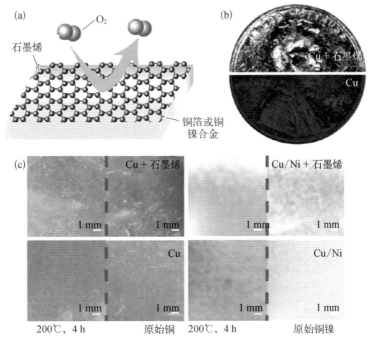

(a)石墨烯保护铜表面氧化原理示意图;(b)覆盖有石墨烯和没有覆盖石墨烯的铜钱氧化后光学图;(c)有无石墨烯覆盖对金属衬底的保护作用

中200℃加热4 h。覆盖有石墨烯的铜箔和铜镍合金的颜色没有发生任何变化，石墨烯将衬底很好地保护了起来。相反，没有石墨烯覆盖的铜箔和铜镍合金在空气中加热后，由于衬底发生氧化，颜色发生了明显的变化。XPS结果表明，石墨烯覆盖下的铜箔没有任何氧化铜或者氧化亚铜的信号，这跟没有覆盖石墨烯的区域结果是完全相反的。因此，高温下石墨烯可以对铜箔和铜镍合金起到非常好的保护作用。

钢铁作为工业中使用最为广泛的材料，每年都因为腐蚀带来巨大的经济损失和社会公共财产损失。Kang等将还原氧化石墨烯应用到金属铁的防护当中，他们利用一种转移的方法，将氧化石墨烯薄膜覆盖在铁或者铜箔上面（图6-7）。同样地，在空气中200℃加热2 h，铁和铜箔上覆盖有石墨烯的区域颜色完全没有任何变化，铁和铜箔被完美地保护起来。然而，没有覆盖石墨烯的区域铁和铜箔均氧化严重，颜色变成了暗红色。

图6-7

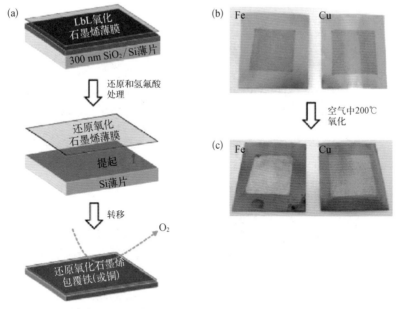

（a）氧化石墨烯转移到衬底上过程示意图；（b）（c）石墨烯转移到铜和铁上对它们的保护作用

石墨烯在金属防腐上的研究刚开始取得了非常重要的进展，但是，随着这个方向研究的进一步深入，研究人员发现，石墨烯并没有像人们想象的那么有效，在金属的自然氧化过程中,石墨烯不仅没有起到很好的防护效果,反而会大大加速金属衬底的腐蚀。Schrive 等分别研究了石墨烯在高温下和自然氧化过程中对金属的保护作用。他们同样发现,在高温下,石墨烯可以很好地保护铜箔不被氧化。但是,对于自然氧化过程,裸露的铜箔在两年之后依然氧化程度较浅;有石墨烯覆盖的区域则变化明显,铜箔衬底发生了严重氧化,如图6-8所示。Schriver 等提出了一种电化学腐蚀机制来解释这个现象:由于石墨烯和铜箔的电负性不一致,一旦有氧化开始发生,石墨烯和铜会形成电化学回路,铜箔衬底将被加速腐蚀。

图6-8 覆盖有石墨烯的铜箔在不同时间下氧化情况的光学图

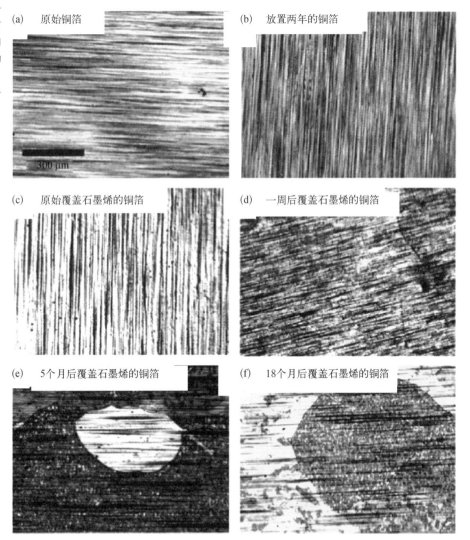

(a) 原始铜箔

(b) 放置两年的铜箔

300 μm

(c) 原始覆盖石墨烯的铜箔

(d) 一周后覆盖石墨烯的铜箔

(e) 5个月后覆盖石墨烯的铜箔

(f) 18个月后覆盖石墨烯的铜箔

同期,Zhou 等也同样报道了这种氧化行为,在长期的自然氧化过程中,石墨烯覆盖的铜箔衬底氧化严重,石墨烯没有起到任何的防护腐蚀作用。

上述不同的实验结果可以这样来理解,石墨烯对铜箔的保护作用可以分为两类。一类是高温短时间,在这种条件下,裸露的铜箔由于温度较高,空气中氧气量很充足,因此会被快速氧化。而对于覆盖有石墨烯的区域,由于石墨烯可以阻止氧气的穿过,所以石墨烯覆盖的铜箔可以被很好地保护起来。第二类是长时间自然氧化,在这种条件下,裸露的铜箔温度较低,虽然氧气量很充足,但是氧化速率很慢,铜箔的氧化程度很浅。对于石墨烯覆盖的铜箔,氧气会慢慢通过界面或者缺陷处扩散。一旦铜箔发生氧化,石墨烯将和铜箔衬底形成电化学回路,在电化学腐蚀机制下,铜箔的氧化速度将会大大加快,这种情况下,石墨烯不仅不能对衬底起到保护作用,反而会大大加快铜箔衬底的腐蚀。在这种背景下,石墨烯薄膜直接应用到金属防腐领域的研究越来越少,因为石墨烯本身和金属功函数的不同导致电化学加速腐蚀的问题无法得到很好的解决。

最近,Xu 等利用 Cu(100) 和 Cu(111) 上生长的石墨烯作为研究对象,发现了一种公度/非公度系统下石墨烯对金属的两种不同的保护行为,并提出了完美防腐涂层的两个标准。标准一,完美金属防腐材料应该可以阻止腐蚀环境在竖直方向上穿透防腐涂层,接触到金属表面。这是完美防腐的第一步,通过阻止腐蚀环境和金属的接触,从根本上阻止金属腐蚀。标准二,一旦由于缺陷等原因,腐蚀环境接触到了金属表面,那么完美防腐涂层应该可以阻止氧气和水在防腐涂层和金属的界面内扩散。这样,即使有一些缺陷点导致的金属腐蚀,也不会进一步扩大,也能起到很好的金属防腐的效果。他们的研究结果显示,在有水存在的情况下,覆盖有石墨烯的铜箔出现了两种截然不同的现象(图6-9):覆盖有石墨烯的 Cu(100) 衬底发生了明显的氧化,石墨烯没有对衬底起到保护作用,反而会加速铜衬底的氧化;覆盖有石墨烯的 Cu(111) 衬底没有发生任何氧化,石墨烯对衬底起到了非常好的保护作用。

更深入的研究表明,对于石墨烯/Cu(100)系统,石墨烯晶格和铜衬底的晶格不匹配,是一种非公度系统。它们之间的相互耦合作用比较弱,这种微弱的耦合相互作用可以保证水或氧气能够从石墨烯/Cu(100)界面之间扩散,由于石墨烯

石墨烯的结构与基本性质

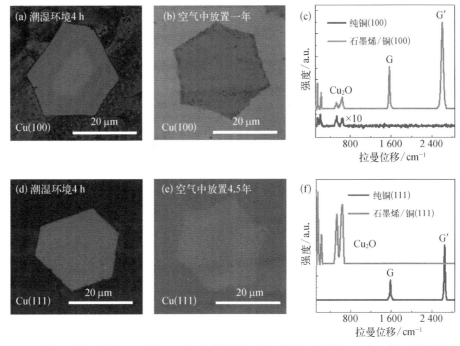

图6-9　不同晶面
上生长的石墨烯对
铜箔的保护作用

（a）～（c）覆盖有石墨烯的 Cu（100）样品氧化后的光学图和拉曼结果；（d）～（f）覆盖有石墨烯的 Cu（111）样品氧化后的光学图和拉曼结果

和铜衬底会形成电化学回路，导致铜箔的快速氧化；对于石墨烯/Cu(111)系统，由于石墨烯晶格和铜衬底的晶格匹配度非常好，它们会组成一个公度系统。这个公度系统会导致石墨烯和铜衬底之间的耦合作用很强，进而阻断氧气和水在石墨烯/Cu(111)界面之间的扩散，从而对铜衬底起到非常好的保护作用。

## 6.3　石墨烯基的催化特性

　　催化反应是指由于催化剂的存在而引起反应速率增加的化学反应。在大多数情况下，由于催化剂的存在，反应需要更少的活化能，所以反应可以更快地发生。此外，由于它们在催化反应中不被消耗，所以催化剂可以持续反复使用，原则上通常只需要很少的量。相比未催化反应，催化反应具有更低的活化能（活化速率限制自由能），导致在相同温度和相同反应物浓度下具有较高的反应速率。

然而,催化的详细机制是非常复杂的。催化剂可能会有利地影响反应环境或与试剂结合以使键极化,例如用于羰基化合物反应的酸催化剂;或形成天然无法产生的特定中间体,例如四氧化锇催化的烯烃二羟基化反应中的锇酸酯;或导致试剂分解成反应性形式,如催化氢化中的化学吸附氢。动力学上,催化反应是典型的化学反应,即反应速率取决于反应物在速率确定步骤中的接触频率。通常,催化剂参与最慢的步骤,速率受到催化剂量及其活性的限制。在非均相催化中,试剂向表面的扩散和产物从表面的扩散可以由速率确定,纳米材料基催化剂是非均相催化剂的实例。与底物结合和产物解离相关的反应适用于均相催化剂。

虽然催化剂不被反应本身消耗,但是它们可能被二次过程抑制、失活或破坏。在非均相催化中,典型的二次反应是焦化,即催化剂被聚合物副产物覆盖。另外,非均相催化剂可以在固液系统中溶解到溶液中,或者在固气系统中升华。

现在,催化剂已经被广泛应用到全球范围内的各行各业当中。在工业过程中,大概有 90% 以上的化学反应都需要使用催化剂,催化剂在现代工业中占有非常重要的地位。

在过去,金属和金属氧化物在材料的大规模生产、清洁能源的制备和存储以及其他很多重要的工业过程当中被广泛用作催化剂。然而,金属催化剂成本较高、选择性较低、耐久性差,对煤气敏感性强并且不利于环境。因此,如何找到新的有效的催化剂一直是一个重要的科学问题和社会问题。

2009 年,一种新的基于地球上充足的碳元素的碳基催化剂被发现,它具有高效、低成本、不含金属以及环境友好等优点,被证实可以在越来越多的催化过程中起到重要作用。本节对碳基催化剂的快速发展做了简单的综述,包括有效的不含金属元素的碳基分子催化剂,特别阐述了通过改性的碳纳米管和石墨烯等材料,它们在清洁能源转换和存储、环境保护和重要的工业生产中起到催化剂的作用。

## 6.3.1 早期的发展和最近的进展

阴极的氧还原反应一直是限制燃料电池的能量转化效率的关键限制步骤。

这个反应需要大量的 Pt 作为催化剂,因此占据了燃料电池总成本的很大一部分。尽管存在一些缺点,Pt 纳米颗粒长期以来被认为是最好的催化剂。但 Pt 的高成本和资源短缺,限制了其商业化燃料电池的大规模应用。

在 2009 年,N 掺杂的垂直阵列碳纳米管被发现在氧气的电催化还原过程中具有优于 Pt 的催化活性,并且催化活性不会被 CO 钝化。随后,人们发现 N 掺杂的石墨烯也可以在氧还原反应中作为一种高效的催化剂。此后,非金属催化剂领域迅速发展,各种杂质原子掺杂的碳基催化剂被纷纷报道,其中包括 B 掺杂的碳纳米管、S 掺杂的石墨烯、P 掺杂的石墨烯、I 掺杂的石墨烯以及边缘卤化(被 Cl、Br 或者 I 等掺杂)的石墨烯纳米片。

不同的杂质原子共掺杂的碳基非金属催化剂在 2011 年被发现是一个进一步提高氧还原反应催化活性的新方式。实验上 B 和 N 共掺杂的碳纳米管首先被证实具有高效的催化活性。之后,B 和 N 共掺杂的石墨烯也同样被证实与商业的 Pt/C 相比,具有非常好的催化活性。密度泛函理论计算结果显示,B 和 N 共掺杂可以调控材料的带隙、自旋密度和电荷密度,进而通过促进掺杂原子和周围碳原子的电荷转移来加速氧还原反应。这些催化剂进一步表现出了非常好的长期稳定性和良好的耐甲醇以及防止被 CO 钝化等特性。更为重要的是,S 和 N 共掺杂的碳纳米管在酸性和碱性环境中都展现出了比 N 掺杂碳纳米管更好的催化活性,并且具有更好的长期稳定性。

随着掺杂原子碳纳米管和石墨烯在氧还原反应中催化的快速发展,石墨基催化剂也在过去几年中被发现。特别需要引起注意的是,N 掺杂的有序石墨孔洞阵列和 P 掺杂的石墨薄层分别在 2010 年和 2011 年被发现具有高的催化活性、高的耐用性和优良的抗甲醇特性。同样地,另外一种放置于二维石墨烯或者三维石墨孔洞上的碳基材料氮化碳($C_3N_4$)展现出了非常好的氧还原反应催化活性和持久性。

总之,自 2009 年以来,碳基非金属催化剂由于它独特的性质,引起了越来越为广泛的关注,以碳纳米管和石墨烯为基础材料的催化剂正成为其中越来越重要的一员。

## 6.3.2 通过掺杂提高催化活性

尽管具有分子多样性,碳纳米管和石墨烯都具有相似的石墨蜂窝状结构。简单地用具有不同电负性和尺寸的杂化原子(如氮、硫、硼或磷)取代碳纳米管或者石墨烯表面的碳原子,可以诱导石墨烯蜂窝状结构上电荷的再分布,进而改变它的物理性质(例如电学性质、磁学性质和光电性质)和化学活性,最终导致各种新的应用(例如非金属催化剂)。因此,掺杂原子是一个发展碳基非金属催化剂的有效方法(图6-10)。

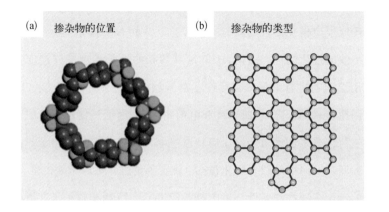

图6-10 通过掺杂提高碳基材料的催化特性

一般来说,有两种途径来对碳纳米材料进行掺杂:在碳材料的制备过程中直接掺杂或者后处理制备好的碳纳米材料。由于氮原子比起碳原子具有更强的电负性,氮掺杂碳纳米材料可以在碳原子周围诱导出非常高的正电荷密度。氮掺杂引起的电荷重新分布可以促进氧还原反应中氧的化学吸收和电子转移。

## 6.3.3 通过分子复合提高催化活性

将碳基催化剂和其他导电材料杂化是一种创造更高效率的非金属催化剂的重要手段,如图6-11所示,这已经被石墨烯上石墨-$C_3N_4$复合材料所证实。结

　　　　　　　　　　　　　　　　　　　　石墨烯的结构与基本性质

果显示,这种复合材料在氧还原反应和析氢反应中具有非常优异的催化活性。另外,在石墨烯基的复合杂化材料中,外墙表面(氮掺杂碳纳米管)可以被氮掺杂修饰作为催化活性位点,然而内表面可以作为电学导电通道。这种协同的核壳相互作用已经被证明与氮掺杂碳纳米管相比具有更加高效的增强析氧反应中的电催化活性。因此,核壳结构策略提供了一种有效提高氮掺杂碳纳米管催化活性的方法。

图6-11 通过分子复合提高碳基材料的催化活性

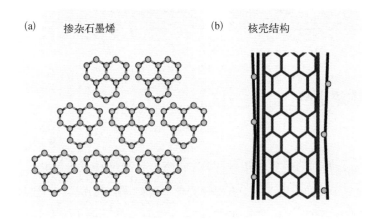

(a) 掺杂石墨烯　　　　(b) 核壳结构

## 6.3.4 通过控制三维架构提高催化活性

三维排列的多孔碳基催化剂电极具有很多一维碳纳米管和二维石墨烯所不具备的优点,包括更大的表面积(可以提供更多活性位点)、良好的导电性和电解质扩散率,低的密度和良好的机械性能。最近,已经有实验证明,石墨烯-碳纳米管复合的三维纳米材料具有柱状结构,如图6-12所示,它可以通过一步或者多步化学气相沉积法或者溶液法制备。除此之外,三维的氮掺杂碳纳米笼也已经通过热解吡啶来获得。通过调控微孔、中孔和大尺度孔洞结构,这些三维柱状的石墨烯纳米材料以及碳纳米笼可以具有非常优异的表面、良好的机械和电学性质以及好的电解液输运性能,这些特点使得它们在非金属电催化剂和电化学传感器领域具有非常大的吸引力。

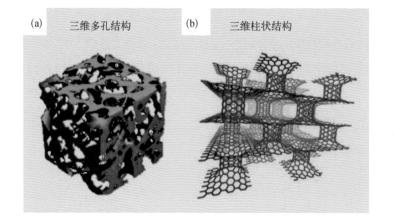

(a) 三维多孔结构  (b) 三维柱状结构

图 6-12 通过设计三维结构来提高碳基材料的催化特性

## 6.4 本章小结

本章从石墨烯的不可穿透性出发,介绍了石墨烯在海水淡化、原油泄漏、DNA 检测等领域的应用。由于石墨烯的化学惰性,刚开始研究人员发现其可以保护金属在很高温度下不被氧化,同时对于液体环境也有非常好的阻隔效果。但是,后期更加细致的研究发现,由于石墨烯和常见金属的化学势不同,石墨烯在长期的自然氧化过程中不能对金属起到保护作用反而会有阻碍作用。本章列出了石墨烯作为完美防腐涂层的两个要求,同时介绍了不同晶面指数对其防腐蚀效果的影响。最后,本章介绍了石墨烯基催化领域的发展及常用提高催化活性的方法。

第 7 章

石墨烯的磁学
（自旋）性质

## 7.1 石墨烯与磁学简述

### 7.1.1 磁学概述

现如今,磁性材料的应用已经越来越广泛,小到指南针、磁盘,大到磁悬浮列车、电磁炮,都依靠着磁性为我们的生产生活提供便利。从物理上讲,任何发生电能和机械能转换的地方,都需要磁性材料的存在。在生产、国防、科学研究、高新技术的方方面面,"磁"都扮演着极为重要的角色。而且磁是普遍存在的,在任何地方都有"磁"的存在,因此研究磁具有很重要的意义。

自从 Geim 等第一次实现了人工制备的单层石墨烯,石墨烯就成了极为热门的明星材料,其具有室温下超长的自旋扩散距离、可调的载流子浓度和超高的电子迁移率。石墨烯的这些奇特性质一直以来是科学研究的热点话题,磁性也不例外,故研究石墨烯的磁性是石墨烯领域和磁学领域的一大重要课题。

从根本上讲,磁性的来源归结于原子结构。一般认为,磁性是由 d、f 电子产生的,而石墨烯中却主要是 s、p 电子,并没有 d、f 电子,也就是说本征石墨烯是抗磁性的。那么为什么还要研究石墨烯中的磁性性质? 首先,从科学的角度讲,在非磁性的物质上引入磁性是一件新奇的事情;同时在应用上,由于单层石墨烯是超薄的二维材料,引入磁性可以承载更多的信息量,也就是说,在石墨烯中引入磁性将会制造出电学和自旋操控结合的新奇自旋电子器件。因此,研究石墨烯中的磁学性质有着重大意义。

目前研究者们已经做了许多在石墨烯中引入磁性的理论和实验研究,石墨烯的磁性引入方法主要包括空位缺陷、原子吸附和近邻效应(与铁磁衬底的耦合)。

本章将会从磁性的概念开始介绍石墨烯磁性相关的研究进展,重点介绍在石墨烯中引入磁性和探测磁性的方法,并对石墨烯中的热电自旋电压做相应的介绍。

## 7.1.2　磁性

我们知道,磁性是一种物理现象,是反映物质对外界磁场的响应的性质。具体表现在:吸引,即顺磁性或铁磁性物质向着磁场方向移动;排斥,即反磁性物质逆着磁场方向移动。

磁的产生有两大方面:电荷的流动和基本粒子的自旋磁矩。电磁感应定律讲的就是第一方面,即运动的电荷产生磁场。而材料的磁性主要还是来自粒子的内禀属性——自旋磁矩。对于一个特定的原子而言,其磁性包括原子核的核磁矩、电子的自旋磁矩以及电子的轨道磁矩。由磁矩的定义可知其是一个与质量成反比的量。由于原子核的质量约是电子的 2 000 倍,因此,核磁矩也比电子自旋磁矩小 2 000 倍,故可以忽略不计。也就是说,原子的磁性主要取决于未配对电子的磁矩。下式给出磁矩的定义,即

$$\mu = -\frac{g\mu_B S}{\hbar} \qquad (7-1)$$

$$\mu_B = \frac{e\hbar}{2m} \qquad (7-2)$$

式中,$g$ 为朗德因子;$\mu_B$ 为玻尔磁子;$S$ 为电子自旋量子数;$\hbar$ 为约化普朗克常量;$m$ 为电子质量;$e$ 为电子电荷。

此外,还有一个用来描述物质被磁化的程度的量——磁化强度 $M$,其定义为单位体积内的磁偶极矩。当物质处于外磁场 $H$ 中,不同的物质通常有着不同的磁化强度与磁场的关系。对于顺磁和抗磁性物质,$M$ 与 $H$ 通常是线性关系:$M = \chi H$,$\chi$ 为磁化率。而在其他的物质中,线性关系则不一定普遍成立了。根据磁化率的变化,不同的物质可以分为下文中的几种情况。

## 7.1.3　磁性分类

(1) 抗磁性(Diamagnetism)物质[图 7 - 1(a)]:在外磁场中,会被磁场排斥

的物质。所有物质都具有抗磁性,例如在顺磁性物质中其顺磁性会大于抗磁性,使得表现出来为净的顺磁性。抗磁性物质指的是只有纯的抗磁性的物质,这种物质的电子壳层都是满的,所有电子都已配对,总磁矩为零。当加上外磁场之后,电子绕核运动产生环流,其诱发的磁矩与外磁场方向相反,因此宏观上表现为抗磁性。其磁化率表达式为

$$\chi = -\frac{\mu_0 NZe^2}{6m}r^2 \qquad (7-3)$$

式中,$\mu_0$ 为磁场常数;$N$ 为单位体积内原子数;$Z$ 为原子所含电子数;$m$ 为电子质量;$r^2$ 为电子到核的均方距离。

抗磁性物质磁化率的值为 $-10^{-7} \sim -10^{-6}$,为弱磁性,且是与温度无关的。常见的抗磁性物质包括惰性气体和抗腐蚀性金属元素(金、银、铜等)。

(2) 顺磁性(Paramagnetism)物质[图7-1(b)]:在外磁场中,会产生与之同样方向的磁化矢量的物质。这种物质的电子壳层是未满的,存在未配对的电子,并且它们的自旋取向是任意的。加上外磁场之后,这些任意取向的磁矩将趋向于与外磁场相同的方向,而当外磁场去掉后,顺磁性也会消失。居里定律给出磁化率的表达式为

$$\chi = \frac{C}{T} \qquad (7-4)$$

式中,$C$ 为居里常数;$T$ 为温度。顺磁性物质磁化率的值为 $10^{-6} \sim 10^{-5}$,为弱磁性,与温度成反比。顺磁性的磁性是局域的,某处不会影响另一处的磁性。常见的顺磁性物质包括碱金属元素和除了铁、钴、镍以外的过渡元素。

图7-1 原子磁性结构分类,圆圈代表电子壳层都是满的, 总磁矩为零; 箭头代表磁矩的取向

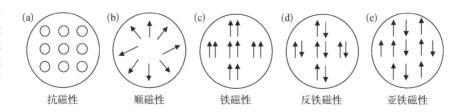

(a) 抗磁性　(b) 顺磁性　(c) 铁磁性　(d) 反铁磁性　(e) 亚铁磁性

（3）铁磁性（Ferromagnetism）物质［图7-1(c)］：在外部磁场作用下磁化后，依然保持其磁化状态的物质。这种物质内部有剩余未配对电子，它们的自旋趋于与相邻电子自旋方向一致。所以在一定区域内，电子具有相同自旋方向，被称为磁畴，而磁畴与磁畴之间磁矩的大小、方向不一定一致。只有在施加外磁场后，这些磁畴的方向才趋于与磁场方向一致。磁场增大，磁畴方向趋于一致的程度越厉害，磁化强度也会随之增强；当磁场大到一定程度，所有磁畴方向完全一致；磁化强度大到饱和，将不再随外磁场增大而增大，表达在磁场强度与磁化强度坐标系内，就得到了磁滞回线。对于铁磁性物质，存在一个临界温度——居里温度（$T_C$），如果温度超过居里温度，铁磁性物质会失去自发磁矩，从而成为顺磁性。磁化率与温度的关系为

$$\chi = \frac{C}{T - T_C} \tag{7-5}$$

铁磁性物质磁化率的值为 $10^{-1} \sim 10^5$，为强磁性。铁磁性是长程有序的，某处的磁性可以影响另一处的磁性。常见的铁磁性物质包括铁、镍、钴、钆及其合金、化合物等。

（4）反铁磁性（Anti-ferromagnetism）物质［图7-1(d)］：内部相邻的未配对电子自旋趋于相反。净磁矩为零，与顺磁性物质有些类似。也有一个转变温度——奈尔温度（$T_N$），温度高于奈尔温度时，会由反铁磁变成顺磁性物质。其磁化率与温度关系为

$$\chi = \frac{2C}{T + T_N} \tag{7-6}$$

反铁磁性物质磁化率的值为 $10^{-5} \sim 10^{-3}$，为弱磁性。这种物质不很常见，有铬、锰、轻镧系元素等。

（5）亚铁磁性（Ferrimagnetic）物质［图7-1(e)］：宏观上与铁磁性物质一样，但微观上相邻电子自旋指向相反的方向。但是不同的自旋磁矩数值大小不同，因此其净磁矩不为零。具有较微弱的铁磁性，其磁化率值为 $10^{-1} \sim 10^4$。由于组成亚铁磁性必须要两种不同的磁矩，所以只有化合物或合金才会表现出亚

　　　　　　　　　　　　　　　　　石墨烯的结构与基本性质

铁磁性,常见的有磁铁矿($Fe_3O_4$)、铁氧体等。

## 7.2 在石墨烯中引入磁性的方法

### 7.2.1 点缺陷引入磁性

理论研究认为,通过赫巴德模型(Hubbard Model)推导出的李伯理论(Lieb's Theorem)可以解释局域磁动量的存在。该理论认为对于双亚晶格系统,基态有磁矩 $\mu_B|N_A-N_B|$,$N_A$ 和 $N_B$ 分别为亚晶格位点的数量。通过创造空穴或者增加原子都相当于等效的移动位点,这就会导致磁动量的引入。Yazyev 等最早通过理论计算,讨论了石墨烯中两种单原子点缺陷对其磁性的影响(图7-2):化学吸氢缺陷和空位缺陷。他们得出结论:每个化学吸氢缺陷会带来 $1\,\mu_B$ 的磁矩;而空位缺陷带来的磁矩取决于缺陷浓度,每个空位可带来 $1.12\sim1.53\,\mu_B$ 的磁矩。

图 7-2

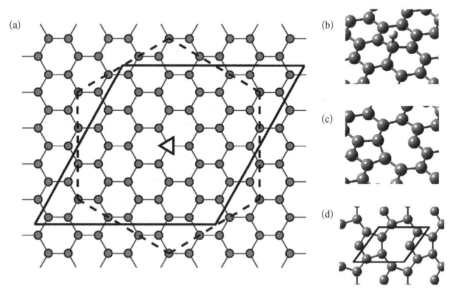

(a)石墨烯中缺陷扩展的二维六方晶格;(b)化学吸氢缺陷结构;(c)空位缺陷结构;(d)空位缺陷及其对应单胞的六方密堆

氢吸附石墨烯是石墨烯中引入磁性的一种情况[图7-3(a)]。单个氢原子的吸附会引入$1\mu_B$的磁矩的准局域态。Yazyev等在理论上预测氢原子的存在可以引入磁矩之后，Sofo等就通过第一性原理计算表明在氢化的石墨烯中掺杂也可以控制其磁性状态。在石墨烯相同或者不同的次晶格中耦合，可以得到铁磁性或者反铁磁性。而另一个常见的吸附原子是氟，与化学吸氢很像，氟在碳原子上方成键，并在高氟掺杂情况下将石墨烯变成一个有强激子效应的宽带隙绝缘体，单侧半氟化石墨烯的基态被预测为是反铁磁态。

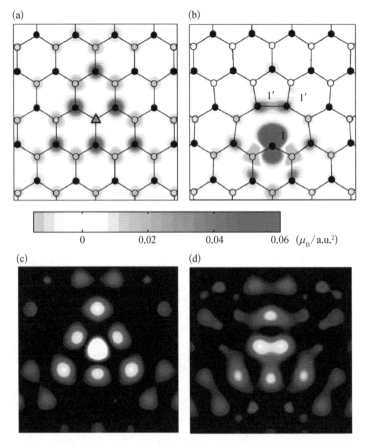

图7-3　自旋密度投影

（a）化学吸氢缺陷；（b）空位缺陷；（c）（d）两种缺陷对应的模拟STM图

空位缺陷是在石墨烯中引入磁性的另一种情况[图7-3(b)]。石墨烯中的一个空位缺陷带键上移走了4个电子，从而产生局域的自旋极化电子密度。四个电子中的三个形成局域的$sp^2$ $\sigma$悬键，根据晶体场理论和Jahn-Teller变形理论,将分裂成两个态:一个在费米海的底部,有两个电子,双倍占据(自旋相反,对磁矩没有贡献);另一个态靠近费米能级,贡献 $1\,\mu_B$ 的磁矩。剩下的另一个电子引入一个共振态。根据李伯理论,这个 π 共振态也会贡献 $1\,\mu_B$ 的磁矩。单占据的 σ 态和 π 态的 Hund 耦合给出总的 $2\,\mu_B$ 的磁矩,同时,由于局域自旋和流动自旋的共振和类近藤耦合效应,这个值削减为 $1.7\,\mu_B$。

## 7.2.2 线缺陷对磁性的影响

在石墨烯中,有两种边界形态:扶手椅型和锯齿型。而研究表明,锯齿型边界可以具有磁学性质。

Rossier 等具体研究了由锯齿型边终止的三角形和六边形石墨烯结构的磁学性质。主要讨论了石墨烯的构型、两个亚晶格间原子数的不平衡、零能量态的存在与总的局域磁矩的关系。计算的方法主要是考虑单轨道 Hubbard 模型的平均场近似以及考虑密度泛函计算的电子相互作用,两种方法得到的基态总自旋 $S$ 的值与 Lieb 理论中双粒子晶格的值是一致的。最终得到的结果是:三角形晶格在任何尺寸下都有有限大小的 $S$,而六边形晶格 $S=0$,只有在临界尺寸 1.5 nm 之上,才演化出局域磁矩。

实验上,陈小龙组系统研究了由完全碳化的 SiC 晶体上单向排列的石墨烯边缘态的内禀磁矩。在锯齿型石墨烯材料中,铁磁、反铁磁和顺磁态都存在,他们还首次给出了石墨烯磁场与温度的相图。

## 7.2.3 近邻效应引入磁性

石墨烯具有优异的输运性质,通过引入点缺陷的方法往往会破坏输运性质,而通过近邻效应的办法引入磁性就可避免这个问题。

Wang 等先得到了表面平整的钇铁石榴石(YIG)薄膜——这既是在石墨烯中引入近邻效应的要求,也是为了保持石墨烯的超高载流子迁移率。然后制得了在钇铁石榴石/钆镓石榴石(YIG/GGG)上的石墨烯器件。通过对该器件的霍尔电阻的测量(图7-4),他们发现了总的霍尔电阻呈现出非线性的特点。实验数据表明,这个现象是由被铁磁化的石墨烯的自旋极化导致的反常霍尔现象。

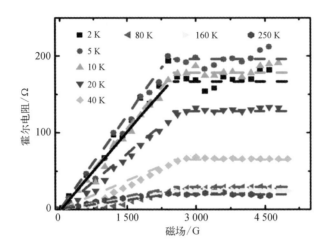

图7-4 对转移到 YIG/GGG 衬底上的石墨烯器件进行的霍尔电阻的测量,图为不同温度下的反常霍尔电阻

## 7.2.4 原子吸附引入磁性

2016 年,Herrero 等在 *Science* 上发表文章,报道了他们利用氢原子实现了对石墨烯磁性的原子级的调控。通过单个氢原子的吸附,将石墨烯中的单个 $p_z$ 轨道移走。这种情况下,氢原子等同于碳空位,但其优点是氢原子吸附不会使石墨烯晶格出现未饱和的悬键,保护了其对称性。他们通过 STM 针尖探测了未掺杂石墨烯上由氢原子引起的自旋极化电子态的空间扩展,STM 实验表明,氢原子吸附导致的自旋极化局域在吸附的碳原子晶格位置附近,这种原子级可调的自旋结构在石墨烯表面延伸了数个纳米远(图7-5)。

Herrero 等还通过 STM 针尖对氢原子的操作,将单个氢原子移除、横向移动以及把大量氢原子精准地吸附在石墨烯表面上,最终实现了对石墨烯局域磁性的调控。图7-6 为他们通过 STM 打开或关闭石墨烯的磁性的实验。非磁性的 AB 构型中氢二聚体(两个氢原子化学吸附在不同次晶格的碳原子位置)[图7-6(a)]移走一个原子后[图7-6(b)],其 d$I$/d$V$ 谱在 0 mV 处出现了自旋劈裂,证明了自旋磁矩的产生,也就实现了磁矩的由关到开的过程;铁磁耦合的自旋劈裂

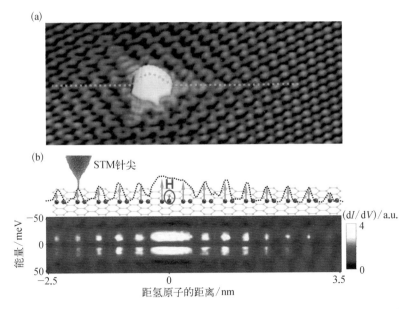

图 7-5 未掺杂石墨烯中氢原子诱导的自旋极化电子态的空间扩展

（a）未掺杂石墨烯表面上单个氢原子的STM图；（b）沿图（a）中虚线的电导图（dI/dV），绿色和紫色的球代表相对于吸氢位点相同以及不同的晶格，虚线是测得的占据峰的高度演化，箭头是每个碳原子的相对磁矩贡献

的 AA 构型中氢二聚体（两个氢原子化学吸附在相同次晶格的碳原子位置）［图 7-6(e)］横向移动其中一个氢原子到相对的次晶格的碳原子位置后［图 7-6(f)］，其dI/dV谱自旋劈裂消失，实现了磁矩的由开到关的过程。

图 7-6 利用 STM 调控石墨烯的局域磁矩

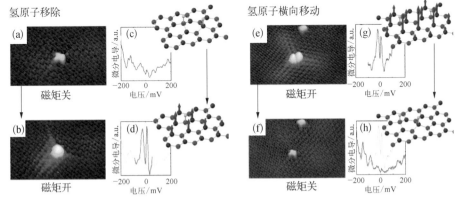

（a）AB 构型中氢二聚体的 STM 图；（b）移除一个氢原子后的 STM 图；（c）（d）分别是（a）（b）的dI/dV谱；（e）AA 构型中氢二聚体的 STM 图；（f）横向移动一个氢原子后的 STM 图；（g）（h）分别是（e）（f）的 dI/dV 谱

他们还利用 STM 实现了操纵大量氢原子调控磁矩,在实验中将石墨烯区域的所有氢原子移走,再将 14 个氢原子选择性地放置于同一石墨烯区域,形成了每个次晶格各有 7 个氢原子的非磁性构型;如果将吸附在 B 晶格的氢原子移走后,便得到了 7 个氢原子吸附在次晶格 A 的铁磁构型;同样地,也可以得到 7 个氢原子吸附在次晶格 B 的铁磁构型。

## 7.3 探测石墨烯中的磁性

在石墨烯中引入磁性后,需要探测石墨烯中的磁矩,常见的方法总结如下。

第一种是通过超导量子干涉器件(Superconducting Quantum Interference Devices,SQUID)来测磁,原理就是在约瑟夫森结中,超导电流对磁场具有超高的灵敏度。Nair 等就用这种手段完成了有氟吸附和空位缺陷的石墨烯自旋为 1/2 的顺磁性检测。他们将石墨烯暴露在 200℃ 的 $XeF_2$ 条件下来得到氟吸附的石墨烯,并通过质子和碳离子的辐照来引入空位缺陷,这样得到的磁矩与磁场很好地满足布里渊关系

$$M = NgJ\mu_B \left\{ \frac{2J}{2J+1} \mathrm{ctnh} \left[ \frac{(2J+1)z}{2J} \right] - \frac{1}{2J} \mathrm{ctnh} \left( \frac{z}{2J} \right) \right\} \qquad (7-7)$$

式中,$N$ 为自旋的数目;$g$ 为朗德因子;$J$ 为角动量量子数;$\mu_B$ 为玻尔磁子;$z = gJ\mu_B H / k_B T$,其中 $H$ 为磁场,$T$ 为温度,$k_B$ 为玻耳兹曼常量。用不同的 $J$ 值来拟合实验结果,当 $J = 1/2$ 给出合理的拟合。实验结果得到每个空位贡献 0.1~0.4 $\mu_B$ 的磁矩;每 1 000 个氟原子贡献 1 $\mu_B$ 的磁矩(图 7-7),这是由于氟原子的团聚效应导致的,氟原子聚集在邻近位置,又由于石墨烯 A-B 晶格特性,亚晶格 A 和 B 上的氟引起的磁性相消,因此只有那些在团簇边缘且只在 A 晶格上的氟原子,其对应的 B 晶格上没有对应氟原子的对磁性才有贡献。

第二种是通过自旋输运测量石墨烯中的磁矩,Creary 等用这种方法检测了氢吸附的石墨烯上的磁矩,在 15 K 的条件下,将石墨烯样品暴露在氢原子环境下,同

图 7-7 氟吸附与空位引起的顺磁性

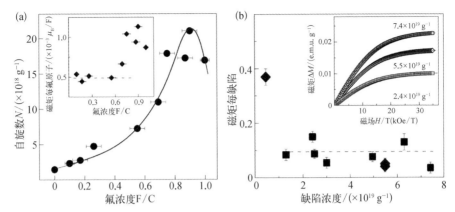

（a）化学吸氟缺陷，从布里渊拟合中得到的自旋数 N 与氟浓度 F/C 的关系图，插图是不同氟浓度下每个氟原子贡献的磁矩；（b）空位缺陷，由质子（蓝色矩形）和 C⁴⁺ 离子（红色菱形）辐照引起的石墨烯磁性，插图是空位引起的磁矩 ΔM 与磁场 H 的关系

时做原位的自旋输运测量，图 7-8(a)就是自旋输运测量的装置图。可以看到在零磁场处[图 7-8(c)]，氢吸附后的石墨烯的 $y$ 方向上所加磁场与电阻 $R$ 的曲线有一个下降，这个下降可以由局域磁矩的交换耦合的自旋弛豫特性解释。

图 7-8 自旋输运测量石墨烯中的磁矩

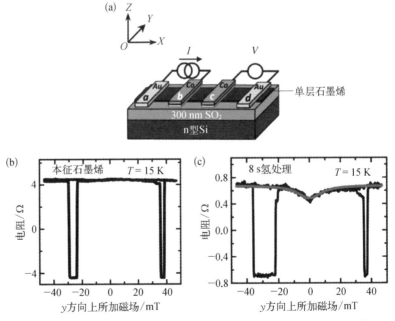

（a）实验装置示意图；（b）本征石墨烯的电阻与 $y$ 方向所加磁场的关系；（c）8 s 氢处理后，石墨烯的 $R$ 与 $y$ 方向所加磁场的关系，黑色实线是实验结果，红线是拟合结果

探测石墨烯中磁矩的第三种手段是磁力显微镜或者扫描隧道显微镜。Ugeda 等便是利用这种方法探测了人为产生孤立空缺对磁性的影响。他们用低能氩离子的辐照在高序热解石墨表面产生了空位，测量其电导谱（d$I$/d$V$）曲线，在费米能级处看到了非常尖锐的共振信号［图 7-9(b)］，这与形成的局域磁矩相关。他们的实验结果还显示，$\alpha$ 空位上的共振强度远高于 $\beta$ 空位上的，其表明从 $\alpha$ 空位移走碳原子而产生空位需要更大的磁矩。

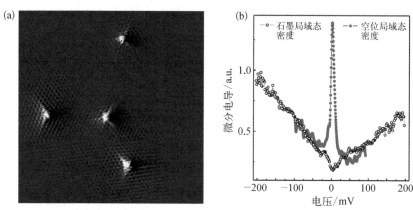

图 7-9

（a）氩离子照射后，石墨表面的 STM 图；（b）STS 测量的石墨和空位的局域态密度，黑色线代表本征石墨的结果，红色线代表空位上的结果

## 7.4　石墨烯中的热电自旋电压

自旋决定的热效应也是自旋热电子学非常热门的话题，其中最为有趣的就是 Uchida 等发现的自旋 Seebeck 效应（通过逆自旋霍尔效应探测由热梯度引起的自旋流）。而像石墨烯这种非磁性材料也和自旋热电子学有关，这主要归功于石墨烯高效的自旋输运、能量决定的载流子迁移率和独特的态密度。

Sierra 等的工作就讨论了石墨烯中的热电自旋电压实验。如图 7-10(b)所示，电极 2 是金属电极，注入直流电后产生热效应，在铁磁电极 3 处注入交流电，以产生自旋方向相反的电子，而经过石墨烯晶格的自旋输运在电极 4 可以探测

石墨烯的结构与基本性质

到交变的电压信号。非局域的电阻 $R$ 定义为交变电压与交变电流的比,当所加的直流电为 0 A 时,得到的是图 7 - 10(c)中的黑色结果,而当电流增加到 $50\,\mu A$ 时,得到的则是红色结果,可以看到非局域电阻有明显的增大效应,这就是热电自旋相关的 Seebeck 效应。

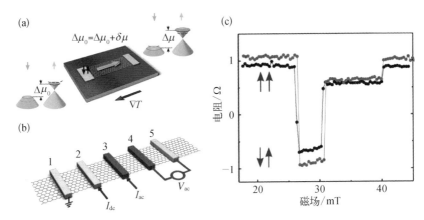

图 7 - 10

（a）带有相反自旋的载流子属于两个不同的输运通道。当初始有自旋积累时,Seebeck 系数是自旋相关的,在冷的一端就会有热电自旋电压的增加;（b）测量自旋电压的装置图,电极 1、电极 2、电极 5 是金属电极,电极 3、电极 4 是铁磁电极,其中电极 2 通电产生热效应,电极 3 注入自旋电子,电极 4 进行探测;（c）非局域的自旋电阻与沿着电极方向所加磁场的关系,黑色代表 $I_{dc} = 0$ A,红色代表 $I_{dc} = 50\,\mu A$,蓝色箭头代表铁磁电极磁化的相对方向

石墨烯中的热电自旋导致的自旋劈裂比金属中诱导的要大两个数量级,这来源于石墨烯中大的自旋 Seebeck 系数、费米能级的变化和低的态密度。石墨烯中热电自旋电压的结果可以促进石墨烯自旋电子学设备的制成,尤其是通过热梯度来得到纯的自旋信号以及调节自旋注入偏压来远程控制自旋积累。

## 7.5　本章小结

石墨烯具有极其优越的力学、电学性质,而本征抗磁性使得石墨烯的磁性研究成为一个有意义的话题,在石墨烯上引入磁性是研制电子属性和自旋属性结合的自旋电子器件的基础。目前,主要有缺陷引入、近邻效应、原子吸附等手段来在石墨烯上引入磁性。磁性石墨烯将会开拓自旋电子学的领域,在电子行业中具有极大的竞争力,将为石墨烯的实际应用以及自旋相关的器件制备带来巨大的前景,有望进一步推动石墨烯自旋电子器件的研制和应用。

石墨烯的结构与基本性质

第 8 章

石墨烯的带隙

石墨烯自从被发现以来，迅速引发了科学家的研究热潮。在石墨烯的诸多优异性质中，它的超高电子迁移率使它在未来电子学产业中具有极大的应用前景。但是石墨烯是零带隙材料，这极大地限制了它在电子学器件上的应用。在过去几年中，科学家们不断从理论和实验上探索石墨烯打开带隙的方法，本章以是否直接破坏石墨烯的晶格或化学结构为依据，综述了石墨烯打开带隙的理论、计算和实验工作。

石墨烯是一种由 $sp^2$ 杂化的碳原子组成的二维蜂窝状材料，最开始物理学家认为这种材料并不存在（热涨落导致二维材料不稳定）。2004 年，英国曼彻斯特大学的 Geim 和 Novoselov 等发现石墨烯不仅可以稳定地存在于衬底上，而且表现出优越的物理性质。这一发现迅速引发了广泛的研究热潮，石墨烯的其他优异性质也逐渐被发现。实验上测量的石墨烯的电子迁移率高达 $350\,000\,\text{cm}^2/(\text{V}\cdot\text{s})$，可在室温下观测到量子霍尔效应。石墨烯的力学强度是目前已知的材料当中最强的，杨氏模量可高于 1 TPa。同时，石墨烯还具有超高的导电性、导热性和透光性。

石墨烯具有优异的电学性质，是制造电子学元件的理想材料。除此之外，石墨烯的制备技术在过去十几年里取得了极大的提高，这为石墨烯的工业化生产与应用奠定了基础。然而，由于石墨烯是零带隙材料，用其制成的场效应晶体管（Field Effect Transistor，FET）的通断不能通过栅极控制，这使得它无法被应用到现今的电子工业当中。具有理想高开关比的 FET 需要在室温下有可观的带隙，例如，硅具有约 1.12 eV 的带隙（在 300 K）。因此，在室温下打开一个可观的带隙，同时又不破坏石墨烯本身优异的电学性质，从而能利用石墨烯制成超越硅的、具有更低能耗、更高速度的电子元件，成为一个人们长期关注的问题。

从机制的角度，将石墨烯打开带隙的方法大致分为两大类：一类是直接破坏本征石墨烯的晶格或化学结构，从而影响其电子性质，打开带隙，属于这一类型的方法包括掺杂、吸附原子、引入周期性缺陷、引入限制等；另一类则不直接破坏石墨烯的六边形晶格结构，而是通过引入外加电场、衬底等破坏石墨烯的对称性，从而打开带隙。除此之外，利用自旋轨道耦合效应、外加应力，以及考虑石墨烯本征的电子多体效应，也具有打开带隙的潜力，它们也被归入第二大类当中。事实上，许多理论和实验上打开石墨烯带隙的方法均涉及诸多不同机制的组合，因此上述分类并非是严格的。

# 8.1 破坏石墨烯的晶格或化学结构打开带隙

如第 1 章内容所述，石墨烯的狄拉克锥型能带结构来源于 $sp^2$ 杂化。当这种 $sp^2$ 杂化的化学结构被改变时，能带结构必然会受到相应的影响。相应地，石墨烯的几何结构也可能出现改变，进而打破石墨烯本征的对称性。这些机制共同导致了石墨烯带隙的打开。

## 8.1.1 通过引入掺杂打开带隙

掺杂将直接破坏石墨烯的化学结构，打开石墨烯的带隙，但有效地打开带隙需要使掺杂呈一定的几何规律性。理论计算表明，Si、P、S 掺杂，小范围的区域（Domain）掺杂 $CrO_3$、BN 分子，以及 p - n 双掺杂，如 $FeCl_3$ 受主和 K 施主，均可以打开一定的带隙。除了直接的掺杂以外，外延生长于衬底上的石墨烯也可能受衬底影响而被掺杂，例如 SiC(0001)，从而打开带隙。

## 8.1.2 通过吸附原子打开带隙

原子吸附包括化学吸附和物理吸附两种，其中化学吸附的原子直接与石墨烯中的碳原子成键，而物理吸附的原子与石墨烯通过分子间作用力联系在一起，为简便起见,在这里一并讨论。

最常见的化学吸附原子为氢,即氢化过程。早期第一性原理计算结果表明,对于完全饱和的氢化石墨烯(石墨烷,分子式 CH),氢原子在石墨烯两侧与碳原子成键,碳原子呈 $sp^3$ 杂化,此时可打开超过 3.5 eV 的带隙。图 8-1(a)给出了石墨烷的空间结构示意图,其中白色的球代表吸附的氢原子,每个碳原子呈 $sp^3$ 杂化;图8-1(b)给出密度泛函理论(Density Functional Theory,DFT)计算给出的态密度谱,其中绿、红、黑色线条分别代表 s 轨道、p 轨道和总态密度。可以看到,在约 3.5 eV 的范围内,态密度均为零,即石墨烯被打开了一定的带隙。但是,尚

图 8-1 氢化石墨烯打开带隙

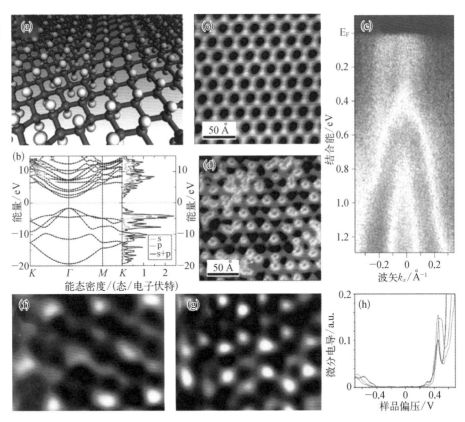

(a)完全饱和的氢化石墨烯(石墨烷)的空间结构示意图,其中碳原子呈 $sp^3$ 杂化,图中白色和灰色球分别代表氢原子和碳原子;(b)理论计算得到的完全饱和的氢化石墨烯的能带结构(左)和态密度(右);(c)(d)氢气处理前/后,Ir(111)表面石墨烯的 STM 图;(e)长时间氢气处理后的石墨烯的 ARPES 图,其横轴以 K 为中心,垂直于 K 与 Γ 的连线;(f)(g)用 CVD 方法生长在铜箔表面的石墨烯经氢气处理后的两种可能的氢吸附模式(STM 图);(h)氢吸附后的 STS 测量结果,其证实了打开带隙

未有实验工作证实此预言。其后，在石墨烯-铱(111)衬底形成的摩尔超晶格 (Moiré Superlattice)上，实验人员通过不完全氢化使氢原子按一定空间周期性覆盖石墨烯部分表面，打开了数百兆电子伏特的带隙。图8-1(c)给出了扫描隧道显微镜(Scanning Tunnel Microscope，STM)测得在Ir(111)上石墨烯形成的摩尔超晶格结构图像，图8-1(d)是石墨烯暴露于氢气气氛30 s后的表面形貌图，可以看出氢原子优先吸附在摩尔超晶格上。图8-1(e)给出了长时间氢气处理后石墨烯的角分辨光电子能谱(Angle Resolved Photoemission Spectroscopy，ARPES)，其横轴对应以$K$为中心、垂直于$K$与$\Gamma$的连线。可以看出，自费米能级以下0.4 eV的范围内石墨烯发光强度很弱，态密度极低。打开带隙的具体大小取决于氢处理的时长与氢的覆盖模式(Pattern)。有理论计算指出了类似结果。Au衬底上氢化的准悬浮石墨烯被观测到大约8%的覆盖，并打开了1 eV的带隙。有实验表明越大的氢覆盖面积伴随着越大的带隙。其后，研究人员实现了在衬底上将石墨烯的单侧完全氢化，实现了"石墨烷"的制备，使石墨烯成为绝缘体。近期，有实验利用STM直接观测到了规律性的氢原子吸附，并发现了三种周期模式，图8-1(f)(g)给出了其中两种不同的覆盖模式。图8-1(h)给出了在一定氢吸附模式下扫描隧道谱(Scanning Tunneling Spectroscopy，STS)的结果，它直接证实了带隙中零态密度的特征。实验证实了三种不同构型的氢吸附分别打开了0.6 eV、3.4 eV、3.6 eV的带隙。除氢外，在石墨烯-铱(111)衬底超晶格上吸附Na原子被观测到可以为石墨烯打开740 meV的带隙。

在较弱的氢化处理下，实验表明，石墨烯的自旋轨道耦合可以增大三个数量级。进而，自旋轨道耦合效应可以打开石墨烯带隙。在Fe(110)表面的石墨烯用金原子进行物理吸附，依靠增强自旋轨道耦合打开了230 meV的带隙。此外，理论预测，用5d原子作为吸附原子可以使得石墨烯打开带隙成为拓扑绝缘体。

## 8.1.3　通过引入周期性缺陷打开带隙

适当地引入周期性的缺陷可以打开石墨烯的带隙。例如，理论计算表明，通过引入周期性的单个p$_z$轨道缺陷，当缺陷也形成 $n \times n$ 的正六边形周期结构时，可以在石墨烯中形成超晶格结构，并打开带隙。图 8-2(a)给出了因缺陷而形成的超晶格结构，红色的点代表缺陷，黑色的点代表碳原子，此处超晶格的边长 $n = 4$，记为(4,0)超晶格。图 8-2(b)给出了(14,0)超晶格的示意图，图中红色正六边形即超晶格的 Wigner-Seitz 原胞，蓝色箭头为两个独立晶格矢。其带隙大小约正比于 $1 / n^2$，且不破坏石墨烯的点群对称性。引入更大的具有周期性的缺陷结构(Antidot)和纳米网格结构(Nanomesh)，如图 8-2(c)～(g)所示，可以打开带隙的同时使得石墨烯较碳纳米带有更优良的导电性和大致相当的开关比。图 8-2(c)(d)为正六边形缺陷形成的超晶格的示意图，$L$、$R$ 分别给出了超晶格的晶格常数和缺陷半径。图 8-2(e)给出了实现该种结构的化学处理手段。首先蒸镀硅氧化物作为保护层和旋涂高分子有机物，之后有机物层在退火后会形成多孔结构，成为纳米网格结构的天然模板。图 8-2(f)(g)为刻蚀后石墨烯的 TEM 图像，有理论工作将此效应解释为缺陷带来的手征对称性的破缺。

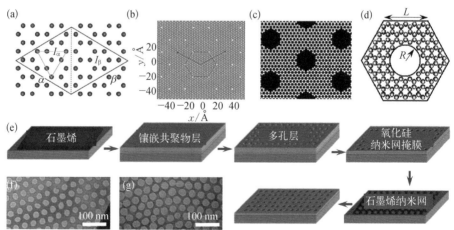

图 8-2 通过引入周期性缺陷打开石墨烯带隙

（a）p$_z$轨道缺陷形成的 $n=4$ 超晶格，其中红色圆点表示缺失的 p$_z$ 轨道，黑色圆点为碳原子；（b）$n=14$ 超晶格，蓝色箭头为两个独立晶格矢，红色正六边形为 Wigner-Seitz 原胞；（c）（d）石墨烯中形成具有同样对称性的周期性缺陷结构，$L$ 和 $R$ 分别表示超晶格常数和缺陷半径；（e）石墨烯纳米网格结构的一种化学加工方法示意图；（f）（g）刻蚀后石墨烯的 TEM 图像，其具有不同的缺陷大小和间距

### 8.1.4 通过引入限制打开带隙

引入量子限制将有效地改变石墨烯的能带结构，打开带隙。一种最常见的量子限制是在一个方向上使石墨烯只有很小的宽度，即形成石墨烯纳米带（Graphene Nanoribbon，GNR）。在被限制的方向上，准动量只能取分立值。

早期基于简单的紧束缚近似和直接求解无质量的费米子-狄拉克方程的计算认为，扶手椅型（Armchair）GNR 随宽度变化可呈现金属、绝缘行为，而锯齿型（Zigzag）GNR 无论任何宽度均呈金属性。图 8-3（a）为扶手椅型 GNR，图8-3（b）为锯齿型 GNR，图中箭头表示纳米带的延展方向。但随后，更精细的第一性原理计算同时考虑到量子限制效应和边界效应，认为两种边界条件下均

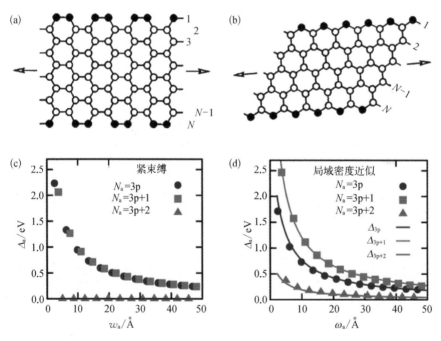

图 8-3 石墨烯纳米带

（a）（b）扶手椅型 GNR、锯齿型 GNR 示意图，图中箭头表示纳米带的延伸方向，而数字则表示纳米带的横向原子数；（c）（d）基于紧束缚近似和第一性原理的 LDA 方法计算得到的锯齿型 GNR 带隙 $\Delta_a$ 随纳米带宽度 $\omega_a$ 的变化，图中 $N_a$ 表示纳米带边界上的原子个数

可打开带隙。图 8-3(c)(d)给出了基于紧束缚近似[图 8-3(c)]和第一性原理的局域密度近似(Local Density Approximation,LDA)方法[图 8-4(d)]计算得到的锯齿型 GNR 带隙随纳米带宽度的变化。可以看出,随着纳米带长度的不同(原胞个数的不同),纳米带的带隙会有显著的区别。随后,实验观测证实了碳纳米带打开带隙的行为,并且在 10 nm 宽度以下实现了具有较高开关比的场效应晶体管。对于双层石墨烯,实验同样证实了带状量子限制会打开带隙。但这种机制的问题在于,纳米带打开的带隙与其具体宽度、几何、边界等有较为复杂的依赖关系,这使得其实际应用困难重重。类似地,将石墨烯制成量子点打开带隙也已被实验证实。

### 8.1.5 通过其他化学处理打开带隙

除了如上提到的各种机制以外,其他对石墨烯的特殊化学处理也有打开石墨烯带隙的潜力。例如,用氧离子气处理的石墨烯被发现带隙打开,其机制被认为是石墨烯与氧离子的官能团发生作用。

## 8.2 不破坏石墨烯的晶格或化学结构打开带隙

在狄拉克点附近,哈密顿量的有效形式为

$$H = h(k) \cdot \sigma \tag{8-1}$$

式中,$h(k)$ 为三维矢量;$\sigma$ 为赝自旋的泡利矩阵。对于无质量狄拉克费米子,$h_z(k) = 0$,此时电子具有线性能量色散关系,而参数 $h_z(k)$ 的物理意义即相对论性电子的"有效质量"参数。从对称性的角度考虑,A/B 亚晶格对称要求 $h_z(k) = -h_z(k)$,时间反演对称要求 $h_z(k) = h_z(-k)$,即 $h_z = 0$。注意到,由于体系具有 $C_6$ 旋转对称性,空间反演对称性等价于 A/B 亚晶格对称性。简单来看,破坏亚晶格或时间反演对称性似乎是打开带隙的必要条件。在大多数情况下,打开带隙的同时伴随着这两种对称性的破缺,在一些特殊情形下,可以在打开带隙的同时保持这两种对称性。

## 8.2.1　通过加外加电场打开带隙

通过加外加电场可以直接打破石墨烯的时间反演对称性或空间反演对称性,从而打开石墨烯的带隙。

一种最直接的方式是加垂直于石墨烯平面的磁场。此时,石墨烯中的近自由电子会形成朗道能级,即分立的量子化能级,电子由低到高填充这些朗道能级。从能带的意义上讲,这使得石墨烯成了一种特殊的绝缘体。

事实上,外加磁场破坏石墨烯的时间反演对称性并打开带隙并非人们提出的唯一打开带隙的机制。1988 年,Haldane 提出了被称为"Haldane 模型"的模型。他通过在石墨烯原胞中加入总和为零的周期性磁通,破坏了石墨烯的时间反演对称性,从而使得石墨烯成了具有非平庸拓扑性质的绝缘体,同时与量子霍尔效应一样,有手征边界态存在。

对于双层和三层石墨烯,诸多理论和实验工作表明,施加垂直方向的电场可以打开带隙,并且带隙的大小随外加电场的强弱可调,这种可调带隙可以用紧束缚近似做很好的估计。图 8-4(a)是 ABC 堆叠的三层石墨烯光电导-外加垂直电压关系图;图 8-4(b)是紧束缚近似下三层石墨烯的能带结构,其中绿色对应无外加垂直电场,红色对应外加垂直电场,1、2 对应最强的两个光跃迁信号,即图 8-4(a)中的 $P_1$、$P_2$ 峰。可以看出,随着外加垂直电场增强,两峰的能量劈裂随之增大,这意味着带隙的打开。图 8-4(c)~(f)为双层石墨烯外加垂直电场下的红外光谱测量;图 8-5(c)为双层石墨烯带隙与外加垂直电场的关系,在外加垂直电压作用下,双层石墨烯会打开带隙,同时费米能级相应地移动。图 8-4(e)(f)为测量结果与理论计算结果,其中主峰对应的是图 8-4(d)中 I 对应的跃迁过程。可以看出,随外加电压增大,双层石墨烯的带隙有显著增大。然而,对于单层石墨烯,一般用同样的方式打不开带隙,但计入自旋轨道耦合作用后,外加电场带来的 Rashba 效应,经过其他机制的加强后,可以打开石墨烯的带隙,详细讨论见后文。有工作指出,受衬底影响的石墨烯可能具有门电极可调的带隙。

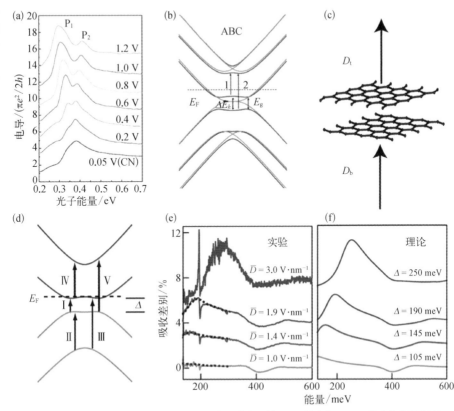

图 8-4 双层、三层石墨烯带隙的外加垂直电场调控

（a）ABC 堆叠的三层石墨烯的光电导-外加垂直电压关系图,其中峰 $P_1$、$P_2$ 代表的光激发过程对应于紧束缚近似下外加电场时石墨烯能带结构示意图（b）中的 1、2 过程,绿色线表示紧束缚近似下无外加垂直电场的能带结构;（c）~（f）双层石墨烯外加垂直电场下的红外光谱测量;（c）外加垂直电场分布示意图;（d）紧束缚近似给出的外加垂直电场下能带结构;（e）（f）实验测量和理论计算得到的吸收峰随外电压的变化,其中主峰对应（d）中的 I 过程;（e）中虚线为峰位示意

此外,基于 Floquet 理论研究光与石墨烯相互作用的理论工作表明,光激发具有打开石墨烯带隙的潜力。

## 8.2.2　通过衬底影响打开带隙

衬底可以通过直接打破石墨烯的 A/B 亚晶格对称性来打开带隙。通常,在衬底上外延生长的石墨烯容易受此机制的影响。

最简单的机制是通过使得 A、B 原子感受到不同的化学势，从而打开带隙。此外，规律性地与衬底成键，或石墨烯与衬底之间的电荷转移过程也可以起到相同的效果。例如，实验人员发现在 6H‑SiC 上外延生长的石墨烯与衬底之间会形成由碳原子构成的缓冲层，使得有且仅有石墨烯的 A 原子直接位于缓冲层的碳原子之上。随后他们用 ARPES 证实了石墨烯打开带隙的行为。图 8‑5(a)～(c)分别对应单层、双层、三层石墨烯的 ARPES 测量结果，横轴为以 $K$ 谷为中心，垂直于 $K$ 与 $\Gamma$ 的连线。尽管在单层石墨烯中观察到了与有质量狄拉克费米子非常接近的色散关系[图 8‑5(a)]，但其"带隙"内非零的态密度却是十分反常的，因此这是否真正打开了单层石墨烯的带隙仍有争议。此外，外延生长在 6H‑SiC、g‑C$_3$N$_4$、h‑BN 等衬底上的石墨烯均被预言或证实有打开带隙的行为。

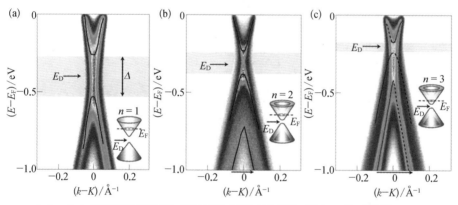

图 8‑5　衬底与石墨烯间缓冲层破坏 A/B 亚晶格对称性打开带隙

（a）～（c）分别对应生长于 6H‑SiC 衬底上外延生长的单层、双层、三层石墨烯的 ARPES 测量结果，可以看出，随着层数增大，带隙逐渐减小

另一种常见的机制是衬底通过表面重构形成和石墨烯类似的正六边形周期结构，从而破坏 A/B 亚晶格对称性打开带隙，例如 SiC、Cu、MgO、Al$_2$O$_3$ 等。

## 8.2.3　通过衬底形成摩尔条纹（Moiré Pattern）打开带隙

当石墨烯与 h‑BN 形成范德瓦尔斯异质结时，如果两者的六边形晶格具有较小的相对偏转角度，由于 h‑BN 与石墨烯有微小的晶格常数差别，它们便会形

　　　　　　　　　　　　　　　　　　石墨烯的结构与基本性质

成周期性的摩尔条纹，如图 8-6(a)所示，这也被称为摩尔超晶格。最近的实验表明，这种结构会为石墨烯打开数十兆电子伏特的带隙，其大小随摩尔超晶格的晶格常数增大而增大。图 8-6(a)中灰色点为碳原子，蓝色点、红色点分别为硼原子和氮原子，可以看出在摩尔超晶格的不同位置，石墨烯碳原子与硼原子、氮原子的相对位置是周期性变化的。图 8-6(b)(c)分别为 150 mK 下在电中性点附近及更大范围的电导-门电压关系及电阻-门电压关系，除了电中性点附近的带隙外，还可以看到由摩尔超晶格结构形成的迷你带(Miniband)结构。图 8-6(d)显示了摩尔超晶格晶格常数与在电中性点附近打开的带隙的正相关行为。然而，与之前提到的衬底打开带隙的机制有所不同的是，此处的 h-BN 虽然破坏了石墨烯空间反演对称性，但并未直接破坏其 A/B 亚晶格对称性，也不存在电荷转移等其他打开带隙的效应。这种打开带隙的方式在近期引起了人们的兴趣。

图 8-6 摩尔超晶格打开带隙

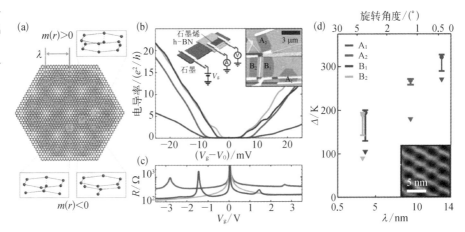

（a）摩尔超晶格的示意图，其中灰色点为 C 原子，蓝色点、红色点对应硼原子、氮原子，在不同区域，局域质量参数 $m(r)$ 呈周期性正负振荡；（b）（c）分别为 150 mK 下测得的电中性点附近及更大范围的电导-门电压关系及电阻-门电压关系，（b）图中嵌入图为测量样品的示意图（左）和光学照片（右）；（d）摩尔超晶格周期、石墨烯转角与测得带隙的关系，内嵌图为 $B_2$ 的 STM 形貌图像

从唯象的角度看，可以用参数 $m(r)$ 来表征局域的带隙大小。由于体系具有周期性，$m(r)$ 随位置发生周期性的正负振荡，在空间平均下，似乎会使得带隙消失。但更细致的理论计算结果表明，石墨烯整体的带隙并不简单取决于局域 $m(r)$ 的简单空间平均。基于不同的理论假设和考虑因素，通过紧束缚近似或重

整化群的计算,研究人员得到不同大小的带隙估计值及对相对角度的依赖性。

以上的理论和实验均基于石墨烯不发生结构性形变的前提之下。但有实验表明,在较小相对角度下,石墨烯会被衬底"拉伸"以契合衬底,并且形成周期性的畴,其畴壁可能导致石墨烯的绝缘行为。此外,该组在此实验中发现,由上下两层 h-BN 包裹的石墨烯带隙有显著减小的效应。

最近,研究人员利用 ARPES 证实了形成摩尔条纹条件下的石墨烯带隙,大小较之前实验观测的更大,达到了 160 meV。

## 8.2.4 通过自旋轨道耦合效应打开带隙

石墨烯中的自旋轨道耦合(Spin-Orbit Coupling,SOC)效应有两种不同的机制。其一是本征机制,其哈密顿量为

$$H_{SO} = \Delta_{SO}\, \sigma_z\, \tau_z\, s_z \tag{8-2}$$

式中,$\Delta_{SO}$ 为自旋轨道耦合系数;$\sigma_z$、$\tau_z$、$s_z$ 分别对应亚晶格赝自旋、谷赝自旋、自旋的泡利矩阵。

其二是由结构反演对称性破缺带来的 Rashba 自旋轨道耦合机制,其要求沿 $z$ 方向有电场,其哈密顿量为

$$H_{Rashba} = \Delta_R(\sigma_x\, \tau_z\, s_y - \sigma_y\, s_x) \tag{8-3}$$

式中,$\Delta_R$ 为 Rashba 耦合系数。本征石墨烯自旋轨道耦合效应极其微弱。基于考虑 $\sigma$-$\pi$ 轨道耦合效应的第一性原理计算表明,本征 SOC 打开约 $1\,\mu eV$ 的带隙,而 Rashba SOC 打开约 $10\,\mu eV/(V/nm)$ 的带隙,其随沿 $z$ 方向化学势变大而变大。

从对称性的角度来看,本征 SOC 并不破坏石墨烯的任何对称性。它打开带隙而使得石墨烯为量子自旋霍尔态,即其体态是绝缘的,但有对称性保护的导电边界态。这种效应是由著名的 Kane-Mele 模型最早预言的。但是,由于石墨烯的本征 SOC 极弱,尚未有实验证实本征 SOC 带来的这些效应。Rashba SOC 同样是广泛存在的,因为任何衬底的影响原则上都会打破体系沿垂直石墨烯平面方向的对称性。

通过掺杂、吸附原子、引入衬底等方式，石墨烯的自旋轨道耦合效应会有显著的增强。

## 8.2.5 通过外加应力打开带隙

外加应力同样会破坏石墨烯的空间反演对称性。第一性原理、紧束缚近似计算和密度泛函理论计算表明，剪应力和单轴应力都有打开带隙的能力。实验证实，通过将石墨烯置于较柔软的衬底上，衬底可以在一个方向对石墨烯施加单轴应力，使得该方向上的碳碳键变长。另有理论计算表明，若施加沿三个主要晶向的应力，其效果相当于一个垂直于石墨烯平面的赝磁场，从而形成朗道能级打开带隙。当应力方向分别沿[100]、[010]和[001]时，可以均匀地等效于数十特斯拉的磁场，从而打开 0.1 eV 量级的带隙。当把较大的石墨烯置于如图 8-7(a) 所示的表面时，其应力在石墨烯内的分布会形成具有更大空间周期的超晶格结构，进而导致的等效磁场如图 8-7(c) 所示。这种周期性的应力可以使石墨烯形

图 8-7 外加应力打开带隙

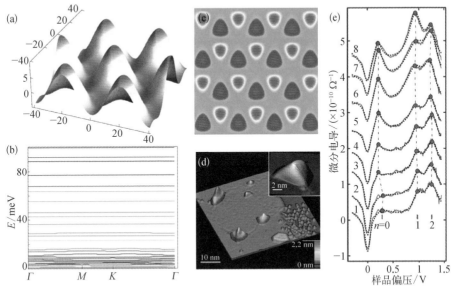

（a）产生应变的三重对称性表面；（b）周期性的应变导致的低能端能带分布；（c）由于（a）的褶皱导致的赝磁场强度分布，红色到紫罗蓝色对应−0.5～0.5 T 的强度分布；（d）Pt(111) 上石墨烯鼓包的 STM 形貌图像；（e）横跨石墨烯鼓包得到的 STM 谱图

成如图 8-7(b)所示的能带结构。实验上,Levy N 等利用 STM 技术在有很大应变的纳米鼓包上观察到了量子霍尔效应[图 8-7(d)]。这说明,由于巨大应变的存在,产生了强度高达 300 T 以上的赝磁场,它在低温下可以形成朗道能级[图 8-7(e)]。另有报道称,施加双轴应力可能带来手征对称性的破缺,进而打开带隙。

### 8.2.6 通过电子多体相互作用效应打开带隙

以上理论模型都是基于讨论石墨烯中电子的单体问题。在狄拉克点附近,如果计入长程的电子-电子库仑相互作用,理论分析表明,石墨烯具有自发打开带隙的行为。这种自发的质量产生机制与(2+1)维量子电动力学中的手征对称性破缺有深刻的理论联系。基于无规相位近似和蒙特卡洛模拟的分析表明,随着库仑相互作用耦合常数的增大,石墨烯在电中性点附近会发生金属-绝缘体相变。

这种有效质量产生的机制也被称为激子质量产生,它源于不同能谷激子配对行为。具体来讲,$K$ 谷内的配对行为形成电荷密度波态,而 $K$、$K'$ 的配对行为形成凯库勒扭曲(Kekule Distortion)态。

除了本征的打开带隙机制外,理论分析表明,电子多体相互作用也会增强上述提到的各种打开带隙机制。例如,对于破坏 A/B 亚晶格对称性的外势场打开带隙 $\Delta_0$,由 Hatree-Fock 近似和重整化群计算可以得到修正的带隙 $\tilde{\Delta}_0 > \Delta_0$。电子-电子相互作用也可以对数增大由 SOC 打开的带隙。

## 8.3　本章小结

石墨烯具有非常多的优异性能,但是要想真正把石墨烯应用在电子学领域,打开石墨烯带隙是一个基本条件。经过科学家们的不断努力,很多种打开石墨烯带隙的方法已经被发现,但是要想在保证石墨烯优异的电子学性能不被破坏的前提下,有效、大面积地打开石墨烯的带隙,还需要不断地探索和研究。

第 9 章

石墨烯电学可调
性质

## 9.1　石墨烯的基本电学和光学特性

石墨烯具有非常优异的电学和光学特性。其载流子迁移率、光学透明度、光学非线性、柔韧性、机械强度以及环境稳定性都非常高。这些优异特性使它在光学、电学和光电子学等领域有重要应用前景，比如柔性透明电极材料、触摸屏、超级电容器、高速宽光谱光电探测器、高速宽光谱电光调制器和超快脉冲激光等。

石墨烯的优异电学和光学性能源自其特殊的电子能带结构（图9-1）。在石墨烯的第一布里渊区中的六个高对称顶点（相邻点分别标记为 *K* 和 *K'*）处，其电子能量呈线性色散关系，为独特的锥形结构。对称分布的导带和价带相交于一点，所以石墨烯是一种零带隙的半金属（Semimetal）。在该点附近的电子

图9-1　石墨烯的电子能带结构图

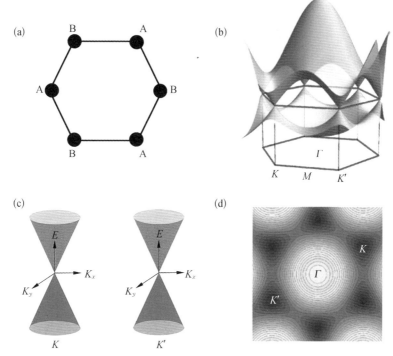

（a）石墨烯的原子结构示意图；（b）石墨烯电子能带示意图；（c）*K* 和 *K'* 处电子能带结构示意图；（d）石墨烯电子能带结构的投影图

有效质量为零，费米速度约为光速的 1/300（约 $10^6$ m/s），表现为典型的狄拉克费米子行为，所以其电子运动不能再用非相对论的薛定谔方程而只能用相对论的狄拉克方程来描述，因此该点又称为石墨烯的狄拉克点（Dirac Point），对应的锥形能带结构称为狄拉克锥形结构。石墨烯表现出许多二维狄拉克费米子具有的电学输运现象，比如石墨烯的电子在高磁场下容易形成朗道能级进而表现出量子霍尔效应；石墨烯的特殊狄拉克锥形能带结构导致它具有分数量子霍尔效应；由于电子赝自旋导致石墨烯的电子在传输过程中对声子散射不敏感，最终导致室温下的反常量子霍尔效应，以及最小量子电导等现象。

单层石墨烯的电阻率非常低，大约 1.0 $\mu\Omega$/cm，比银（1.5 $\mu\Omega$/cm）还要小。它是已知室温下电阻率最小的材料，由于电子被限制在单原子层内运动，所以室温下的电子平均自由程比较大（300～500 nm），也就是说室温下微米尺度内是弹道输运，不发生电子散射。因此，石墨烯的载流子具有很高的移动速度，即极高的电子迁移率。在 2005—2007 年，据报道，实验测量的石墨烯的室温电子迁移率为 $3\times10^3\sim2\times10^5$ cm$^2$/(V·s)，小于理论值是因为样品中存在缺陷和杂质。Geim 等实验测量发现石墨烯的电子迁移率几乎不受温度影响（10～100 K 温度内），可达到 $2.0\times10^5$ cm$^2$/(V·s)，比铜要高 $10^7$ 倍。但在室温下，受到声学声子散射的影响和限制而导致其室温的迁移率最高只有 $2.0\times10^5$ cm$^2$/(V·s)。石墨烯具有双极性导电特点，通过栅压调控费米能级移动可以使石墨烯导电类型在电子导电和空穴导电之间进行转换。事实上，石墨烯的电子和空穴载流子迁移率几乎是完全相等的。除此之外，2018 年，Herrero 等研究发现特殊转角的双层石墨烯可以从金属转变绝缘体，给人们研究超导理论机理提供了全新的思路。

除利用载流子电荷传输特性之外，还可以利用电子自旋特性，人们称之为自旋电子学（自 1980 年逐渐发展起来）。石墨烯就是制作自旋电子器件的理想材料，因为它具有较弱的自旋-轨道耦合作用，其自旋传输特性能保持几微米，所以电子自旋传输过程相对容易控制。2007 年，Wee 等用非局域四引线法（Four-Terminal Non-Local Technique），实现了室温下单层石墨烯的电子自旋注入和探测。

利用石墨烯的能谷特性可将其制成石墨烯谷霍尔器件。2014年,Geim等成功观察到石墨烯的谷霍尔效应。石墨烯电子能带有两组相邻但不等价的 $K$ 和 $K'$ 点,对应两个简并而不等价的能谷(Energy Valley)。理论预测破坏两个能谷间对称性就能产生谷霍尔效应(Valley Hall Effect,VHE),即沿着样品传输的电流中来自两个谷的电子具有相反的运动方向。

零带隙极大地限制了石墨烯在电子学器件领域的应用,为此人们想出了许多方法来打开石墨烯的能量带隙。比如,通过给双层石墨烯施加垂直电场,将石墨烯剪裁成条状,通过施加应力、化学修饰和掺杂、制作缺陷、构建异质结等方法均可打开石墨烯带隙。

石墨烯同样具有非常优异的光学特性。从可见光到太赫兹波段,石墨烯都具有恒定的、高的透光率(约97.7%)。理论计算悬浮石墨烯具有固定的光电导 $G_0 = e^2/(4\hbar) \approx 6.08 \times 10^{-5}\ \Omega^{-1}$,进而得到透光率 $T = (1 + 0.5\pi\alpha)^{-2} \approx 1 - \pi\alpha \approx$ 97.7%,所以吸光率为 $A = 1 - T = \pi\alpha = 2.3\%$[图9-2(a)],其中 $\alpha$ 为石墨烯的精细结构常数 $\alpha = e^2/\hbar c$( $e$ 和 $c$ 分别是自然常数和真空光速)。石墨烯的吸光率和透光率只与其本身的精细结构常数有关,而与入射波长没有关系[图9-2(b)],所以石墨烯在宽光谱范围内具有恒定大小的吸光率。在可见光范围内,石墨烯的反射率仅仅不到0.1%,十层石墨烯的反射率也仅有2%。因此,可以忽略石墨烯反射率影响,在可见光范围内,多层石墨烯的吸光率线性正比于层数,其中每层吸光率为2.3%。少层石墨烯的每层都可以看作是二维电子气,而每层之间的微扰较小,所以少层石墨烯在光学上可以看作是没有相互作用的单层石墨烯线性叠加而成的。单层和少层石墨烯吸收谱在300～2500 nm内是一个平带,而在270 nm附近的一个吸收峰是石墨烯中未被占据的 $\pi^*$ 电子态的带间跃迁引起的。

除此之外,强光下石墨烯的导带电子由于泡利不相容原理会引起石墨烯的可饱和吸收效应,非平衡载流子引起热电子发光等效应。石墨烯的这些奇特性能使得它在各个领域都有巨大的应用前景,比如柔性电子器件、超快激光器、石墨烯超级电容、石墨烯传感器、石墨烯高频器件、石墨烯光电探测器和石墨烯电光调制器等。

图 9-2

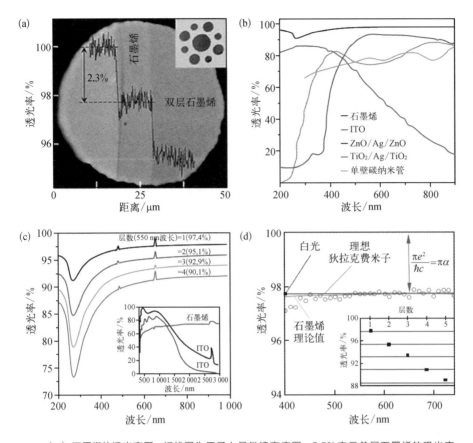

（a）石墨烯的透光率图，折线图为原子力显微镜高度图，2.3%表示单层石墨烯的吸光率；（b）石墨烯与常见透明电极的透光率随波长变化图；（c）（d）石墨烯的透光率随波长以及层数变化图

## 9.2 石墨烯导电性调节

　　石墨烯是零带隙的半导体，具有双极性输运特点。调节费米能级位置和改变带隙大小是调节石墨烯导电性的两个主要方向。调节费米能级位置的方法主要有栅压调控以及化学掺杂和修饰这两种方法；改变石墨烯的带隙主要有电压调控、应力调控以及特殊几何构造等方法。另外改变石墨烯导电性的方法还有许多，例如，在魔转角双层石墨烯（Magic-Angle Twisted Bilayer Graphene）中由于强电子-电子相互作用导致的莫特绝缘体和反常超导这两种关联量子物态的

出现；在石墨烯生长过程中掺入氮或者硼元素对石墨烯进行修饰，可以获得 p 型或者 n 型导电的石墨烯。人们尝试用各种方法来对石墨烯的导电特性进行调控用于满足电子信息和光电子等领域的需求。

## 9.2.1 石墨烯费米能级的调节

石墨烯具有双极性输运特点。把石墨烯作为场效应晶体管（Field Effect Transistor，FET）的沟道材料时，通过改变栅压可以调节石墨烯的载流子浓度和费米能级的位置，进而改变其载流子类型、浓度以及导电性。典型的场效应晶体管有三个电极，分别是栅电极（Gate Electrode）、源电极（Source Electrode）和漏电极（Drain Electrode）。源电极和漏电极与沟道材料直接接触，保持电学联通。沟道材料与栅电极之间是介电层（绝缘层），沟道材料、介质层和栅电极这三层构成等效平行板电容器。

通过改变栅压可以调节源漏电极之间的电流大小或者电流通断。如图 9-3(a)所示，石墨烯场效应晶体管中石墨烯覆盖在硅片基底上，硅片表面的 300 nm 厚的二氧化硅作为绝缘层，下面的重掺杂导电硅（p 型 Si）作为栅电极。在石墨烯两端镀有两个金电极，分别为源电极和漏电极。当施加正栅压时，导电硅层积累正电荷，石墨烯作为等效平行板的另一端会感应和积累相应的负电荷，也就是说石墨烯中电子浓度增加，相应的石墨烯费米能级向导带移动。如果施加负栅压，则石墨烯中空穴浓度增加，费米能级向价带移动。当费米能级位于石墨烯的狄拉克点位置时，由于狄拉克点处电子态密度为零（理论上），电子浓度极其低，所以通过石墨烯的源漏电流 $I_{ds}$ 最小，电阻最大；当费米能级移动到导带时，电子浓度增加，通过石墨烯的源漏电流增大，电阻减小；当费米能级移动到价带时，空穴浓度增加，通过石墨烯的源漏电流随之增大，电阻减小。所以，如图 9-3(b)所示，石墨烯表现为双极性导电特点，零栅压附近时有最小电流（最大电阻），随着正（或者负）栅压增大，费米能级向导带（或者价带）移动，电子（或者空穴）载流子浓度增加，电流增大。其中，当费米能级处于狄拉克点位置处，源漏电流最小。所以，当源漏电流最小值对应零栅压位置（$V_g = 0$ V），说明初始石墨烯的费米能级在狄拉克点位置处；如果源漏电流最小值对应某正栅压即 $V_g > 0$ V 位置（或者负栅压，即 $V_g < 0$ V），说明初始石墨烯的费米能级在价带（或者导带）属于 p（或者 n）掺杂，如图9-3(e)所示。

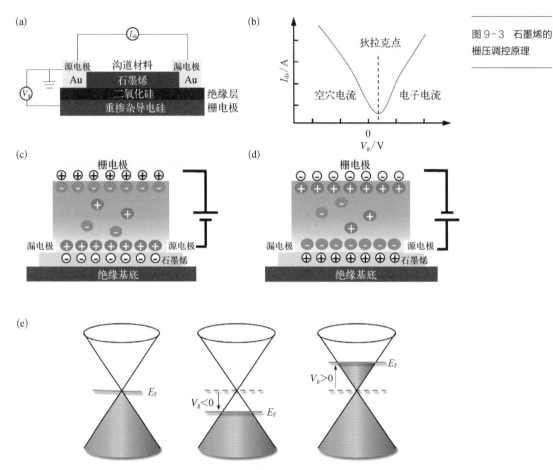

图9-3　石墨烯的栅压调控原理

（a）石墨烯场效应晶体管结构示意图；（b）石墨烯的场效应晶体管转移特性曲线；（c）（d）基于石墨烯和离子液体的场效应晶体管结构示意图，分别对应正、负栅压；（e）栅压调控石墨烯费米能级示意图

　　场效应晶体管有顶栅结构、底栅结构和双栅结构等多种构型，虽然结构各有不同但其原理是相同的。另外有一种利用离子液体进行栅压调控的技术，调制原理与场效应晶体管类似，但结构更简单，且调制效率更高。

　　离子液体（Ionic Liquid 或 Ions Liquid）是完全由离子（通常为含氮有机阳离子和无机阴离子）组成的高度极化且具有低熔点的二元盐类液体，比如［EMIM-

　　　　　　　　　　　　　　　　　　　　　　　　　　石墨烯的结构与基本性质

TFSI］〔全称为1-乙基-3-甲基咪唑(三氟甲磺酰基)双酰亚胺〕和［BMIM-PF6］
(全称为1-丁基-3-甲基咪唑六氟磷酸)等。离子液体具有热稳定性高、化学稳
定性高、非易失性、无毒性和透明等特点,并且在较宽的温度范围内保持液态。
离子液体在其电化学窗口(对应电压大约10 V以内)内不会发生氧化还原反应,
并且在电场作用下会形成非常薄(约几个纳米)而且电容比较大的双电层结构
(Electric Double Layer,EDL),所以非常适合作为场效应晶体管的介质层或者
栅极材料。用离子液体作为栅极的晶体管称为电双层晶体管(Electric Double
Layer Transistor,EDLT)。离子液体可以通过混合聚环氧乙烷(PEO)、三嵌段
聚合物［PS-PMMA-PS］或者三嵌段聚合物［PS-PEO-PS］中的一种或多种制
成离子凝胶(Ionic Gel)。离子凝胶呈凝胶状态,不易流动,属于离子液体的另一
种形式,也非常适合制作栅极材料。图9-3(c)(d)为基于石墨烯和离子液体的场
效应晶体管,石墨烯覆盖在二氧化硅或熔融石英等绝缘基底表面,在石墨烯两端制
作源电极和漏电极,并在石墨烯表面覆盖离子液体,最后离子液体与另外的栅电极
导通即可。栅电极施加电压时,石墨烯和栅电极之间形成电场,离子液体的分子在
该电场作用下转动而极化地排列在石墨烯表面形成几纳米厚的双电层。加正(或
者负)栅压时,离子液体的分子带正(或者负)电荷的一端贴近石墨烯,石墨烯内部
则感应积累负(或者正)电荷,电子(或者空穴)浓度升高,费米能级向导带(或者价
带)移动,导电性增加。离子液体的相对介电常数大概在1~10,而其形成的双电
层仅仅只有几纳米厚,电容可达到约10 $\mu$F/cm$^2$(比300 nm厚二氧化硅介质层的
电容大三个量级),因此调控低维材料的载流子浓度最高可达到10$^{15}$ cm$^{-2}$(比二氧
化硅介质层调控大两个数量级)。而且,离子液体只需要几伏特的电压就可以调控
材料的载流子浓度,而二氧化硅介电层需要几十甚至上百伏特电压。因此,离子液
体作为电光器件电极材料具有高效和低损耗等优点。

通过栅压调控技术和离子液体栅压调控技术可以调控石墨烯的载流子浓度
和类型以及导电性,进一步可以用来研究石墨烯的一些物理现象,比如非线性光
学、超导特性和量子霍尔效应等,可应用于石墨烯场效应晶体管、石墨烯光电探
测器、石墨烯电光调制器和石墨烯传感器等领域。

## 9.2.2 石墨烯带隙的调节

石墨烯的高电子迁移率特点非常适合高速场效应晶体管。但是零带隙会导致石墨烯场效应晶体管无法到达"关"状态,无法得到较大的开关比,而开关比是场效应晶体管的重要参数指标之一,特别是在数字器件中要求在"关"状态下具有比较小的漏电流,所以石墨烯的零带隙特点非常不利于制作场效应晶体管和逻辑电路。因此,如何在室温下打开一个可观的带隙,同时又不破坏石墨烯本身优异的电学性质,从而能利用石墨烯制成超越硅的具有更低能耗、更高速度的电子元件,成为人们长期关注的问题之一。可以通过给双层石墨烯施加垂直电场、剪裁成石墨烯纳米带、施加应力、化学修饰和掺杂、制作缺陷以及构建异质结等方法打开石墨烯带隙。下面简单介绍石墨烯纳米带,其他方法读者可参考本书第 8 章。

石墨烯纳米带是宽度在 100 nm 以内的一维石墨烯。由于石墨烯纳米带的宽度在纳米尺度,受量子限域效应限制,所以石墨烯纳米带会有一定的能量带隙。按照石墨烯纳米带边界的不同构型可以分为扶手椅型石墨烯带(Armchair Graphene Nanoribbon,AGNR)和锯齿型石墨烯带(Zigzag Graphene Nanoribbon,ZGNR)。由于石墨烯纳米带在长度方向具有周期性,所以按照石墨烯纳米带的宽度方向上的碳原子数目分为 $N$-AGNR 和 $N$-ZGNR($N$ 表示碳原子数目)。按照紧束缚近似计算结果,不计电子自旋影响时,$N = 3P + 2$(其中 $P$ 是正整数)的扶手椅型石墨烯纳米带和锯齿型石墨烯纳米带均是金属导电型的,而 $N = 3P$ 或者 $N = 3P + 1$ 的扶手椅型石墨烯纳米带则是半导体导电型的。如果涉及电子自旋影响的话,由于自旋极化的边界态会引起自旋能量劈裂,所以锯齿型石墨烯纳米带的能量带隙与石墨烯纳米带的宽度呈反比关系。除此之外,根据从头计算法(Ab-initio Calculations)模拟表示,所有的扶手椅型石墨烯纳米带都是半导体导电型,但 $N = 3P + 2$ 的带隙比较小。

如图 9-4(a)所示,用宽度在 20~500 nm 的石墨烯纳米带制作场效应晶体管,源漏电极均为金属钯(Pd),石墨烯纳米带为沟道材料,沟道宽度为 $2\ \mu m$,采用

图9-4 石墨烯纳米带场效应晶体管

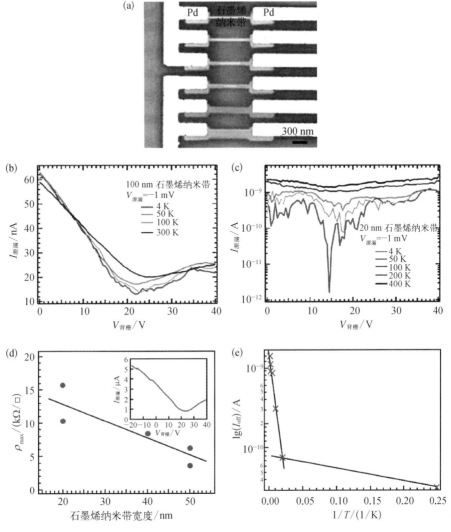

（a）不同宽度的石墨烯纳米带场效应晶体管结构示意图；（b）（c）100 nm 和 20 nm 宽的石墨烯纳米带场效应晶体管在不同温度下的转移特性曲线；（d）石墨烯纳米带宽度与最大电阻率之间的关系曲线；（e）20 nm 宽的石墨烯纳米带场效应晶体管的关态电流随温度变化曲线

二氧化硅-硅基底为栅电极的背栅结构。石墨烯纳米带是用电子束曝光刻蚀技术（Electron Beam Lithography and Etching Techniques）加工而成。石墨烯纳米带中的结构缺陷、吸附的气体分子以及硅基底对其均有掺杂作用，并且会对其电子发生散射作用。石墨烯纳米带边界的局域态对其电输运过程影响很大。如图9-4(b)所示，在不同温度下，石墨烯纳米带表现出非常明显的双极性输运特点：

其中源漏电流最小值对应着费米能级处于狄拉克点位置,对应有最大电阻率;而源漏电流最小值对应的栅压不为零,说明初始的石墨烯纳米带的费米能级并没有在狄拉克点处,这是因为在电输运过程中二氧化硅基底会束缚石墨烯的载流子,这些被束缚住的载流子会对石墨烯进行电荷掺杂,而且这个过程对温度和环境很敏感。从图 9‐4(d)可以看出,室温下,宽度小于 50 nm 的石墨烯纳米带的最大电阻率($\rho_{max}$)随纳米带宽度的增加而减小。图 9‐4(b)(c)分别为不同温度下 100 nm 和 20 nm 石墨烯纳米带场效应晶体管的转移特性曲线。100 nm 宽的石墨烯纳米带的最小电流随温度有明显变化,从 300 K 到 4 K 大概变化了 2 倍。而 20 nm 宽的石墨烯纳米带的输出电流在不同温度时有明显不同变化规律,400 K 时最大和最小电流仅相差 2 倍,而在 4 K 温度下,则有 1.5 个数量级变化。这种明显的差别表明,在 20 nm 宽度以内的石墨烯纳米带打开了有限的半导体性的能量带隙。这个带隙很小,只能在低温条件存在,在较高温度下会被热载流子破坏。如图 9‐4(e)所示,20 nm 宽的石墨烯纳米带场效应晶体管的关态电流随着温度减小而减小。在较高温度下,关态电流与温度有明显的 $\lg(I_{off})\text{‐}1/T$ 线性关系,并且可以从该曲线知道 20 nm 石墨烯纳米带的带隙大约为 28 meV,这与理论计算相符。另外,4 K 的数据点明显偏离线性关系,这个说明在该低温下,载流子的输运不再受热注入(Thermal Injection)限制而是受隧穿效应限制。

# 9.3　石墨烯 pn 结和石墨烯晶体管

## 9.3.1　石墨烯 pn 结

石墨烯/半导体异质结(Graphene‐Semiconductor Junction)以及石墨烯/石墨烯同质结(Graphene‐Graphene Junction)是各种石墨烯/半导体技术领域中最简单器件结构之一。石墨烯 pn 结为研究二维和三维材料界面物理、零带隙与非零带隙材料体系物理现象提供了非常方便和重要的研究平台和机会。理解石墨烯结中出现的物理问题和掌握其加工技术是进一步研究石墨烯晶体管的必要条件和必要过程。石墨烯结已经被证明可以作为整流器件、光伏电池、偏压可调光电探测器、化学传感器以及更加复杂的基于石墨烯电学器件的结构单元，比如肖特基势垒场效应晶体管（Schottky Barrier Field-Effect Transistors，SBFET）或者高电子迁移率晶体管（High Electron Mobility Transistor，HEMT）。石墨烯 pn 结的电流-电压特性（$I$-$V$ Behavior）可以粗略地用理想二极管方程描述，但具体的情况往往需要在标准的热电子理论上进行一定的修正，还需要考虑一些其他因素的影响。对于传统的金属/半导体结，界面的质量会极大地影响结的性质。杂质和缺陷会极大地改变 $I$-$V$ 曲线。但是，石墨烯本身的特殊能带结构和态密度，以及二维材料特性等都会对石墨烯结产生巨大影响。石墨烯中性点（狄拉克点）附近非常低的电子态密度使石墨烯对于注入的或者来自半导体的载流子浓度非常敏感。费米能级的位置也会影响肖特基势垒高度（Schottky Barrier Height，SBH），进而影响电流-电压特性。这些特点都使得石墨烯结可以用多种方式进行调控，更加方便开发更多实际应用。

2011 年，Cronin 等利用石墨烯与 p 型或 n 型硅接触制备了石墨烯/导电硅异质结，并发现该石墨烯结具有明显的整流特性，电流受温度影响较大。如图 9-5(a)所示，在 n 型或者 p 型导电硅表面依次沉积 $SiO_2$、$Si_3N_4$ 及 Cr/Au 层，然后将机械剥离法制备的石墨烯覆盖在硅和金电极表面，制作成石墨烯/导电硅异质结。图 9-5(b)为双层石墨烯/n 型导电硅异质结的扫描电子显微镜图，图 9-5(c)为对应的 $I$-$V$ 曲线。这里金与石墨烯是欧姆接触，而石墨烯与 n 型导电硅异质结则是肖特基接触，从 $I$-$V$ 曲线也可以看出双层石墨烯/导电硅异质结的整流特性，并且在光照下有光生载流子产生。图 9-5(d)为双层石墨烯/p 型导电硅异质结的 $I$-$V$ 特性曲线，可以看出在无光照时负电压下有明显整流特性，证明双层石墨烯/p 型导电硅异质结之间存在肖特基势垒。该器件中 $V_b = 3$ V 时，532 nm 照射能产生约 250 μA 的光电流。实际上，室温下，石墨烯与 n 型硅异质结有 0.41 eV 左右的肖特基势垒，而石墨烯与 p 型导电硅异质结大约有 0.45 eV 的肖特基势垒。在 100 K、300 K 和 400 K 不同温度下，双层石墨烯/导电硅异质结的电流随着温度升高而增加[图 9-5(e)]，这是因为电子热运动增加了硅基底的载流子浓度。器件电流受温度影响较大，较高温度下导电性更好。另外，研究发现石墨烯/导电硅异质结的电

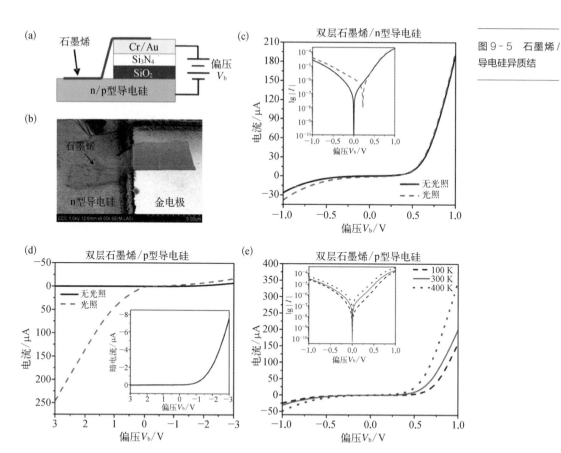

图 9-5 石墨烯/导电硅异质结

（a）石墨烯/导电硅异质结结构示意图；（b）双层石墨烯/n 型导电硅异质结的扫描电子显微镜图；（c）双层石墨烯/n 型导电硅异质结的 I-V 特性曲线；（d）双层石墨烯/p 型导电硅异质结的 I-V 特性曲线；（e）不同温度下，双层石墨烯/p 型导电硅异质结的 I-V 特性曲线

流与石墨烯的厚度没有明显依赖关系。

Kar 等利用石墨烯/导电硅异质结制作了光电探测器，该探测器有光电流和光伏两种工作模式。其制作过程首先用湿法刻蚀处理掉 n 型导电硅表面的部分 SiO₂层（厚度约为 400 nm，面积约为 2 cm×2 cm），然后将 CVD 法生长的单层石墨烯转移到导电硅表面，并在暴露的导电硅区域边缘的 SiO₂ 层和石墨烯表面蒸镀 Ti/Au（5 nm/100 nm 厚度）如图 9-6(a)(b)所示。该石墨烯/导电硅异质结中，硅是受光区域，而石墨烯起载流子收集作用。石墨烯可以调节暗光时的费米能级，更重要的是它与硅中空穴准费米能级的相对位置也可以调节，其中由于硅中光激发空穴的产生而导致费米能级需要修正为准费米能级。石墨烯可以调节费米能级的特性是

图 9-6 石墨烯／
导电硅异质结

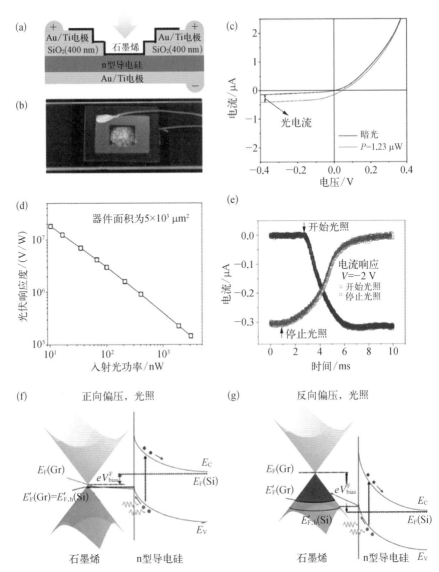

（a）（b）石墨烯／导电硅异质结器件结构示意图和实物图；（c）器件的 I-V 特性曲线；（d）输入光功率与光伏响应关系曲线；（e）器件的开关响应曲线；（f）（g）石墨烯/n 型导电硅异质结、石墨烯/p 型导电硅异质结工作的能带结构示意图

　　调节以及有效捕获光生载流子的关键机理。通过调节石墨烯费米能级可以提高光生电流的响应值。光电流响应可调节对于调整不同亮度的成像应用具有非常大的吸引力。同时，石墨烯／导电硅异质结具有高效的光伏响应，并且随着入射光强减小而光伏响应也增加，这对于光伏模式下弱光信号探测非常有利。单层石墨烯／

硅异质结有很强的弱光信号探测能力,光伏响应度(Photovoltage Responsivity)超过了 $10^7$ V/W,噪声等效功率(Noise-Equivalent Power,NEP)达到了约 1 pW·$Hz^{-1/2}$,这表明可以在 0.5 s 积分时间内区分透光率 $T = 99.95\%$ 的材料。

如图 9-6(c)所示,暗光低功率下($P = 1.23\ \mu W$,$\lambda = 488$ nm)的 $I$-$V$ 特性曲线表现为传统的整流特性和类光电二极管特性。入射光照射石墨烯/导电硅异质结在硅中产生电子空穴对(electron-hole pairs),这些光生载流子迅速热弛豫到准费米能级 $E'_{F,h}$(Si)(对于硅而言,电子和空穴准费米能级分别在导带底和价带顶附近)。石墨烯/导电硅异质结的内建电场会使空穴从硅转移到石墨烯中,并导致石墨烯中的准费米能级 $E'_F$(Gr)的出现。石墨烯的准费米能级 $E'_F$(Gr)的位置和费米能级 $E_F$(Gr)的位置与从硅注入石墨烯中的空穴浓度有关。低入射光功率下,$E'_F$(Gr)位于 $E_F$(Gr)和 $E'_{F,h}$(Si)之间,光生空穴均可以在石墨烯中找到可以停留的能态,这导致了类似传统光电二极管的 $I$-$V$ 响应。在较高的入射光功率下,$I$-$V$ 曲线较大偏离传统光电二极管响应规律,在接近 $V = 0$ V 处光电流有非常强的抑制,并且在低反向偏压下光电流迅速上升并饱和。这种高度可调节的光电流响应是由石墨烯费米能级处特殊电子能带结构所引起的。图 9-6(f)为低正向电压 $V^F_{bias}$ 下的饱和光电流响应原理示意图。降低的费米能级更接近硅的空穴准费米能级,极大地减弱光生载流子注入硅中时所需要的能态数量。因此,在正向偏压下,随着入射光功率和空穴注入速率的增加,$E'_F$(Gr)变低并且迅速与硅的空穴准费米能级对齐,有 $E'_F$(Gr) = $E'_{F,h}$(Si)。最终结果就是,正向偏压下只能产生非常小的光生电流(由石墨烯狄拉克点附近的载流子贡献),因为能够注入石墨烯的光生空穴载流子的数量很少。当入射光功率超过该点时将不再有更多的光生空穴载流子注入石墨烯中,因为 $E'_F$(Gr)不可能比 $E'_{F,h}$(Si)还低。但是,如果施加反向偏压的话,则会抬高 $E_F$(Gr)到更高的位置,如图 9-6(g)所示,此时石墨烯中有大量的空穴能态允许硅中的空穴注入,并且能够完全收集注入的空穴。最终,在 $V = 0$ V 附近被严重抑制的光生电流将在反向偏压下恢复。

在光电流模式下,入射光功率至少在两个数量级内,光响应仍然保持线性,可调节响应度到 435 mA/W,这表明入射光子转换效率(Incident Photon Conversion Efficiency,IPCE)超过 65%。电压可调节费米能级的相对位置,获得高的光电响应度,并且暗电流密度比较小($\ll 1\ \mu A/cm^2$),这些都促使可调节光电流开关比超过了$10^4$(在$V = -2\ V$、高光功率密度为260 pW·$\mu m^{-2}$的条件下)。石墨烯/导电硅异质结的瞬时光电流响应速度可达到毫秒量级,如图9-6(e)所示。

石墨烯/导电硅异质结具有毫秒响应速度、超过$10^4$的开关比,特别是在宽波长范围均具有响应(400 nm<$\lambda$<900 nm)而且具有电压可调节的特点。这说明石墨烯/硅异质结非常适合用于光电探测器、光功率计、毫秒量级的光开关、光谱和成像器件,进一步可以与低功率芯片光电器件相结合。

石墨烯/导电硅异质结可以用于气体探测器。反向偏压下的石墨烯/导电硅异质结可以用于化学探测器或传感器,其具有高的探测灵敏度和低的运行功率等特点。该器件利用石墨烯的原子层厚度特性,气体分子可以直接吸附在探测器或传感器的表面改变石墨烯/导电硅的界面势垒高度,进而以指数形式影响异质结在反向偏压下的电流,因此具有非常高的灵敏度。石墨烯/导电硅异质结势垒高度能通过反向偏压调节石墨烯费米能级位置而发生变化,这样就可以在宽的可调节范围内实现高灵敏的分子探测。常规环境条件下,石墨烯/导电硅异质结探测器比传统的石墨烯安培计探测器的$NO_2$探测灵敏度要高13倍,比$NH_3$探测灵敏度要高3倍,同时比相同工作电压下消耗能量小500倍左右。用电容电压测量法可以确定石墨烯/导电硅异质结探测器的工作原理是基于异质结肖特基势垒高度改变的现象。

图9-7(a)(b)为石墨烯/导电硅异质结探测器结构,CVD生长的石墨烯转移到p型或者n型导电硅表面,并且在石墨烯表面蒸镀Ti/Au电极。如图9-7(c)所示,石墨烯/导电硅异质结中界面处存在肖特基势垒,其$I$-$V$特性曲线有明显的整流效应,电流随着正向电压减小而指数减小,随反向电压减小而保持不变。当分别通入$NO_2$气体和$NH_3$气体时,石墨烯/n型导电硅异质结探测的电流均发生明显变化[图9-7(e)(f)]。通入$NO_2$气体,在暗光和光照条件下,石墨烯/n型导电硅异质结探测器的电流均快速增大,因为石墨烯吸附$NO_2$之后降低了肖特基势垒高度。而通入$NH_3$,在暗光条件下电流变化较小,在光照条件下电流明显增大。$NH_3$的吸附增加了肖特基势垒高度,电流变化比较小。光照条件下,电流快速增大,因

为过多的载流子产生和势垒降低,所以电流变化更加明显。上面的原因也可以解释探测器的探测响应度(电流百分比变化),NH₃(43%)比 NO₂(716%)要低。当气体吸附降低探测器的肖特基势垒高度之后电流快速增大,具有比较大的探测响应度。

图 9-7 石墨烯 / 导电硅异质结气体探测器

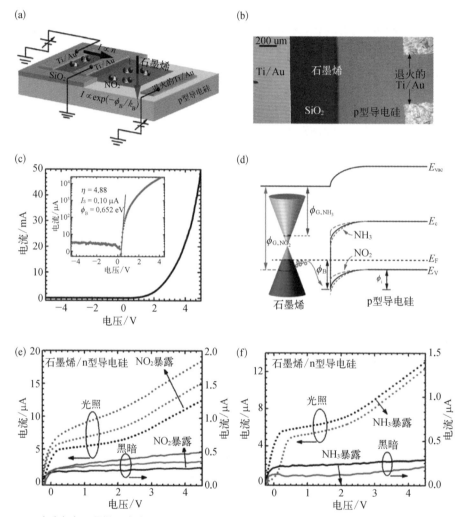

(a)(b)石墨烯/导电硅异质结器件结构示意图和实物图;(c)器件的 I-V 特性曲线;(d)石墨烯/p型导电硅异质结工作的能带结构示意图;(e)(f)石墨烯/n型导电硅异质结对 NO₂ 气体和 NH₃ 气体的 I-V 响应曲线

　　该传感器的高灵敏度源于异质结的反向电流随着肖特基势垒高度指数变化,而且反向工作电压大大地降低了工作功耗。反向偏压可以调节石墨烯的费米能级,进而调节探测的响应时间和灵敏度。反向偏压下的石墨烯/导电硅异质结二极管探测器具有超高灵敏度和低工作功耗,比传统的化敏电阻类传感器要好数个量级。

除了石墨烯/硅异质结之外,常见的结构还有石墨烯同质结。通过化学掺杂或者栅压调控的手段使同一块石墨烯的相邻两侧为 p 型和 n 型导电,就构成了石墨烯同质 pn 结。

M. Marcus 等利用石墨烯同质 pn 结研究发现石墨烯电压调控的量子霍尔效应。石墨烯独特的电子能带结构使得它可以通过栅压调控技术来改变其载流子类型和载流子密度,因此它是制作双极性纳米电子器件的理想材料[图 9-8(a)(b)]。在

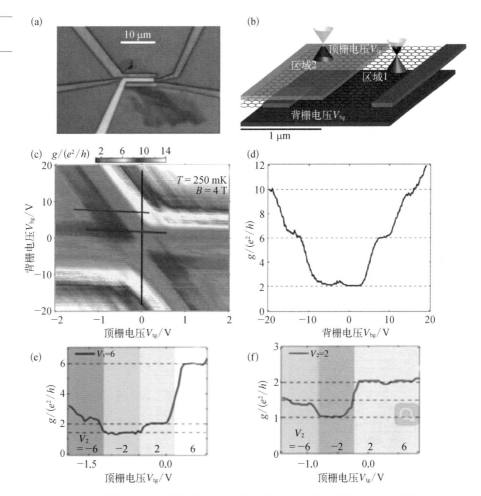

图 9-8

(a)(b) 石墨烯同质 pn 结器件实物图和结构示意图;(c) 不同背栅电压 $V_{bg}$ 和顶栅电压 $V_{tg}$ 与微分电导关系图;(d) 顶栅电压为零时,背栅电压与微分电导的关系;(e)(f) 当量子霍尔效应的填充因子 $V_1 = 6$ 和 $V_2 = 2$ 时,均观察到 $3/2$($e^2/h$)的量子电导

同一片石墨烯上通过顶栅和背栅调控其相邻区域为 p 型和 n 型，构成石墨烯同质 pn 结［图 9-8(c)(d)］。量子霍尔区域的电输运测量揭示了电导的两个新的电导平台，1 倍和 3/2 倍的量子电导（量子电导数值等于 $e^2/h$）［图 9-8(e)(f)］。

Herrer 等利用石墨烯同质 pn 结研究发现石墨烯的光响应是热载流子输运而不是光伏效应引起的（图 9-9）。利用背栅和顶栅结构调节同一片石墨烯的相邻区域的导电类型为 p 型和 n 型得到石墨烯同质 pn 结［图 9-9(a)(b)］。

图 9-9

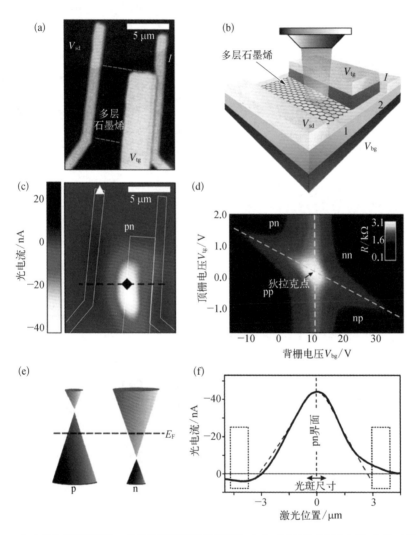

（a）（b）石墨烯同质 pn 结器件实物图和结构示意图；（c）光电流的空间分布图；（d）电阻与背栅电压 $V_{bg}$ 和顶栅电压 $V_{tg}$ 关系图；（e）石墨烯同质 pn 结的电子能带结构示意图；（f）对应（c）图中黑色虚线的光电流强度与空间横坐标关系图

850 nm的激光照射该pn结区域时,电阻与背栅电压和顶栅电压之间的关系呈现有趣的六重光伏特性图案,如图9-9(d)所示。结合测量的空间和密度依赖的光响应图,可以肯定是光热电效应而不是光伏效应主导石墨烯的本征光响应过程。长寿命和空间分布的热载流子的光响应过程为热载流子辅助的热电技术提供一种有效的高效捕获太阳能的方式。

此外,科学家们发现了石墨烯同质pn结中的克莱因隧穿(Klein Tunneling)效应,还有利用石墨烯同质pn结发现石墨烯中的电子弹道输运过程等有趣的物理现象。

## 9.3.2 石墨烯晶体管

由于金属氧化物半导体场效应晶体管(Metal Oxide Semiconductor Field-Effect Transistor,MOSFET)和互补金属氧化物半导体逻辑器件(Complementary Metal Oxide Semiconductor,CMOS)的尺寸限制,半导体工业一直寻求新的材料和器件来提升MOSFET性能超过22 nm节点或者有新的功能,比如"超越CMOS"器件。由于独特的对称分布的电子能带结构、高的迁移率和热传导速度,石墨烯晶体管被广泛研究。通过多种方法可以制备单层和少层石墨烯场效应晶体管,实验证明石墨烯在室温下的电子迁移率高达$10\,000\ \text{cm}^2/(\text{V}\cdot\text{s})$。但是由于石墨烯是没有带隙的半导体,所以面临着高的关态漏电流以及电流下不易饱和等问题。人们在不断地尝试用各种方式来克服或解决这些问题。

典型的场效应晶体管由四部分组成:源电极(Source Electrode)、漏电极(Drain Electrode)、栅极(Gate Electrode)以及沟道(Channel)。底栅电极常用掺杂的导电硅,顶栅电极常用Au、Pt等金属,沟道材料一般为半导体材料,沟道材料与栅电极之间有一层绝缘电介质层,起隔离栅极和沟道的作用,一般为$SiO_2$、$Al_2O_3$、$HfO_2$和$Si_3N_4$等绝缘材料。栅极与沟道构成平行板电容器结构,通过给栅极施加电压就能给沟道材料注入载流子,也就是说通过栅压可以调控沟道材料的载流子浓度和费米能级的位置。场效应晶体管的主要参数为阈值电压(Threshold Voltage,$V_T$)、迁移率(Mobility,$\mu$)以及开关比(On/off Ratio,$I_{on}/$

$I_{\text{off}}$）。阈值电压是使沟道材料从不导电转变为导电时需要的最小电压值，阈值电压越低，能耗就越低。迁移率指沟道材料中载流子的平均迁移速率，反映载流子的传输能力，决定了器件的开关比速度。开关比指场效应晶体管的开态电流与关态电流之比，比值越大越好，比值越大说明材料的半导体性能越明显，带隙越大。石墨烯具有比较高的载流子迁移率，但是关态电流太大（零带隙原因），所以开关比比较小。

2004 年，Geim 等利用胶带机械剥离得到石墨烯，并在硅片表面（表层有 300 nm 厚的 $SiO_2$ 层）制作了石墨烯场效应晶体管，测得石墨烯载流子迁移率约为 10 000 $cm^2/(V \cdot s)$。2007 年，Lemme 等在单层石墨烯表面依次镀上 $SiO_2$ 层和 Au 电极作为栅极，制成了顶栅结构的石墨烯场效应晶体管。由于顶栅对石墨烯沟道的声子散射作用等因素，导致测得的电子迁移率仅有 530 $cm^2/(V \cdot s)$。因此，Kim 等通过改进栅电极材料为 $Al/Al_2O_3/Au$ 薄膜，有效地提高石墨烯室温下的载流子迁移率到 8 000 $cm^2/(V \cdot s)$。2008 年，Bolotin 等设计出悬浮的石墨烯场效应晶体管，进一步降低衬底作用，提高石墨烯载流子迁移率到 200 000 $cm^2/(V \cdot s)$，有力地证明了衬底上的石墨烯场效应晶体管中载流子传输受到限制是因为衬底和杂质引起的散射作用。2008 年，Shepard 等利用石墨烯双栅场效应晶体管研究发现了石墨烯的饱和场效应晶体管特性，如图 9-10 所示。电流饱和的速度取决于载流子浓度，因为支持石墨烯沟道的二氧化硅衬底界面处声子对石墨烯中载流子有散射作用。2008 年，Dai 等用化学方法制备出 10 nm 宽的石墨烯纳米带，证明其全部为半导体型，并且依次制作的石墨烯纳米带场效应晶体管在室温下的开关比达到了 $10^7$。

以下面的实验为例简要介绍石墨烯场效应晶体管。2010 年，Avouris 等制作的双栅极调控的双层石墨烯场效应晶体管在栅压为 2.2 V 和 1.3 V 时分别打开大于 130 meV 和 80 meV 的能量带隙，并且在室温和 20 K 低温下的开关比分别达到 100 和 2 000。图 9-11(b)(c) 为石墨烯场效应晶体管结构示意图，AB 堆垛构型的双层石墨烯作为晶体的沟道（面积为 1.6 $\mu m \times 3$ $\mu m$），采用双栅极结构，底栅为导电硅（厚度为 300 nm 的 $SiO_2$ 层），顶栅由 $HfO_2$ 和金属构成。先在石墨烯表面制作一层 $(9 \pm 3)$ nm 厚的有机物种子层（一种聚羟基苯乙烯衍生物），然后用

图 9- 10

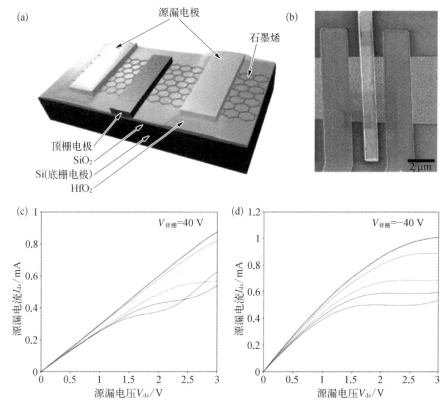

（a）（b）石墨烯场效应晶体管的结构示意图和实物图（扫描电子显微镜图）；（c）（d）石墨烯场效应晶体管在栅压分别为 40 V 和- 40 V 输出特性曲线

原子层沉积技术（Atomic Layer Deposition，ALD）沉积（10±1）nm 厚的 HfO$_2$ 绝缘层，最后蒸镀一层金属电极。这种顶栅结构可以减少栅极对石墨烯的影响，测试到最本征的双层石墨烯电输运性质。其中引入的有机物种子层不仅有利于 HfO$_2$ 的沉积而且减少了栅极的声子散射作用和库仑屏蔽作用对石墨烯的高迁移率和本征特性的影响。石墨烯场效应晶体管的源电极接地，源电极和漏电极之间有 1 mV 的恒压。背栅电压从- 120 V 到 80 V 之间变化，顶栅电压从- 2.6 V 到 6.4 V 之间变化。这里，开态电流 $I_{on}$ 和关态电流 $I_{off}$ 定义为某背栅电压下最大和最小源漏极间电流，不同背栅电压下，开态和关态电流不同。如图 9- 11（d）黑色曲线所示，在背栅电压 $V_{bg}$ =- 120 V 时，关态电流 $I_{off}\approx$ 10 nA（对应顶栅电压 $V_{tg}\approx$ 6.4 V），开态电流 $I_{off}\approx$ 1 μA，因此室温下该石墨烯场效应晶体管的开关比

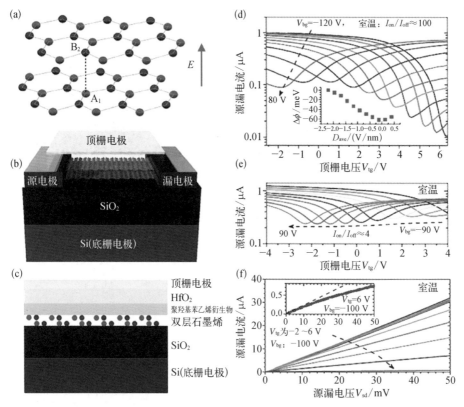

图 9-11 双层石墨烯场效应晶体管

（a）双层石墨烯的原子结构示意图；（b）（c）双层石墨烯场效应晶体管的结构示意图；（d）（e）双层石墨烯场效应晶体管在不同背栅电压 $V_{bg}$ 下，室温下的顶栅电压 $V_{tg}$ 与源漏极电流的转移特性曲线；（f）背栅电压 $V_{bg}$ 为 -100 V 时，不同顶栅电压下的输出特性曲线

约为 100。对比单层石墨烯场效应晶体管的开关比约为 4，如图 9-11（e）所示。

背栅电压下扫描顶栅不仅可以调节双层石墨烯的载流子掺杂而且还可以改变双层石墨烯的能量带隙。每一条曲线的电流最小值对应着石墨烯的中性点。如果双层石墨烯存在带隙，那么载流子电流一定是通过热发射越过石墨烯-金属肖特基势垒。因此，关态电流 $I_{off}$ 将正比于 $\exp(-q\Phi/k_B T)$，其中 $q$ 为电子电荷量，$\Phi$ 为肖特基势垒高度，$k_B$ 为玻耳兹曼常数，$T$ 为温度。当背栅和顶栅电压分别为 -120 V 和 6.4 V 时，有最大肖特基势垒高度为 $\Phi_0$。那么，可以从每一条曲线的中性电附近的关态电流大小推导出肖特基势垒高度变化量 $\Delta\Phi=\Phi-\Phi_0$，如图 9-11（d）插图所示，其中 $D_{ave}$ 表示平均电位移矢量，定义为顶栅电压和背栅电压引起的电位移矢量之差的算数平均值,即 $D_{ave} = (D_{bg} - D_{tg})/2$。肖特基势垒高度为石墨烯带隙宽度的一半,因此栅压为 2.2 V·m$^{-1}$ 时,双层石墨烯有大于 130 meV 的带隙。类似条件下,用光学手段测试得到双层石墨烯的光学带隙大约为 200 meV。此外,在低温下测得双层石墨烯场效应晶体管在 1.3 V·nm$^{-1}$ 下有 80 meV 的能量带隙,20 K 低温下的开关比高达 2 000。

## 9.4　石墨烯的电光调制

硅基光学已经在超高速发展。但事实上,制约光驱动电路发展的是尺寸小型化问题和光电子硬件集成化问题。硅基光学元件包括调制器、探测器、光放大器和光源等,都已经快速发展。但是,不是所有的光学元件都可以使用硅基器件,特别是需要宽谱范围数据转换的一类光学器件。因为本征硅有间接带隙,即使通过掺杂调节其吸收边也无法作为宽谱范围的光学材料。硅还有其他缺点,包括电光系数低、光发射效率低以及由于波导边界散射作用导致的传输损耗高等。而将硅与其他材料结合开发新的复合材料会是一个比较好的解决方向。

石墨烯是一种优秀的二维光学材料和电学材料。由于其独特性质,可以在同一种材料中实现光信号的发射、传输、调制和探测等过程。它比硅和砷化镓有更多优势,比如热导率比硅(Si)高 36 倍,比砷化镓(GaAs)高 96 倍,比硅和砷化镓高几个数量级的光损伤阈值,以及非常高的光学三阶非线性效应(三阶非线性系数约 10$^{-7}$ esu),如表格 9-1 所示。因此石墨烯或者石墨烯与硅的复合光学器件和光电子器件具有巨大的前景。

表 9-1　不同材料的性质参数对照表

| | 热导率 /<br>[W/(m·k)] | 带隙 /<br>(eV,@300 K) | 折射率 | 光损伤阈值 /<br>(MW/cm²) | 三阶非线性<br>系数 /esu | 非线性克尔系数 /<br>(m²/W) |
|---|---|---|---|---|---|---|
| 石墨烯 | 5 300 | 0 | 2.6 | 3×10$^6$ | 约 10$^{-7}$ | 10$^{-11}$ @1 550 nm |
| 硅(Si) | 149 | 1.11 | 3.44 | 500 | (2.5~5)<br>×10$^{-11}$ | (4.5±1.5)×10$^{-18}$<br>@1 550 nm |

|  | 热导率/<br>[W/(m·k)] | 带隙/<br>(eV,@300 K) | 折射率 | 光损伤阈值/<br>(MW/cm²) | 三阶非线性<br>系数/esu | 非线性克尔系数/<br>(m²/W) |
|---|---|---|---|---|---|---|
| 砷化镓(GaAs) | 55 | 1.43 | 3.4 | 45 | 约$4×10^{-8}$ | $3.3×10^{-17}$ |
| 氮化硼(h-BN) | $27_\perp,27_\parallel$ | 4.0~5.8 | 2.2 | 约500 | $1.36×10^{-14}$ | — |

注：@300 K 表示在 300 K 的温度条件下；@1 550 nm 表示波长位于 1 550 nm 的条件下

　　一般来讲,电光调制器根据功能可分为幅值(或强度)、频率、相位和偏振调制器,其中幅值的电光调制器配合特殊光学结构可实现其他几种调制功能。传统半导体或半导体量子阱类型的电吸收调制器是利用 Franz‐Keldysh 或量子限制 Stark 效应,通过电场改变材料的光吸收边从而达到调制效果。用石墨烯作电光调制器的主要原理是利用栅压调控石墨烯的费米能级进而改变其吸光率(图 9‐12),或者通过特殊器件构造改变光的偏振和相位等信息,最终实现电学信号调制光学信号,也就是电光调制的效果。一般的方法是把石墨烯作为场效应晶体管器件的沟道材料,通过改变栅极电压(顶栅或者背栅结构)进而改变石墨烯内载流子(电子或空穴)浓度,而载流子浓度的改变就对应着费米能级的上下移动。当入射光子的能量 $h\nu$ 小于费米能级改变量的一半的时候,价带中没有能被激发的电子,光子无法被吸收,反之则被吸收。当大于入射光子的能量 $h\nu$ 一半的导带处能级被电子占据时,由于泡利不相容原理,入射光子无法激发相应能量的电子或者空穴导致该光子不能被吸收,反之则能被吸收。也就是说,波长较长(能量较小)的光子会通过调节费米能级而不被吸收,波长较短(能量较大)的光子则被吸收。总而言之,通过改变石墨烯场效应晶体管结构中的栅压可以调节

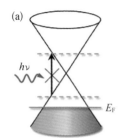 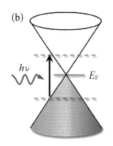 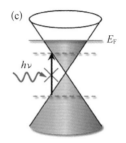

图 9‐12 石墨烯作为电光调制器的原理图

　　(a)(c)分别为费米能级处于入射光子能量 $h\nu$ 一半以下和以上位置处石墨烯不吸收光子的能带结构示意图;(b)费米能级处于石墨烯狄拉克点时的石墨烯光吸收电子跃迁示意图

石墨烯的透光率。石墨烯的这个特性非常适合用于电光调制器。

Zhang 等用单层石墨烯和硅波导成功制成了宽谱范围的高速石墨烯电光调制器。光通过该光波导时,与波导表面的石墨烯相互作用而被吸收,再通过电压调控石墨烯吸光率,达到电光调制效果。该石墨烯电光调制器工作频率带宽超过 1 GHz,光谱响应在 $1.35\sim1.6~\mu m$,器件受光面积仅有 $25~\mu m^2$。图 9-13(a)为该石墨烯电光调制器结构示意图,在二氧化硅表面镀有 50 nm 厚的硅层,再在硅层表面制作 250 nm 厚的硅波导,然后再镀一层 7 nm 厚的 $Al_2O_3$ 绝缘层,接着将 CVD 法生长的石墨烯转移到硅波导表面,最后依次镀金属 Pt 和 Au 作为源电极。在远离硅波导的硅层端镀金电极,与硅电学导通并作为石墨烯的底栅电极。其中硅层和硅波导均轻掺杂硼元素以提高导电性。通过模拟计算可知,石墨烯硅波导仅能允许一个传播模式通过,该模式中光电场垂直于石墨烯,吸收光效率最高。$1.53~\mu m$ 的光通过光波导时,石墨烯的吸光率随栅压发生改变。在 $-1~V<V_D<3.8~V$ 内($V_D$ 为驱动电压),石墨烯费米能级在狄拉克点附近,石墨烯吸收入射光子而发生电子带间跃迁,此时调制器处于"关"态。在 $V_D<-1~V$ 的较大负电压调节作用下,石墨烯的费米能级低于电子跃迁阈值 $[E_F(V_D)=$

图 9-13 单层石墨烯电光调制器

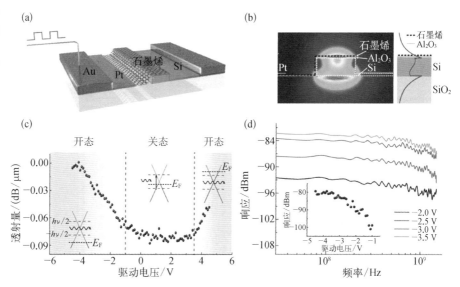

（a）电光调制器的结构示意图;（b）光波导中电场分布模拟图;（c）透射量与驱动电压关系图以及电光调制原理图;（d）器件动态电光响应曲线

$h\nu/2$）,石墨烯的价带没有对应能量的电子被光子激发,所以此时石墨烯不吸收该能量的光子,调制器处于"开"态。另一方面,当 $V_D > 3.8$ V 时,所有对应能量的电子在电压调节下占据导带,由于泡利不相容原理,该能量的光子无法将价带电子激发到已被占据的导带,此时调制器处于"开"态。理想情况下,在 $E_F(V_D) = h\nu/2$ 位置处通过光波导的透射量应该是急速的转变,曲线比较陡直,但是由于衬底对石墨烯影响以及石墨烯中缺陷的散射作用,导致曲线在该位置处展宽变得平坦一些。接着用网络分析仪测量其动态电光响应曲线发现〔图 9-13(d)〕,不同电压下（-2.0 V、-2.5 V、-3.0 V 和 -3.5 V）,调制器对 1.53 μm 波长光的 3 dB 响应带宽分别为 0.8 GHz、1.1 GHz、1.1 GHz 和 1.2 GHz。低频电压下,调制器响应强度随着电压减小而增大,在 -4 V 时有最佳工作状态。

随后,Zhang 等又研究了双层石墨烯电光调制器,与单层石墨烯调制器具有类似调制效果,如图 9-14 所示。当驱动电压为 0 V 时,上下两层石墨烯无掺杂载流子,或者说环境对其有轻微掺杂作用。因此,费米能级靠近狄拉克点,上下两层石墨烯均吸收入射光子。当给双层石墨烯施加电压时,两层石墨烯与中间的 $Al_2O_3$ 绝缘层构成平行板电容器模型,并且一层石墨烯掺杂空穴,而另一层空穴掺杂相同浓度的电子。石墨烯载流子与费米能级变化量的关系为 $\Delta E_F = \hbar v_F(\pi \mid n \mid)^{1/2}d$,其中 $\hbar$ 为约化普朗克常数,$v_F$ 为费米速度,$n$ 为电子或者空穴

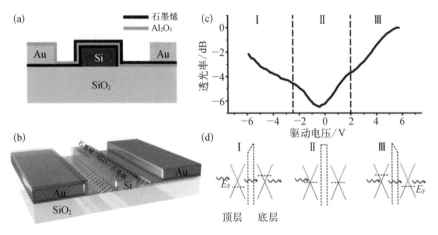

图 9-14 双层石墨烯电光调制器

（a）（b）电光调制器的器件结构示意图;（c）透光率与驱动电压关系图;（d）对应于（c）的电光调制原理图,以及电子能带结构示意图

　　　　　　　　　　　　　　　　　　　　石墨烯的结构与基本性质

掺杂浓度。当上下两层石墨烯的费米能级调节到入射光子能量一半位置处，两层石墨烯均不吸收该能量的光子，同时变成透明。改变驱动电压的符号，仅仅是上下两层石墨烯作为平行板电容器极板的角色互换，最终器件整体在相反电压具有相同的电光响应。而实际测量的透光率随驱动电压变化的曲线不对称，是因为上下两层石墨烯的环境不同，上层石墨烯仅仅是一侧接触 $Al_2O_3$ 层，而下层石墨烯则是两侧均接触 $Al_2O_3$ 层。

传统光学偏振器主要有三类：利用各向异性吸收原理的片状偏振器、利用光折射的棱镜偏振器以及利用反射的布儒斯特角偏振器。这些光学偏振器不便于集成到光回路中。同轴光纤偏振器方便与光纤光路集成，所以光纤偏振器有巨大应用前景和研究价值。此类偏振器利用光纤的双折射原理，或者利用光与光纤表面设置的双折射晶体传导，或者利用金属之间的偏振选择性耦合作用实现偏振效果。由于与光纤光路兼容性好，所以这种偏振器有非常大的应用前景。

Loh 等利用石墨烯覆盖在 D 形光纤表面成功制成石墨烯光纤偏振器，如图 9 - 15 所示。耦合入该光纤偏振器中的光（1550 nm 和 980 nm 波长）表现出 S 偏振效应，偏振消光比高达 27 dB。与基于金属薄膜的光纤偏振器所不同的是，基于石墨烯的光纤偏振器可以支持横电场模式的表面波传输。

这种光纤偏振器的偏振工作原理是基于两种不同传播模式（具有不同偏振状态）的强度损耗不同。在传统二维电子系统中，比如超薄金属薄膜和 GaAs / AlGaAs 量子阱，局域动态电导可以用 Drude 模型描述，$\sigma(\omega) = in_s e^2 \cdot m^{-1}(\omega + i\tau)^{-1}$，其中 $i$、$n_s$、$e$、$m$ 和 $\tau$ 分别为虚数单位、电子浓度、电子电量、电子的有效质量和散射速率。由于 $\sigma(\omega)$ 有正的虚部，所以按照电磁波在金属与绝缘体界面处的边界条件，金属薄膜光纤偏振器中仅支持横磁场（Transverse Magnetic，TM）模式传播，禁止横电场（Transverse Electric，TE）模式传播，而且电磁传播模式对电子或空穴的有效质量比较敏感。但是，石墨烯光纤偏振器结构的情况却完全不同，因为石墨烯的狄拉克电子是没有质量的。石墨烯的动态电导用 Kubo 形式决定，由带内电导 $\sigma_{intra}(\omega)$ 和带间电导 $\sigma_{inter}(\omega)$ 组成，即 $\sigma(\omega) = \sigma_{intra}(\omega) + \sigma_{inter}(\omega)$。由于 $\sigma(\omega)$ 虚部在石墨烯的表面波传播中起重要作用，

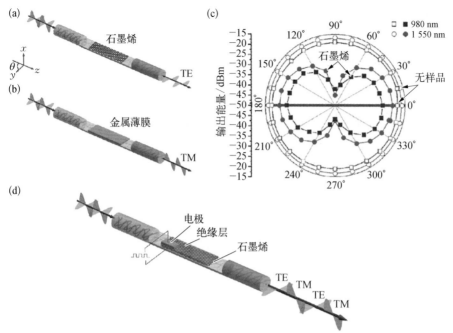

（a）（b）分别为贴覆有石墨烯和金属薄膜的 D 形光纤偏振器的结构示意图及工作原理图；
（c）980 nm 和 1 550 nm 下测试的极坐标图；（d）石墨烯光纤电光偏振器结构示意图，通过改变外加偏
压可以改变输出光的偏振状态

$\sigma_{intra}(\omega)$ 虚部总是正的，所以该石墨烯偏振器中允许 TM 模式传播（假设化学势 $\mu\neq0$）。当入射光子能量 $\hbar\omega/2>|\mu|$ 时，带间光跃迁的贡献会导致 $\sigma_{inter}(\omega)$ 为负数，所以可以支持 TE 模式传播。这个 TE 模式以接近光速沿着石墨烯仅有微弱衰减地向前传播。所以允许 TE 模通过的宽谱石墨烯偏振器需要适当施加偏压。980 nm 和 1 550 nm 的入射光的偏振消光比分别约为 18.3 dB 和 23.6 dB。

Lipson 研制出一种基于石墨烯光学谐振腔的电光调制器，它是通过调节光学谐振腔的光损耗来调节光波导的耦合效率达到电光调制效果，其工作带宽为 30 GHz，调制效率为 15 dB（在 10 V 时），如图 9‑16 所示。图 9‑16（a）～（c）为基于石墨烯光学谐振腔的电光调制器结构示意图。由于碳化硅比硅具有更低的光损耗和透明度，所以用碳化硅材料制作成截面为 1 $\mu$m×3 nm、半径为 40 $\mu$m 的环形谐振腔。环形谐振腔与主线波导之间有 200～900 nm 宽的耦合缝隙。环形

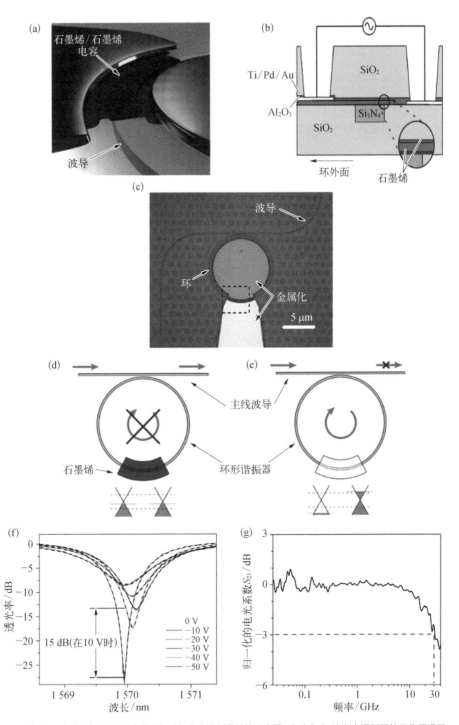

图 9- 16 基于石墨烯光学谐振腔的电光调制器

（a）～（c）基于石墨烯光学谐振腔的电光调制品结构示意图；（d）（e）该电光调制器的工作原理示意图；（f）光波导系统在不同栅压调制下的透光率和波长关系图；（g）调制器的工作频率带宽图

谐振腔表面制作有石墨烯/$Al_2O_3$/石墨烯的三明治结构，CVD 法制备的石墨烯薄膜被转移到谐振腔表面，两层石墨烯中间蒸镀有 65 nm 厚的 $Al_2O_3$ 绝缘层，最后用电子束刻蚀方法分别在两层石墨烯边缘制作 Ti/Pd/Au 电极。此三明治结构通过电压可以改变石墨烯的费米能级位置，进而改变石墨烯的透光率（或者吸光率），达到调控环形谐振腔的光损耗的目的。图 9-16(d)(e) 为其工作原理示意图，该谐振器包括了两部分，一部分是覆盖有石墨烯的环形谐振器，另一部分是主线波导。低损耗系统比高损耗系统更加容易使耦合光通过，通过改变谐振腔的损耗大小就能控制耦合光是否通过谐振腔。由于石墨烯覆盖的环形谐振腔具有高的光损耗，它阻止光通过环形谐振腔，所以此时光将全部通过主线波导。而当石墨烯被电压调节变成透明之后，环形谐振腔损耗降低，大部分光将耦合通过环形谐振腔再耦合进入主线波导。

在 0 V 偏压下，双层石墨烯吸光，所以环形谐振腔有较大光损耗，光被耦合通过主光波导，整个系统的透光率较高。当给石墨烯施加电压时，双层石墨烯被掺杂载流子导致费米能级移动到入射光子能量一半位置以外，所以石墨烯不吸收该能量的光子，环形谐振腔光损耗变小，光被耦合进入环形谐振腔中，不再通过主线波导，所以整个系统的透光率降低，该效应还可以用来制作高灵敏全光开关。如图 9-16(f) 所示，不同调制电压下，光波导系统的透光率不同，10 V 电压下透光率有 15 dB 的变化。如图 9-16(g) 所示，受到石墨烯电容尺寸的限制以及石墨烯电阻和石墨烯/金属接触电阻影响，该系统的小信号射频带宽大约为 30 GHz。

一种有效的光电场控制的方法就是利用石墨烯的等离激元（耦合的激发光子与电荷）。石墨烯的等离激元以及相关的光场调控可以通过电学调制石墨烯载流子浓度实现。表面等离激元是沿着金属表面区域传输的一种自由电子和光子相互作用形成的电磁振荡。石墨烯也可以激发表面等离激元。事实上，由于石墨烯中表面等离激元集体共振的二维特性，所以石墨烯的表面等离激元比金属的要更强。Koppens 等利用散射型扫描近场光学显微镜（Scattering-type Scanning Near-field Optical Microscopy，Scattering-type SNOM）实现了石墨烯传播等离激元和局域等离激元的时间空间成像，发现等离激元的波长很短，比激发光波长短 40 多倍。利用这种强的光场限域作用可以将石墨烯纳米结构变为一个可调谐的小模体积的谐振等离激元微腔。这种微腔的谐振态可以通过电压调节石墨烯进行调控，可以完全地打开和关闭等离激元的模式。如图 9 - 17（a）所示，用 AFM 金属针尖接触石墨烯纳米带，然后用红外激光照射针尖，在记录石墨烯形貌的同时记录背散射光信号，得到纳米尺度可分辨的近场成像图，如图 9 - 17（b）（c）所示。图像中最有趣的一点是平行石墨烯带边缘出现了指纹形的图案，且强度最大位置距离边缘有约为 130 nm 的恒定值。针尖的红外近场局域地激发辐射表面波，沿着表面传播并在边界处被反射，部分传播到针尖处，这样就出现干涉现象。通过记录被针尖散射的正向和背向传输的等离激元的干涉图案，由此可知等离激元的干涉增强位置离边缘的距离应该为等离激元波长 $\lambda_p$ 的一半，即 $\lambda_p/2 = 130$ nm。所以表面等离激元的波长 $\lambda_p$ 为 260 nm，这比激发光波

图 9 - 17 石墨烯表面等离激元的电光调制

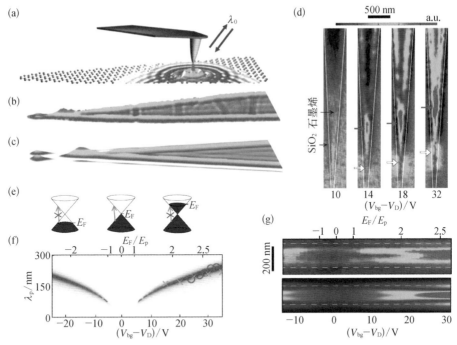

（a）入射光激发石墨烯纳米带产生表面等离激元的工作原理示意图；（b）（c）石墨烯纳米带表面等离激元的近场成像图和光学态密度的模拟计算图；（d）通过不同栅压调制的石墨烯表面等离激元的强度分布图；（e）不同栅压下的石墨烯电子能带结构示意图；（f）对应（d）中白色箭头标记的局域模式谐振态的表面等离激元波长与栅压的关系图；（g）不同电压下的局域模式谐振态的近场成像图（上图）和光学态密度的模拟计算图（下图）

长 9.7 $\mu m$ 还要小 40 多倍。

石墨烯表面等离激元最吸引人的优点就是可以原位地电压调控和开关纳米尺度的光场。通过在石墨烯带施加垂直电场可以有效地电调控纳米尺度的光场。锥形的石墨烯纳米带覆盖在 $SiO_2$ 基底表面,在 $SiO_2$ 层下面有导电硅层作为底栅结构。通过施加背栅电压 $V_{bg}$,可以改变石墨烯的载流子浓度和费米能级,$E_F \approx (V_{bg} - V_D)^{1/2}$,其中 $V_D$ 为将石墨烯费米能级调节到狄拉克点位置需要的电压(或者说是将石墨烯掺杂调节为本征掺杂状态需要的电压)。如图 9-17(d) 所示,当等效栅压 $(V_{bg} - V_D) > 10$ V 时,石墨烯纳米带中出现两个局部谐振态,用白色和红色箭头标记。继续增加栅压 $V_{bg}$,发现谐振态(信号最强点)会向锥形石墨烯纳米带较宽的一端移动,也就是说表面等离激元的谐振波长 $\lambda_p$ 随着栅压 $V_{bg}$(石墨烯的载流子浓度或者说费米能级)增加而变大。表面等离激元的波长 $\lambda_p$ 与等效栅压 $(V_{bg} - V_D)$ 呈依赖关系,如图 9-17(e)(f) 所示。

通过栅压可以调控石墨烯纳米带中的表面等离激元的出现和消失,即像开关一样可以控制。如图 9-17(d)(g) 所示,在石墨烯狄拉克点位置(即等效栅压为零,$V_{bg} = V_D$)时,石墨烯纳米带没有表面等离激元存在(与衬底相比较)。当增加石墨烯载流子浓度[费米能级位置或等效栅压 $(V_{bg} - V_D)$],表面等离激元的模式重新出现。

基于石墨烯的电光调制器,还有其他许多种器件结构,但是其基本调制原理均是利用了石墨烯在栅压下可以改变载流子浓度,调节费米能级的位置,进而改变对某波长的吸光率。石墨烯由于是一种二维材料,并且具有很高载流子迁移率、透光率和宽波长范围光响应等特点,因此基于石墨烯的电光调制器均继承了石墨烯这些特点而具有较宽工作带宽和较高的调制速度等特点。总之,石墨烯电光调制器有望接替传统硅半导体而成为下一代集成电路和光路的基础材料。

# 9.5 石墨烯的光电探测

光电探测器将光信号转换为电信号,是众多科技的核心,如光通信、视频和生物医学成像等领域。对于光电探测应用,石墨烯主要有两个优势:(1) 石墨烯表现出超快的载流子动力学,使光电信号皮秒转换成为可能,可应用于高数据速率的光学通信网络;(2) 石墨烯具有超宽的光学响应范围及电光可调特性,这使得它成为光电探测的有吸引力的材料,尤其在探测材料尚缺的太赫兹和中红外波段。

光电探测器的基本原理大致分为光伏效应、光热电效应和辐射热效应等。其中光伏效应和光热电效应是半导体光电探测器的主要机理。光伏效应是入射光照射到器件上时,半导体层吸收光产生的电子-空穴对并在外电场下分离形成光电流的效应。读取光电流的变化就可以检测光信号的信息,达到光电探测目的。实验证明石墨烯/金属界面有很强的光响应,尽管石墨烯没有带隙,但是其光电转换的内量子效率也有 15%～30%,而且理论上石墨烯光电探测器的工作速度可超过 500 GHz。虽然石墨烯光电探测优势明显,其具有电子迁移速率高、光谱探测范围广和容易制作等优点,但劣势也较明显。例如吸光率低,缺乏光增益机制而导致石墨烯光电探测器光响应率低,石墨烯光生载流子寿命短(皮秒左右)导致光生载流子难以收集,影响光响应率。目前大多是将石墨烯与其他材料结合制作光电探测器。

在早期研究中,光电流产生于石墨烯与漏源极的接触点处。由于接触电极和石墨烯的功函数差异,两者之间发生电荷转移从而产生内建电场。通过选择合适的金属电极或者静电掺杂,可以调节内建电场。靠近石墨烯 pn 结和单/双层石墨烯界面光响应被证明是与光电效应和光热电效应有关,其中光热电效应的影响更为明显。由于石墨烯场效应晶体管中的光电流仅在触点附近产生,使用非对称插指结构可以增加有效的光电探测区域[图 9-18(a)]。对于传统的金属-半导体-金属型的探测器,可以在漏源极之间施加电压来打破器件的镜像对称性,但这不再适用于石墨烯器件,因为石墨烯的低电阻会导致大的暗电流。人们通过采用非对称金属电极方案来破坏石墨烯场效应晶体管沟道中的内部电场分布的镜像对称性,实现了暗电流接近 0 μA 和响应度高达 6 mA/W。

为了进一步增强光和单层石墨烯之间的相互作用并增加光响应,目前报道的方式主要有三种。(1) 将石墨烯集成到光学腔中。通过在石墨烯上下面设置光学振荡腔,使得光能够多次穿过石墨烯进而增强光与石墨烯相互作用。腔集成使用分布式布拉格反射镜、金属镜或者光子晶体实现。(2) 通过激发表面等离子波增强光与石墨烯相互作用,如上节所述,通过放置金属纳米结构靠近接触点或通过利用石墨烯的集体电荷振荡来实现。不同宽度石墨烯纳米带阵列也被证明可用于可调中红外光电探测器。(3) 将光引入硅波导中形成多次反射增强光与石墨烯相互作用。利用波导结构增强了光与石墨烯的相互作用距离和面积,充分增强了石墨烯的光吸收。图 9-18(b)显示了石墨烯-硅基混合波导结构用于光子集成电路。硅波导中的光学模式通过隐失波耦合到顶部的石墨烯,光电流信号产生于电极和石墨烯之间的界面,被驱动朝向接地端。为了避免信号电极位置的光吸收所造成的信号损失,人们设计了一对非对称的电极来产生非对称的电势并用于石墨烯-硅基光电探测器[图 9-18(c)]。其中一个电极足够靠近波导边缘从而有效地分离结点处的光激发电子-空穴对,另一个接地电极放置在更远位置处以破坏器件结构对称性。它所产生的非对称的电势减少光生载流子的复合效率,增加光生载流子的收集效率。结果显示,从 O 光波段到 U 光波段(包括光学通信窗口),此石墨烯-硅基光电探测器结构的光响应几乎是平坦的,远远超出了锗的波长范围的探测器。据报道,该石墨烯探测的带宽为42 GHz,响应度为0.36 A/W(有偏压)和 0.08 A/W(无偏压)。

为了进一步提高石墨烯-硅基混合集成光电探测器的响应度和工作带宽,密歇根大学的 Zhong 研究组于 2014 年提出了双层石墨烯异质结光电探测器,如图 9-18(d)所示。该探测器由两层石墨烯和位于其间的隔离层组成。当光线照射到顶层石墨烯时,装置产生"热"电子,同时受高能量的影响产生带正电的空穴。而后在量子隧穿效应下,电子穿过中间的绝缘层,到达底部的石墨烯层。此时,留在上层石墨烯上的带正电空穴会产生电场,并对下层石墨烯的电流产生影响。通过测量电流的变化,就能推断出照射在上层石墨烯上的光的亮度。同时,在该探测器结构中,底层石墨烯作为场效应晶体管的沟道材料,通过场效应晶体管能够将石墨烯产生的微小电流信号放大(达到 1 A/W 的光响应度),从而克服了石墨烯天然的低灵敏度问题,并在室温下实现了从可见光到中红外的超宽工作带宽石墨烯-硅基混合集成光电探测器的发展,为实现廉价且可大规模集成的片上光电探测器提供了可实用的方案。近年来,石墨烯-硅基混合光电探测器一直朝着具有宽光谱、高响应度、高响应速度、低暗电流、小尺寸且可在室温工作的方向发展。现阶段,石墨烯-

硅基混合集成光电探测器的研究和发展已经较为成熟,研发同时具备以上所有优点且真正可商用的石墨烯-硅基混合光电探测器已成为新的研究目标。

图 9 - 18

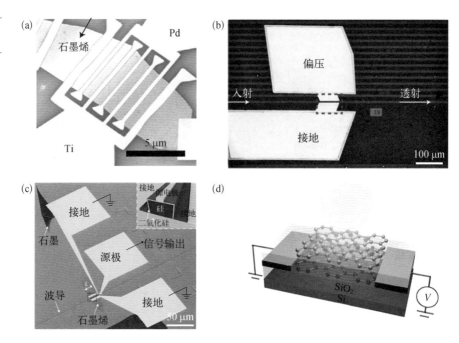

（a）非对称插指结构光电探测器的器件结构意示图；（b）石墨烯-硅基混合光电探测器的显微镜图；（c）石墨烯-硅基混合光电探测器的 SEM 图（石墨烯和电极分别用褐色和金色填充）；（d）双层石墨烯异质结光电探测器的器件结构示意图

Avouris 等设计的石墨烯光电探测器工作在 1 550 nm 时有 6.1 mA/W 的响应度以及 10 Gbit/s 光数据链传输能力。该石墨烯光电探测器在光电探测相关的数字传输具有巨大潜力。其结构如图 9 - 19(a)所示,在 300 nm 厚的 $SiO_2$ 基底表面转移有单层、双层或者三层石墨烯,在石墨烯表面每间隔 1 $\mu$m 交替蒸镀宽度为 250 nm 的 Ti/Au(20 nm/25 nm 厚度)金属电极和 Pd/Au(20 nm/25 nm 厚度)金属电极。该石墨烯探测器的 Pd/Au 电极、Ti/Au 电极和基底的导电硅分别构成场效应晶体管的源电极、漏电极和底栅电极。交替手指形的金属电极可以产生增强的光探测区域,金属电极之间的电势差(内建电场)可以快速地分离和导走石墨烯的光生载流子。如果这些交替的相邻金属电极用相同类型金属的话,它们之间形成的内建电场是对称的,收集的总光生电流就为 0 $\mu$A。这里,使用不同类型的金属电极打破内建电场的对称性，每一对电极收集的光生电流对总光电流都有贡献，极大地增加了收集效率。

图 9-19

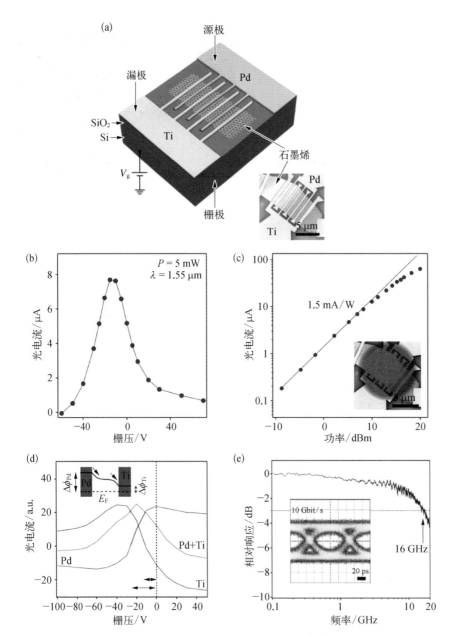

（a）非对称插指结构的石墨烯光电探测器的器件结构示意图；（b）光电流随栅压变化曲线图；（c）探测器收集的光电流与入射光功率的变化曲线图；（d）蓝色（红色）曲线为 Pd 电极（Ti 电极）附近的光电流峰值强度随栅压变化曲线图，绿色曲线为总的光电流随栅压变化图；（e）该石墨烯光电探测器的工作光响应曲线

不同栅压 $V_g$ 调控下,石墨烯光电探测器收集到的光生电流信号不同,费米能级位于光子能量一半处时光电流最强,如图 9-19(b)(d)所示。光电流随着入射光功率的增加而增加,当光功率足够大时,由于屏蔽效应导致光电流出现饱和现象,如图 9-19(c)所示。在 5 mW 的 1550 nm 光照射条件下,用光波元器件分析仪(Light Wave Component Analyser)和网络分析仪(Network Analyser)测得该石墨烯光电探测器具有 16 GHz 的工作带宽(3 dB 带宽)。事实上,由于高的载流子迁移率和饱和速率的原因,器件的工作带宽极限并没有达到载流子输运时间极限,反而是受到器件的 RC 常数限制(R 和 C 分别是电路的等效电阻和等效电容),所以减小回路的 RC 常数可以进一步提高实际器件的样品频率和带宽。利用伪随机比特序列发生器(Pseudo-Random Bit Sequence Generator,PRBS Generator)模拟实际的光通信过程,首先仪器产生 10 Gbit/s 的电比特数据流调控 1550 nm 的光之后,经调制的光信号经过掺铒光纤的光强放大之后照射到此石墨烯光电探测器上,输出的电学信号经放大输入示波器,最终获得"眼睛图案"。如图 9-19(e)插图所示,可以清晰观察到 10 Gbit/s 的数据图案,这表明石墨烯光电探测器已经可以应用在实际的光信息通信中。

Tredicucci 等用石墨烯制作了太赫兹光电探测器(太赫兹波是指频率为 $0.1\sim10$ THz 的电磁波,对应 $3000\sim30$ $\mu$m 的波长,$1$ THz $=1\times10^{12}$ Hz)。许多非金属、非极性材料对太赫兹波的吸收较小,因此结合相应的技术,利用太赫兹射线可以探测材料内部信息,使其在安全检查方面具有独特优势。例如,陶瓷、塑料和泡沫等材料对太赫兹波是透明的,因此太赫兹波成像技术可以作为 X 射线的非电离和相干的互补辐射源,可用于机场、车站等地方的安全监测。极性物质,比如水,对太赫兹波吸收比较强,可以利用这一特性分辨生物组织的不同状态,比如动物组织中脂肪和肌肉的分布、诊断人体烧伤部位的损伤程度以及植物组织的水分含量分布等。Tredicucci 制作的基于石墨烯场效应晶体管结构的太赫兹光电探测器,可以在室温下实现大面积的快速成像(0.3 THz 的工作波长)。机械剥离法制备的石墨转移到 SiO$_2$/Si 基底上,并用光刻方法制作出环形齿状的周期性天线结构作为场效应晶体管的源电极。如图 9-20(a)所示,在衬底表面

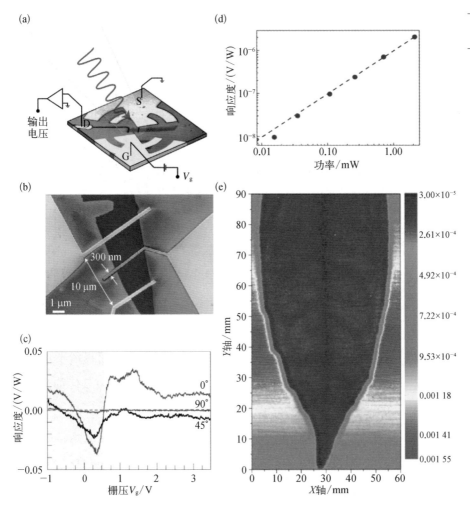

图 9-20

（a）（b）基于石墨烯场效应晶体管的太赫兹波探测器的器件结构示意图和扫描电子显微镜伪彩色图；（c）入射太赫兹波偏振方向与天线方向的不同夹角下，探测器响应度与栅压的变化关系曲线；（d）探测器响应度与入射光功率的变化曲线图；（e）探测器探测到的树叶图像

蒸镀 35 nm 厚的 $HfO_2$ 绝缘层和金属，之后用电子束刻蚀技术刻蚀成天线的一个叶片并作为顶栅电极。该场效应晶体管的沟道长度为 7 $\mu$m 和 10 $\mu$m。

基于单层石墨烯场效应晶体管的太赫兹光电探测器的响应度是栅压 $V_g$ 的函数，源电极和漏电极之间的入射太赫兹波偏振方向与天线方向夹角不同，其响应度不同，这说明偶极天线的有效性，如图 9-20（c）所示。响应度在栅压 $V_g = 0$ V 附近发生符号的转变，这表明该太赫兹光电探测器的光响应属于热电效应。探测器表面的石墨本身是 p 型掺杂的,而当栅压改变沟道中的石墨烯为 p 型或者 n 型,这样整个石墨烯薄膜就变为 p-p-p 型或者 p-n-p 型。入射的太赫兹波照射到在源漏电极之间的石墨烯结附近,由于天线的存在,该区域的石墨烯通过自由电子吸收或者晶格振动被更有效地"加热"了,最终导致光热电效应。而在基于双层石墨烯场效应晶体管的太赫兹光电探测器的响应度随栅压变化的曲线中并没有这种符号的改变,究其原因是双层石墨烯的响应原理属于光伏效应。太赫兹振荡电场进入石墨烯场效应晶体的源漏电极之间会产生电荷密度和载流子迁移速度的调制。载流子会在源漏极之间向漏电极移动并产生连续的电压差。入射的太赫兹波在探测器中产生的电压正比于太赫兹光强,并且利用太赫兹穿过物体之后的强度分布可以直接对物体成像,如图 9-20(e) 所示,树叶在室温下 0.3 THz 太赫兹波成像。随着石墨烯探测器,特别是红外和太赫兹波段的光电探测器的深入研究和快速发展,综合运用各种手段,发挥石墨烯优势,在一定程度上弥补石墨烯劣势,相信石墨烯探测器必将走向实际应用,在将来信息时代发挥重要作用。

## 9.6  石墨烯的光发射

据研究报道,通电流的石墨烯可以热辐射红外光,人们通过栅压改变石墨烯费米能级可以调节热辐射的空间分布。而石墨烯的可见光辐射研究比较少。2015 年,Park 等研究了悬浮石墨烯的电致发光性,石墨烯通电之后可以发射高亮度的可见光,如图 9-21 所示。由于很强的 UmKlapp 效应导致高温下的石墨烯热导率降低到约 65 W/(m·K),横向传输的热量被抑制,所以热电子(约 2 800 K 温度)就被限制在石墨烯薄膜的中心区域,这极大地增加了热辐射效率(1 000 多倍)和亮度。另外,在悬浮石墨烯与基底之间存在间隙,热辐射光波在缝隙中发生干涉现象,导致不同间隙深度辐射不同波长的光。

图 9-21

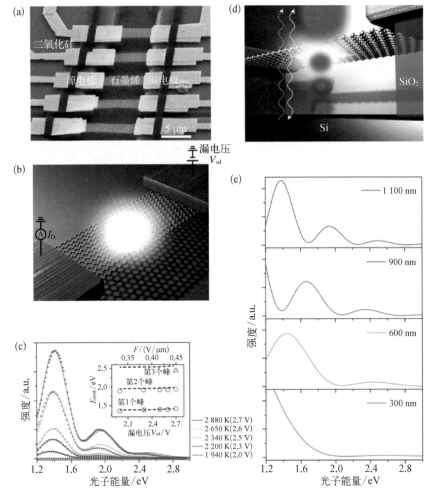

（a）悬浮石墨烯器件的伪彩色扫描电子显微镜图像；（b）悬浮石墨烯电致发可见光示意图，发光点局域在石墨烯中心区域；（c）单层石墨烯的电致发光光谱图；（d）石墨烯与基底的间隙引起石墨烯电致发光的干涉效应原理示意图；（e）间隙深度不同导致石墨烯电致发光的不同波长的光发射

## 9.7　本章小结

　　石墨烯集诸优点于一身，包括非常优异的力学、热学、光学和电学性能，已然成为 21 世纪最具潜力的材料！虽然无带隙是其应用的瓶颈，但瑕不掩瑜，其超高电子迁移率、超薄厚度和超高光学透明度等优点激发了人们无比强烈的研究

激情。虽然离实际应用尚远,但目前人们已经发现许多打开带隙的方法,譬如施加外加垂直电场、使用双层转角石墨烯和石墨烯纳米带等方法。

石墨烯电学调制效应显著,光学和电学响应极其迅速,再加之非常宽的光谱响应范围,这些优点使其非常适用于光学和光电子学器件领域。比如石墨烯/导电硅异质结可用作宽谱高速高灵敏光电探测器,石墨烯同质 pn 结属于光热电效应可作为高效太阳能捕获器,基于石墨烯场效应原理可用作宽光谱高速电光调制器,宽谱响应特性使其可作为高效的太赫兹光电探测器,以及石墨烯还可以作为微型光发射器等。

石墨烯是一种极其优秀的二维光学材料和电学材料。它的独特性质可以将信号发射、传输、调制和探测在同一种材料中实现。石墨烯比硅有更多优势,比如更高的热导率、更高的光损伤阈值、更快的响应速度、更宽的响应范围以及更高的非线性光学效应等。因此石墨烯或者石墨烯与硅的复合光学器件和光电子器件具有巨大的应用前景,非常有可能取代硅基半导体,从而进入碳基半导体时代。

第 10 章

石墨烯异质结构

2004 年，Geim 课题组利用机械剥离的方法首次获得了单层石墨烯，证明二维材料可以稳定存在，并在石墨烯中观测到很多奇特的物理性质，做出了很多开创性的工作。石墨烯具有很多优异的物理性能，然而其狄拉克锥形能带结构在赋予它奇异性能的同时，零带隙成为一个石墨烯致命的缺点——没有带隙，就意味着没有办法关闭石墨烯沟道，这在很大程度上限制了石墨烯在电子学及光电子学领域的应用。一方面，研究者在不断探索打开带隙的方法，另一方面，其他新型二维材料不断被发掘，如绝缘材料六方氮化硼（h‐BN）、半导体过渡金属硫族化合物（Transition Metal Dichalcoginides，TMDs）、黑磷、GaSe、InSe，金属 $NbS_2$，超导体 $NbSe_2$、FeSe、$Bi_2Sr_2CaCu_2O_{8+x}$等。其中 h‐BN 以及 TMDs 受到了极大的关注。尤为有趣的是，当石墨烯与这些二维材料堆叠到一起形成范德瓦尔斯异质结，或者面内拼接到一起形成平面异质结时，不仅材料本征的局限性可以被打破，还可以实现很多新奇的性能。同时石墨烯也可以与三维材料、一维材料及零维材料形成异质结构，实现各种功能性（图 10‐1）。本章将对各种不同异质结的性能以及潜在应用进行讨论。

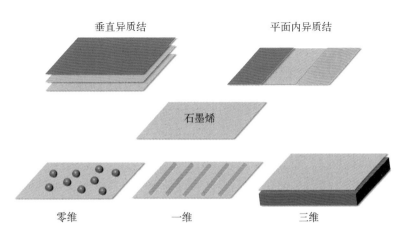

图 10‐1 石墨烯异质结构示意图

垂直异质结　　　　　平面内异质结

石墨烯

零维　　　　　一维　　　　　三维

## 10.1 石墨烯垂直异质结

垂直异质结也称为范德瓦尔斯异质结,即构成异质结的材料之间通过范德瓦尔斯力相互作用。在石墨烯垂直异质结中,由于石墨烯表面没有悬键,石墨烯与另外一种材料在界面处不会成键,故而垂直界面的载流子迁移率会远小于面内载流子迁移率。但是电荷转移仍然会通过隧穿或者跳跃在界面处发生。

由于垂直异质结是通过范德瓦尔斯力将两种材料结合到一起,故而对材料的晶体结构没有严格的限制,这使得多种多样的垂直异质结走入人们的视野,也使得构筑复杂垂直异质结成为可能。

### 10.1.1 石墨烯/氮化硼异质结

在基于石墨烯的异质结中,石墨烯/氮化硼范德瓦尔斯异质结是被研究的最广泛和深入的一员。氮化硼具有多种晶体结构,其中最为稳定的是六方氮化硼,通常简写为 h‐BN。h‐BN 也被称为白色石墨烯,具有类似于石墨烯的层状结构,层内为硼原子(B)和氮原子(N)交替排列而成的六方晶格点阵,B、N 原子间距为 0.145 nm,与石墨烯非常接近(0.142 nm),层间距为 0.333 nm。h‐BN 的堆叠方式为 ABA 型,即上层 B 原子与下层 N 原子对准。与石墨烯不同的是,h‐BN 是绝缘体,带隙约为 5.97 eV(图 10‐2)。

通常所用的是 $SiO_2$ 基底,由于其表面较大的粗糙度、带电杂质以及能量较小的光学声子会对石墨烯中的载流子造成剧烈散射,使得 $SiO_2$ 基底上石墨烯器件无法表现出预期的本征特性。尽管悬浮石墨烯可以提升器件的性能,但是会很大程度地限制器件的结构及功能性。因此,研究人员一直在努力寻找一种可以替代 $SiO_2$ 的基底。二维材料的特性使 h‐BN 表面没有悬键,具有原子级平整的特点,加之其具有非常好的化学稳定性、较大的光学声子能量及宽带隙,可以说 h‐BN 是一种完美基底。h‐BN 基底不仅可以提高石墨烯的迁移率,同时可以

图 10 - 2　h - BN 的原子结构及能带结构

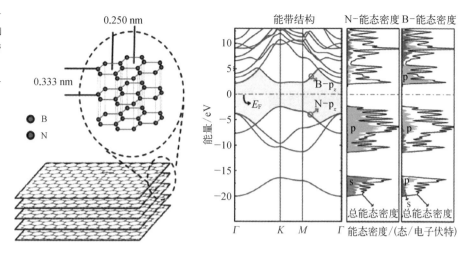

实现石墨烯很多奇异的特性,例如分数量子霍尔效应、自旋霍尔效应和反常量子霍尔效应等(详见第 2 章)。

另外,石墨烯/h - BN 范德瓦尔斯异质结的电子结构与两者间堆叠角度密切相关。石墨烯与 h - BN 之间的晶格失配及相对转角会形成周期性的摩尔条纹[图 10 - 3(a)]。对于一个相对转角 $\theta$,摩尔条纹的周期 $L = (1 + \delta)a / \sqrt{2(1 + \delta)(1 - \cos\theta) + \delta^2}$,其中 $a$ 为石墨烯的晶格常数,$\delta$ 为石墨烯与 h - BN 的晶格失配度。当石墨烯和 h - BN 晶格完全对齐时,摩尔条纹的周期最大,约为 14 nm,随着晶向夹角变大,周期迅速变小。通过原子力显微镜的表征,摩尔条纹在空间上具有约 20 pm 的高低起伏,即图 10 - 3(a)中深色区域内的碳原子离 h - BN 基底更近,范德瓦尔斯作用力更强。摩尔条纹的存在,可以看作是 h - BN 给石墨烯施加一个微弱的周期性势场,其对石墨烯中电子的运动能够产生很大的影响。首先,它会在石墨烯的导带及价带中诱导产生超晶格狄拉克点(Superlattice Dirac Point,SDP)[图 10 - 3(b)],实验中通过扫描隧道谱、输运测量以及角分辨光电子能谱等手段均观测到 SDP。图 10 - 3(c)为不同周期摩尔条纹下石墨烯的微分电导谱,红色曲线对应摩尔条纹周期为 13.4 nm,黑色曲线周期为 9.8 nm,箭头所指位置即为对应 SDP 的位置。SDP 偏离狄拉克点的能量与摩尔条纹的周期有密切关系,周期越小,偏离越多。h - BN 对石墨烯施加一个微弱的长程周期性势场的同时,会局域地打破石墨烯晶格的空间反演对称性,因此会在狄拉克点打开一个带隙（可以高达约 27 meV）。带隙的大小与石墨烯和 h‑BN的相对角度有关，相对转角越大，带隙越小（详细内容见第 7 章）。

图 10‑3　石墨烯／h‑BN 超晶格结构

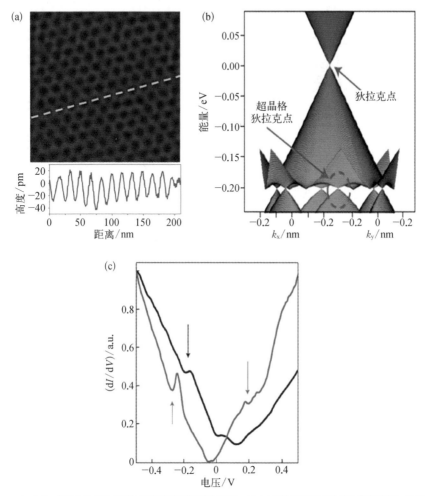

（a）h‑BN 上外延生长的石墨烯所形成的摩尔条纹；（b）石墨烯在周期势场下的能带图，蓝色箭头所指为石墨烯的本征狄拉克点，红色箭头为新出现的超晶格狄拉克点；（c）不同周期摩尔条纹下石墨烯的微分电导谱，红色曲线对应摩尔条纹周期为 13.4 nm，黑色曲线周期为 9.8 nm，箭头所指位置即为对应超晶格狄拉克点的位置

而在高磁场下，h‑BN 与石墨烯形成的异质结构则表现出更为奇特的性质。当电子在周期势场中运动时，其原本连续的能带会重整成一系列分立的能带，即布洛赫能带；在二维系统中，电子在磁场中运动时，其原本连续的能带也会形成

一系列分立的朗道能级。Hofstadter 指出，当二维电子气同时处于周期电场以及磁场中时，会形成分形的能谱，即所谓的 Hofstadter's butterfly。具体到实验上，调节磁场强度，当一个周期势原胞内填充到一个量子磁通 $h/e$ 时，完成能带的一次分形。然而，真正在实验上观测到这一现象有很大的难度。在普通的晶体中，电子的周期势来源于晶体的晶格，这个周期通常小于 1 nm。在这种情况下，需要超过 1 000 T 的磁场才能实现一个量子磁通的填充，这是目前的实验条件所无法达到的。另一方面，可以人工地给二维电子气施加周期势，但是目前的技术手段很难将周期做到 100 nm 以内。这就导致所需要的磁场非常小，不足以克服实验中其他方面因素的干扰，例如热涨落、缺陷等。而石墨烯与 h-BN 形成的摩尔条纹，其周期可以达到十几个纳米，为 Hofstadter's butterfly 的观测提供了可能。如图 10-4 所示，在双层石墨烯与 h-BN 的异质结构中观察到了非常漂亮的分形能谱图。

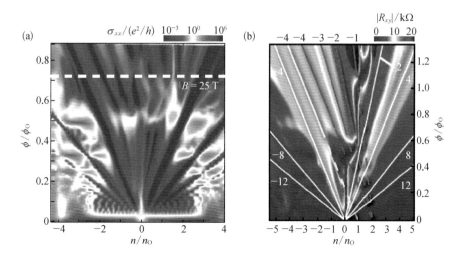

图 10-4　磁场下的　Hofstadter's butterfly 能谱

　　石墨烯/h-BN 异质结构表现出很多奇异的物理性质，在电子、光电子领域有很多应用。石墨烯的零带隙使得基于石墨烯的场效应晶体管（Field Effect Transistor，FET）具有很低的开关比，因此无法满足集成电路的需求。而 h-BN 是绝缘体，具有很大的带隙。将石墨烯和 h-BN 垂直堆叠，做成垂直结构场效应晶体管，结构如图 10-5(a) 所示。由 h-BN 薄层（约 1 nm）作为阻隔层将两个石墨烯电极分隔开,即可以实现器件的开关。当在硅基底与下层石墨烯之间加一个栅压 $V_g$,上下两层石墨烯中的载流子浓度均增大,石墨烯特殊的能带结构使得栅压对费米能级的调控更为显著;在两层石墨烯间施加一个偏压 $V_b$ 即可产生隧穿电流,如图 10-5(b)～(d)所示。在这样的器件中(h-BN 层数为 4～7 层),当 $V_g$ 足够大时有可能实现开关比大于 $10^4$。用 h-BN 作为阻隔层存在一个问题,即隧穿势垒太大,故而需要较大的 $V_g$。当 h-BN 被 TMDs 材料替换后,器件的性能还可以进一步提升,我们将在后面的章节中详细介绍。

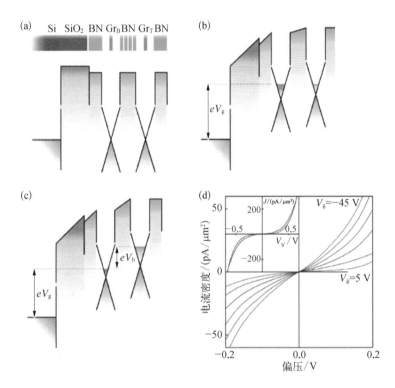

图 10-5 石墨烯/h-BN 垂直结构场效应晶体管

（a）器件的结构示意图（上）及零栅压下对应的能带结构图（下）；（b）一定栅压及零偏压下的能带结构图；（c）一定栅压及偏压下的能带结构图；（d）不同栅压下电流密度随偏压的变化,插图为栅压为 5 V 时实验值与理论计算结果的比较

## 10.1.2　石墨烯/过渡金属硫族化合物异质结

继石墨烯的发现之后,过渡金属硫族化合物(TMDs)是目前研究最为广泛的二维

　　　　　　　　　　　　　　　　　　　　　　　　石墨烯的结构与基本性质

半导体材料体系。过渡金属硫族化合物化学式可简单地表达为$MX_2$，其中 M 代表过渡族金属元素，包含 Mo、W 及 Nb 等[图 10 - 6(a)]，X 则代表的是硫族元素(S、Se 及 Te 等)。过渡金属硫族化合物最常见的晶体结构为 2H 结构和 1T 结构。与石墨烯不同的是，TMDs 是由上下两层硫族原子(X)和中间的过渡族金属原子(M)形成的三明治结构。层与层之间通过范德瓦尔斯力结合形成块状晶体。在 2H 结构中，上下两层硫族原子占据相同的位置，即上层硫原子位于下层硫原子的正上方；而 1T 结构中，上层硫族原子位于下层硫族原子的空隙处[图10 - 6(a)]。不同元素构成的 TMDs 具有不同的结构，因而会表现出不同的材料性质。这里我们聚焦于 $MoS_2$、$MoSe_2$、$WS_2$ 及 $WSe_2$ 等几种具有 2H 结构的半导体材料。这些材料具有非常相似的电子能带结构，块体材料具有间接带隙，随着层数减少，间接带隙逐渐变大，而单层材料则为直接带隙材料[图 10 - 6(b)]。有趣的是，在这些材料中，价带顶和导带底位于第一布里渊区顶点——$K$ 点及 $K'$ 点[图 10 - 6(c)]。这使得过渡金属硫族化合物具有一个新的自由度——谷自由度，对人们研究和发展谷电子学及相关应用具有重要价值。

图 10 - 6　过渡金属硫族化合物结构及性质

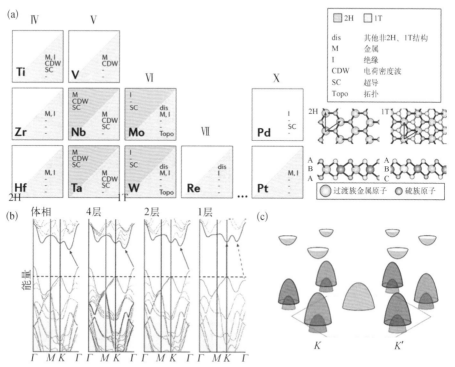

前面谈到,零带隙是限制石墨烯在电子、光电子器件方面应用的主要问题之一。而大多数单层 TMDs 材料为直接带隙的半导体材料。可以说,石墨烯和TMDs 是两种互补的材料,故而石墨烯/TMDs 垂直异质结构成为广大研究者最为热衷的研究体系之一。首先,用 TMDs(以 WS₂ 为例)取代 h‐BN 作为垂直结构场效应晶体管里的阻隔层[图 10‐7(a)],当没有栅压或者偏压时,石墨烯中的费米能级位于 WS₂ 导带底。施加一个负偏压使费米能级下移,进而提高隧穿势

图 10‐7 石墨烯/WS₂垂直结构场效应晶体管

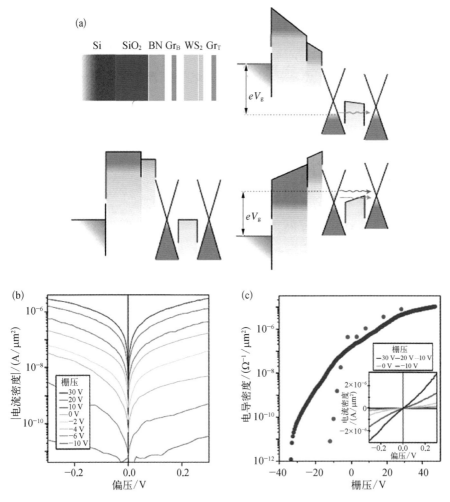

(a)器件结构示意图,以及无栅压、负栅压与正栅压下的能带示意图,红色为热电子,蓝色为隧穿载流子;(b)不同栅压下电流密度随偏压的变化;(c)红点为零偏压下电导随栅压的变化,蓝点为偏压为 0.02 V 下的电导,插图为不同栅压下电流密度随偏压的变化

垒,此时器件处于关闭状态。施加一个正偏压使费米能级上移,进而降低隧穿势垒或者跨越势垒,此时器件处于打开状态。由于阻隔层势垒相对较低,利用栅压调控石墨烯费米能级进而调节隧穿电流的能力大大增加[图 10 - 7(b)(c)],所以在这样的器件(4~5 层 WS$_2$)中室温下开关比可以达到 $10^6$。

当石墨烯/TMDs 异质结作为沟道材料时,可以克服石墨烯没有带隙的问题,大大提升场效应晶体管的开关比。另一方面,二维材料彼此间的完美接触及石墨烯优异的电学性能,使石墨烯在异质结构中可以作为电极。通过调节石墨烯的功函数,可以实现石墨烯与 TMDs 的欧姆接触。用石墨烯替代金属电极,使得全二维材料电子电路成为可能,而石墨烯优异的电学性能及完美的欧姆接触,更是能够大大地提升以 TMDs 为沟道材料的器件的性能。

石墨烯/TMDs 异质结在电子学领域的应用前景毋庸置疑。此外,它们在光电子领域的应用也是研究热点之一。石墨烯具有非常好的光学性能,在很长的波长范围内都能与光相互作用,尽管每层石墨烯都有很强的光吸收(吸光率为 2.3%),单层石墨烯仍旧有很高的透明度(透光率为 97.7%)。加之其具有高响应速度、高迁移率以及超高柔性,都是光电领域中很重要的特性。而单层 TMDs 材料都是直接带隙半导体,与光有着很强的相互作用。当石墨烯和 TMDs 形成异质结,它们的相互作用会进一步改变其电学及光电子学性质。

石墨烯/TMDs 异质结可以制作光电探测器,如图 10 - 8(a)所示,其结构是由上下两层石墨烯中间夹 TMDs 材料构成。在这类光电探测器中,石墨烯由于其很好的透明性及导电性充当电极,TMDs 充当光吸收层。当光照射 TMDs 材料时,电子从导带跃迁到价带,然后在内电场的作用下,电子和空穴分别转移到上下两个石墨烯电极上,实现电子和空穴分离,产生光电流,如图 10 - 8(b)所示。光电流的方向取决于内电场的方向,而内电场的建立可以通过对石墨烯掺杂或者施加门电压实现。栅压及偏压均可对光电流进行调制,如图 10 - 8(c)所示,因此有可能实现在零偏压下的光电流调制,这就可以极大地降低漏电流以及器件的能耗。光生载流子是在垂直方向收集的,而这个过程非常快,因而可以避免由于复合导致的载流子数量减少,同时可以极大地提升光响应速度。另外,石墨烯的狄拉克点位于 TMDs 材料的禁带中,能够更加有效地收集载流子。

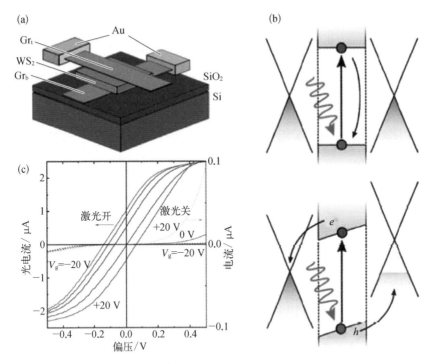

图 10 - 8

（a）光电探测器的器件结构示意图；（b）石墨烯/WS₂异质结中电子-空穴对的产生及在内建电场作用下分离；（c）不同栅压下光电流随偏压的变化

## 10.1.3　石墨烯/其他二维材料

　　除 TMDs 外，也有很多其他类二维材料与石墨烯形成异质结的报道。例如可以在石墨烯上外延生长 GaSe，石墨烯和 GaSe 之间有很强的电荷转移，这在光电探测方面具有一定的应用前景。而将二维有机钙钛矿与石墨烯复合到一起，也可以实现高的光电导增益及光响应度。在石墨烯/$Bi_2Te_2Se$ 异质结中，则可以利用石墨烯与 $Bi_2Te_2Se$ 的耦合，实现将自旋极化电流从拓扑绝缘体 $Bi_2Te_2Se$ 中注入石墨烯中。

　　科学家们还在不断地发现新的二维材料，探索不同二维材料与石墨烯垂直异质结的性能，并优化异质结结构，实现更好的应用，这是一个漫长的积累过程。

### 10.1.4　石墨烯/一维、零维材料异质结

本节将介绍石墨烯与低维材料的异质结构。在一维材料中,最常见的是碳纳米管与石墨烯的复合。碳纳米管具有和石墨烯相似的结构,可以看作是平面的石墨烯卷曲并无缝拼接而成。通常石墨烯与碳纳米管通过 $\pi$—$\pi$ 键结合。尽管石墨烯具有很高的力学强度,但是考虑到其只有一个原子层的厚度以及缺陷的存在,获得大面积悬浮石墨烯一直是一个非常大的挑战。而当石墨烯与碳纳米管复合到一起,碳纳米管可以起到支撑的作用,从而可以实现石墨烯的转移,甚至可以用作透射电子显微镜样品的支撑膜[图 10-9(a)]。此外,石墨烯/单壁碳纳米管异质结在电子学及光电子学领域也有潜在应用。图 10-9(b)是以石墨烯/碳纳米管为电极、单壁碳纳米管为沟道材料、褶皱的 $Al_2O_3$ 为介电层所构筑的

图 10-9　石墨烯/
碳纳米管异质结构

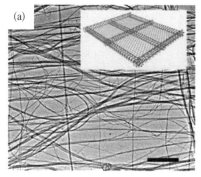
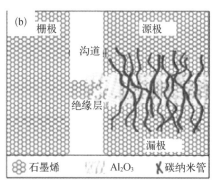
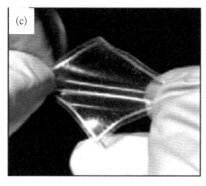

(a) 碳纳米管支撑石墨烯薄膜的 TEM 图像及结构示意图;(b) 以褶皱的 $Al_2O_3$ 为介电层的石墨烯/碳纳米管场效应晶体管器件示意图;(c) 可拉伸石墨烯/碳纳米管器件阵列实物图

场效应晶体管器件,其开关比大约可以达到 $10^5$,迁移率约为 $40\ cm^2/(V \cdot s)$。更重要的是,在高达 20% 的应变下仍可保持较好的性能,不会产生物理破坏,如图 10-9(c) 所示。而在光电子学方面,碳纳米管的加入可以有效地解决石墨烯光吸收低、光生载流子复合快等问题,极大地增大光电导增益、减少载流子复合、提升光电子器件的性能。

石墨烯与零维材料的异质结构在光电子领域扮演着重要角色。零维材料,即量子点,主要是一些可以与光发生强相互作用的材料,如 PbS。它们的引入可以有效地提高光电器件的增益及响应度,而量子点本身的性能(包括电子能带结构、化学势、尺寸等)需要进行合理的选择、优化及设计。

# 10.2 石墨烯面内异质结

垂直异质结通过直接堆叠二维材料就可以得到,简单的制备方法使得垂直异质结具有非常多的种类。而面内异质结的制备严格要求两种二维材料在面内的一维拼接,所以对制备方法有更高的要求,对材料的限制也较大。目前为止,利用化学气相沉积法可以实现石墨烯/h-BN、石墨烯/TMDs 两种面内异质结的制备。

## 10.2.1 石墨烯/氮化硼异质结

h-BN 与石墨烯具有相同的晶体结构及相似的晶格参数,都可以用铜箔作为催化剂用气相沉积法制备,因此 h-BN 是最容易与石墨烯形成平面异质结的材料。利用生长-刻蚀-再生长的方法,图案化的石墨烯/h-BN 平面异质结可以被成功制备出来,如图 10-10(a) 所示,图中数字标注的白色区域是电极,电极接触的颜色较深区域为石墨烯(箭头所指),其余区域为 h-BN。输运测量结果表明,石墨烯区域表现出导通行为(蓝线与绿线),而 BN 则表现为不导电,面电阻大于 400 TΩ/□(红线)。这样的特性提供了在原子层厚度内制备器件的可能性,而通过堆叠则可以制备性能更多样、结构更复杂的器件。

图 10-10

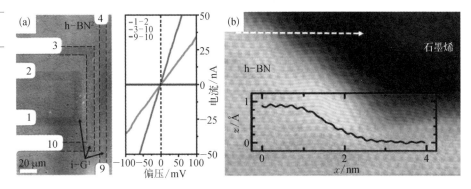

（a）左图为石墨烯/h-BN异质结的光学图片，数字标注的亮色区域为电极（与右图对应），右图为该器件两端法测量的 I-V 曲线；（b）石墨烯/h-BN拼接处的STM图，偏压为0.5 V，插图为沿白色虚线的高度图

因为石墨烯与 h-BN 的晶格常数失配度比较小（约 1.7%），高分辨 TEM 和 STM 表征证明它们在面内可以实现原子级的无缝拼接，如图 10-10(b)所示。图中插图是沿白色虚线的高度图，可以看出石墨烯区域与 h-BN 区域的高度差非常小，可以证明石墨烯和 h-BN 是在连续的同一层中。另外，石墨烯和 h-BN 拼接部分都是锯齿型的（Zigzag），与理论计算锯齿型晶界具有最低能量的结果是相一致的。

## 10.2.2  石墨烯/过渡金属硫族化合物异质结

目前，石墨烯和一些 TMDs 材料的平面异质结也有报道，但是数量相对较少。另外，由于晶格结构及常数相差较大，石墨烯与 TMDs 材料面内无缝拼接很难实现，通常都是以第一种材料的边界为形核点生长第二种材料，如图 10-11(a)所示。两种材料的边界是通过重叠区域（几个纳米）的范德瓦尔斯作用力接在一起，而没有形成共价键，如图 10-11(b)所示。因此，两种材料的晶格取向往往是随机的，并没有一定的关联［图 10-11(c)］。

虽然石墨烯/TMDs 平面异质结不是依靠共价键形成的，但是石墨烯与 TMDs 的范德瓦尔斯力使得石墨烯与 TMDs 材料形成很好的欧姆接触。以石墨烯为电极，TMDs 材料为沟道材料，所得到的器件相对于传统的金属电极器件具

图 10 - 11

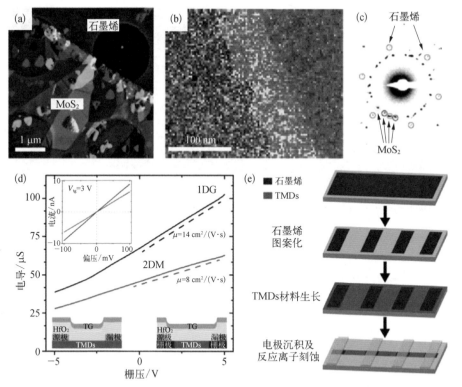

（a）石墨烯/TMDs 异质结的暗场 TEM 图像；（b）异质结拼接处的低能电子损失能谱图，黄色为石墨烯，红色为 $MoS_2$；（c）（a）图样品对应的衍射图样，表明石墨烯为单晶，$MoS_2$ 为多晶；（d）石墨烯/TMDs 平面异质结（1DG）以及以金属为电极的 TMDs 材料（2DM）的电导随栅压的变化，插图分别为两类器件的结构示意图；（e）与石墨烯形成一维接触的 TMDs 晶体管阵列的制备过程示意图

有更好的性能[图 10 - 11(d)]。因此这种平面异质结制备方法可以成为一种很好的途径，将石墨烯作为电极集成到二维电子器件中，对未来二维电子器件的产业化应用具有重要作用，具体制作过程如图 10 - 11(e)所示。

## 10.3    本章小结

从石墨烯的首次发现，到其他二维材料的不断涌现，再到多种多样异质结的构建，虽然这个过程只有十几年，但是科技工作者们所取得的进步是非常巨大的，在二维材料的制备、材料性能的探索、异质结构的设计上也都积累了丰富的理论知识及实验经验。而随着更多新型二维材料的出现，以及材料制备方法的不断优化、更加合理的材料性能调控及结构设计，基于石墨烯的异质结材料一定会大放异彩，并逐步走上产业化的道路。

# 第 11 章

# 石墨烯复合结构

经过十多年的研究，石墨烯优异的物理化学性质已经在很大程度上被研究得比较清楚了，并被广泛认同。尽管由于没有带隙和催化活性，本征石墨烯的应用范围受到了很大的限制，但是通过改变其结构和性质调控，石墨烯这一二维材料的传奇还将继续。近期的研究表明，通过原子掺杂和化学修饰，能够彻底改变和调控石墨烯的物理化学及电子学性质，掺杂石墨烯展现出了新的物理化学性质，拥有了更广泛的应用前景。

## 11.1　石墨烯的原子掺杂

通过在石墨烯晶格内引入掺杂原子来注入电子或空穴，或改变能带结构，可以精确调控石墨烯的物理化学及电子学性质，掺杂原子主要包括氮、硼、磷、硫等以及硼氮共掺杂。

### 11.1.1　氮掺杂石墨烯

氮原子由于比碳原子多了一个最外层电子，通常作为 n 型掺杂原子。2009年，刘云圻小组利用 CVD 法合成出了氮掺杂石墨烯，如图 11‑1 所示。TEM 表征结果显示，所合成的氮掺杂石墨烯非常完整且质量较高，如图 11‑1(a)所示。通过 XPS 表征发现，样品中包含硼和碳两种元素，说明氮原子掺杂进入石墨烯晶格中，如图 11‑1(b)所示。氮掺杂石墨烯中的氮原子在石墨烯晶格结构中有吡啶氮、吡咯氮和石墨氮三种构型，如图 11‑1(c)所示。理论研究表明，吡啶氮和吡咯氮掺杂的石墨烯由于破坏了石墨烯的六方格子晶格结构，表现出 p 型掺杂的性质，而非预期的 n 型掺杂性质；而石墨氮掺杂的石墨烯中的氮原子只是取代了石墨烯晶格中的碳原子，并没有破坏石墨烯的六方格子晶格结构，并且表现出所预期的 n 型掺杂性质。同时，研究人员制备了以氮掺杂石墨烯为导电沟道的底栅场效应晶体管器件，如图 11-1(d)所示，并测量了其输出特性曲线[图 11-1(e)]和转移特性曲线[图 11-1(f)]。测量结果表现为典型的 n 型输出特性曲线和转移特性曲线，说明所制备氮掺杂石墨烯中的掺杂碳原子为石墨氮而非吡啶

图 11-1

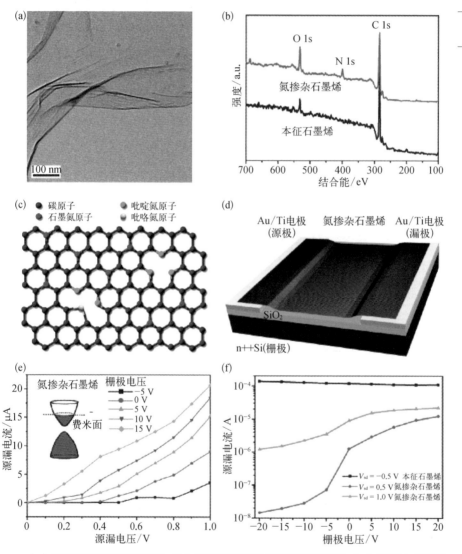

（a）氮掺杂石墨烯的 TEM 图像；（b）氮掺杂石墨烯的 X 射线光电子能谱；（c）石墨氮、吡啶氮和吡咯三种氮原子构型的示意图；（d）氮掺杂石墨烯 FET 器件示意图；（e）氮掺杂石墨烯 FET 器件的输出特性曲线；（f）氮掺杂石墨烯 FET 器件的转移特性曲线

石墨烯的结构与基本性质

氮或吡咯氮。同年,戴宏杰小组在氨气氛围下利用电热反应制备出了 n 型石墨烯纳米带,如图 11-2 所示。并以此为基础制备出了以 n 型石墨烯纳米带为导电沟道的场效应晶体管器件,如图 11-2(a)所示。通过器件电学性能的研究发现,掺杂后石墨烯纳米带发生了由 p 型转移特性曲线到 n 型转移特性曲线的转变,石墨烯纳米带的狄拉克点发生了明显的左移,如图 11-2(b)所示。近年来,国内外许多研究小组进行了氮掺杂的石墨烯理论和实验研究,一些研究小组还进行了基于氮掺杂石墨烯相关的应用研究。

图 11-2

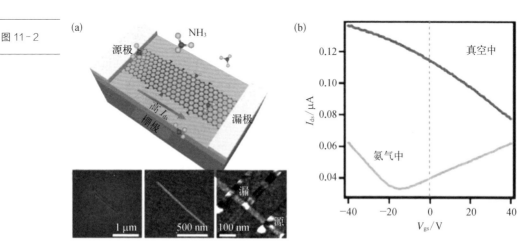

(a)氮掺杂 n 型石墨烯纳米带制备的 FET 器件的器件结构示意图与实物图像;(b)氮掺杂前后石墨烯纳米带狄拉克点的移动(明显左移)

总体而言,氮掺杂石墨烯中的氮原子有三种不同的构型,包括吡啶氮、吡咯氮和石墨氮。不同构型的氮原子对石墨烯的掺杂效应也有不同,其中吡啶氮和吡咯氮属于 p 型掺杂,石墨氮属于 n 型掺杂。

## 11.1.2 硼掺杂石墨烯

硼原子由于比碳原子少了一个最外层电子,通常作为 p 型掺杂原子取代石墨烯中的碳原子,从而实现对石墨烯的 p 型掺杂。2009 年,Rao 等利用氢气-乙硼烷气氛中的石墨电极或含硼的石墨电极,采用电弧放电法制备出了硼掺杂的石墨烯,如图 11 - 3 所示。通过 XPS 表征发现,样品中包含硼和碳两种元素,如图 11 - 3(a)所示。同时通过电子能量损失谱元素成像分析[图 11 - 3(b)]发现,硼原子均匀地掺杂在石墨烯中。通过拉曼光谱研究发现硼掺杂是一种 p 型掺杂,如图 11 - 3(c)所示。并且,随着掺杂浓度的增加,石墨烯的 G 峰偏移的程度也不断增加,说明其引入的空穴载流子浓度也不断增加,如图 11 - 3(d)所示。2012 年,Lee 等采用三甲基硼作为硼源,利用微波等离子体辅助化学气相沉积法制备出了硼含量可调控的硼掺杂石墨烯(图 11 - 4)。如图11 - 4(a)所示,通过 TEM 及电子能量损失谱元素成像分析发现,掺杂硼原子均匀地分布在所制备的石墨烯中。同时通过电子能量损失谱分析发现,掺杂硼原子具有1s→σ* 和 1s→π* 反

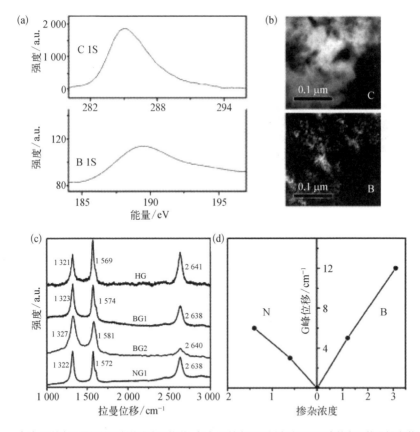

图 11 - 3

(a)硼掺杂石墨烯的 X 射线光电子能谱;(b)硼掺杂石墨烯中碳和硼元素的电子能量损失谱元素分辨图像;(c)本征石墨烯、硼掺杂石墨烯以及氮掺杂石墨烯的拉曼光谱;(d)氮掺杂和硼掺杂石墨烯的拉曼光谱中 G 峰峰位随掺杂浓度变化的移动

图 11-4

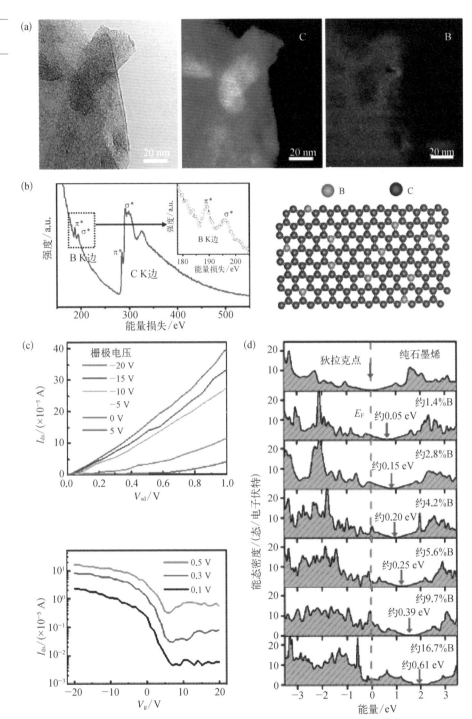

（a）硼掺杂石墨烯的 TEM 图像以及硼掺杂石墨烯中碳和硼元素的电子能量损失谱元素分辨图像；（b）硼掺杂石墨烯的电子能量损失谱以及原子结构示意图；（c）硼掺杂石墨烯的输出特性曲线和转移特性曲线；（d）硼掺杂石墨烯电子态密度随硼含量的变化

键轨道的特征峰,与石墨烯中的碳原子类似,说明掺杂硼原子是 sp²杂化的,并进入石墨烯晶格中取代了碳原子,构成了硼掺杂石墨烯,如图11-4(b)所示。从图11-4(c)所示硼掺杂石墨烯场效应晶体管器件的输出特性曲线和转移特性曲线中可以发现,其表现为典型的 p 型输出特性和转移特性,同时器件的开关比相比于本征石墨烯也有了几个数量级的提升,说明硼原子掺杂除了引入 p 型掺杂外,还打开了石墨烯的带隙。同时通过理论计算得到了不同硼掺杂程度下石墨烯的电子能态密度,结果显示随着硼含量的增加,石墨烯的带隙也逐渐增加,其中当硼含量为 1.4%时,可以打开约 0.05 eV 的带隙,而当硼含量达到 16.7%时,带隙可以提高至约 0.61 eV,如图 11-4(d)所示。

总体而言,硼掺杂石墨烯中的硼原子掺杂是一种进入石墨烯晶格中取代原有碳原子的取代掺杂,它是一种 p 型掺杂,并且随着掺杂浓度的增加,所引入的空穴载流子浓度也不断增加,同时还打开了石墨烯的带隙,使其成为 p 型半导体石墨烯,有助于石墨烯在电子学领域中的应用。

### 11.1.3　硼氮共掺杂石墨烯

除了上述两种单元素原子掺杂之外,为了获得半导体性的石墨烯,还有一种可期望的方法是对石墨烯进行硼(Boron, B)氮(Nitrogen, N)掺杂,获得硼氮共掺杂石墨烯(BN-doped Graphene)。众所周知,在元素周期表中,硼元素和氮元素是碳元素的两个最近邻元素,B—N 原子对和 C—C 原子对是同构的等电子体结构。同样地,在硼氮共掺杂的石墨烯中,部分 C—C 单元被等电子的 B—N 单元所取代并不会破坏、扭曲石墨烯的六方晶格结构。理论计算结果表明,所构成的硼氮共掺杂石墨烯随着掺杂量的增加表现出从半金属的石墨烯到绝缘的六方氮化硼之间可调的半导体性电学特性,如图 11-5 所示。

2010 年,Ajayan 研究组采用化学气相沉积法合成了相分离的硼氮掺杂石墨烯样品,其结构及能带特征与纯石墨烯、六方氮化硼或硼氮共掺杂石墨烯完全不一样,如图 11-6 所示。通过电子能量损失谱分析发现,掺杂硼原子和氮原子具有 1s→σ* 和 1s→π* 反键轨道的特征峰,与石墨烯中的碳原子类似,说明掺杂硼

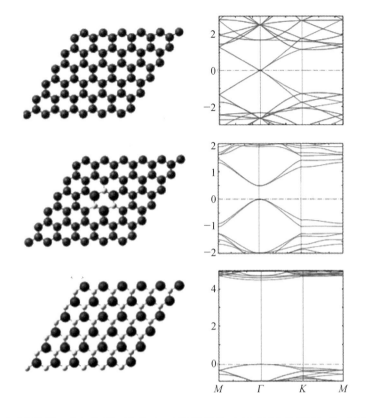

图 11 - 5 本征石
墨烯、硼氮共掺杂
石墨烯和六方氮化
硼的原子结构示意
图与电子能带结构

原子和氮原子是 $sp^2$ 杂化的,并进入石墨烯晶格中取代了碳原子,构成了硼氮掺
杂石墨烯;同时通过球差校正透射电子显微镜表征结果分析及理论模拟发现,
所制备的硼氮掺杂石墨烯是由相分离的六方氮化硼区域和石墨烯区域构成的,
如图 11 - 6(a)所示。此外研究人员以所制备的相分离硼氮掺杂石墨烯为基础
制备了底栅场效应晶体管器件,通过其输出特性曲线发现随着六方氮化硼区域
的增加,其电阻不断增大,并且当其中含碳量降至 35% 时,其电阻增大到几乎
与绝缘的纯六方氮化硼类似;但是通过其转移特性曲线发现其仍然保留了与石
墨烯类似的转移特性;同时通过理论研究发现,相分离硼氮掺杂石墨烯中随着
硼氮含量的增加打开的能隙大小也不断增加,其能隙大小除了与硼氮含量有关
之外,也跟六方氮化硼区域的大小有关,在硼氮含量相同的情况下,六方氮化硼
区域越小,所打开的能隙越大,譬如在 50% 含碳量的相分离硼氮掺杂石墨烯
中,当六方氮化硼区域大小约为 42 nm 时,可以打开一个约 18 meV 的能隙,如
图 11 - 6(b)所示。

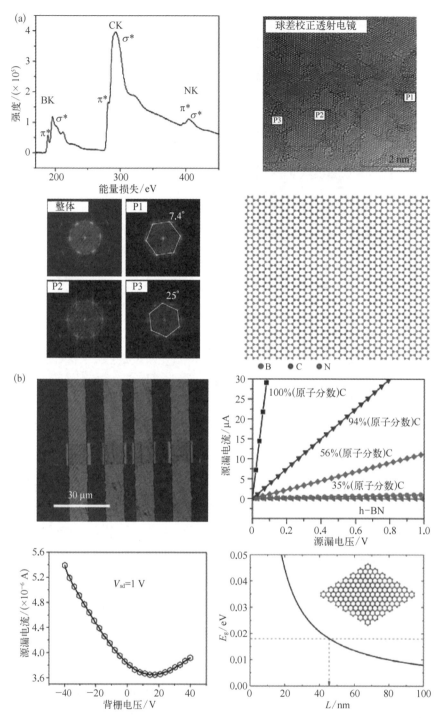

（a）相分离硼氮掺杂石墨烯的电子能量损失谱、球差校正透射电镜图像和原子结构示意图；
（b）相分离硼氮掺杂石墨烯 FET 器件光学图像、输出特性曲线、转移特性曲线以及 50% 含碳量的相分离硼氮掺杂石墨烯的能隙随六方氮化硼区域大小变化的曲线

2012 年,Wu 等利用氧化石墨烯和铵氟化硼作为前驱体,采用水热反应制备了硼氮共掺杂石墨烯气凝胶,如图 11-7 所示。通过 TEM 及电子能量损失谱元素成像分析发现,掺杂硼原子和氮原子均匀地分布在所制备的硼氮共掺杂石墨烯气凝胶中;同时通过 X 射线光电子能谱表征发现,硼原子和氮原子除了与碳原子 $sp^2$ 杂化成键之外,还包含有吡啶氮、吡咯氮、碳氧官能团以及 $sp^3$ 杂化

图 11-7

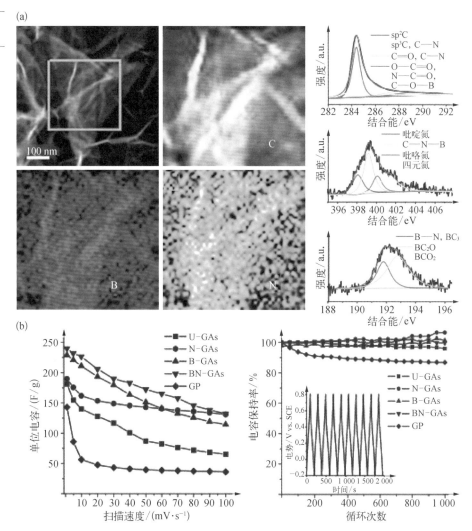

(a)硼氮共掺杂石墨烯气凝胶的 TEM 图、碳硼氮元素的电子能量损失谱元素分辨图像以及 X 射线光电子能谱;(b)未掺杂石墨烯气凝胶、氮掺杂石墨烯气凝胶、硼掺杂石墨烯气凝胶、硼氮共掺杂石墨烯气凝胶以及层状石墨烯纸的有效电容随充电速率的变化曲线以及循环稳定性曲线

成键的碳氮键和硼氮键等丰富的成键结构,如图 11-7(a)所示。研究人员还利用所制备的硼氮共掺杂石墨烯气凝胶制作了高效全固态超级电容器,它表现出优异的循环稳定性;同时其充放电效率明显高于未掺杂石墨烯气凝胶、氮掺杂石墨烯气凝胶、硼掺杂石墨烯气凝胶以及层状石墨烯纸,如图 11-7(b)所示。

总体而言,尽管已经有很多研究组进行了合成硼氮共掺杂石墨烯的尝试,但截至目前,在实验上还没有合成出理论研究中理想的均匀取代掺杂以及硼氮含量可控的硼氮共掺杂石墨烯,以实现其能隙从半金属到绝缘体连续可调的目的。

## 11.1.4 其他元素掺杂石墨烯

除了上述氮原子、硼原子之外,其他的原子也可以作为掺杂原子掺入石墨烯晶格中来调控石墨烯的物理化学及电子学性质,实现石墨烯材料的功能化,如磷原子、硫原子和硅原子等。

理论研究表明,磷原子掺杂石墨烯的分波态密度(Partial Density of State,PDOS)能带结构呈现出自旋极化的磁性半金属特征,它是一种自旋极化的半金属材料,如图 11-8 所示。Surajit Some 等对两层石墨烯包含一层磷材料的三明治结构进行退火,获得了磷掺杂石墨烯,通过测量其电荷转移特性曲线发现样品具有稳定的 n 型掺杂效应。理论研究还表明,在硫掺杂石墨烯中,随着硫掺杂浓度的不同,其呈现出小带隙的半导体性或者比本征石墨烯更强的金属性。2013年,Poh 等将氧化石墨烯放在 $H_2S$、$SO_2$ 或 $CS_2$ 等气氛中采用热剥离的方法制备了硫掺杂石墨烯,如图 11-9 所示。

尽管目前还没有人在实验上合成出硅掺杂石墨烯,但理论研究表明,硅掺杂石墨烯对于 CO 的氧化、氧还原反应、NO 和 $NO_2$ 的还原表现出良好的催化活性。此外,还有研究人员研究了钯、钌、铑、铂、金和银等贵金属原子掺杂石墨烯材料的催化性能以拓展石墨烯在储能、电化学传感和生物传感以及生物医学器件等领域的应用。

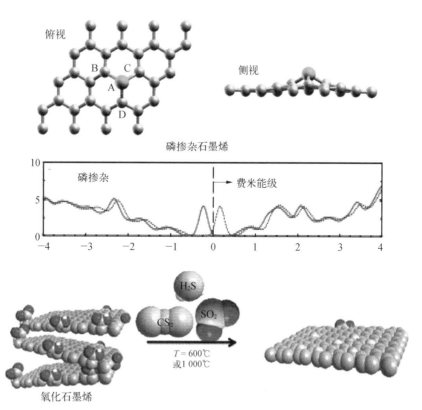

图 11-8 磷掺杂石墨烯的原子结构示意图与 PDOS 能带结构

图 11-9 热剥离法制备硫掺杂石墨烯的示意图

## 11.2 石墨烯的化学修饰

除了上述的原子掺杂方式来调控石墨烯的物性之外,还可以将原子、分子或有机官能团通过共价键合或者吸附的方式连接到石墨烯的表面/界面来对石墨烯进行空穴或电子掺杂以及能带结构的调控,从而改变石墨烯的物理化学性质,这一类方式可以统称为石墨烯的化学修饰。通过化学修饰对石墨烯进行功能调控是当前的一个研究热点。

### 11.2.1 氧化石墨烯

通常,将在表面/界面连接有含氧官能团的单层、双层或多层石墨烯称为氧化石墨烯（Graphene Oxide，GO），其结构如图 11 - 10 所示。氧化石墨烯是石墨烯粉末经过化学氧化剥离后的产物，是当前大规模生产石墨烯粉末的重要前驱体。还原氧化石墨烯粉末是当前获得量产石墨烯粉体的重要途径。

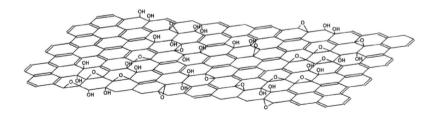

图 11 - 10　氧化石墨烯的结构模型，即 Lerf - Klinowski 模型

　　氧化石墨烯的主要获得方法是将氧化石墨在水中分散剥离成薄片，从而获得氧化石墨烯。与在水中不易分散、层间很难分离的石墨不同，氧化石墨由于其富含极性官能团，在水或碱性溶液中受外力作用（如超声）极易分散，并由于其层间静电排斥作用极易实现层间分离，从而得到氧化石墨烯。因此制备氧化石墨烯的关键是制备氧化石墨。早在 160 年前的 1859 年，Brodie 等就将石墨粉用浓硝酸和高氯酸钾氧化成氧化石墨，这一方法称为 Brodie 法。此外，制备氧化石墨的方法还有很多，主要包括 Staudenmaier 法、Hummers 法、改良 Hummers 法、过氧化苯甲酰法、电化学氧化法、球磨法和爆炸法。2014 年，浙江大学高超等发展出了一种绿色、安全、廉价的快速制备氧化石墨的全新方法，即采用强氧化剂高铁酸钾来氧化石墨粉制备氧化石墨烯，得到的单层氧化石墨烯尺寸可达 10 $\mu$m 以上，如图 11 - 11 所示。这一方法中不仅硫酸可以循环使用，并且避免了重金属离子和有毒气体等污染物的产生，为石墨烯的大规模产业化应用拓宽了道路。

　　除了作为制备石墨烯的前驱体之外，氧化石墨烯还有很多用途。例如，2017 年，Abraham 等和 Chen 等分别制备了层间距精确可控、可用于盐水分离的氧化石墨烯隔膜，在海水淡化和污水处理方面有很广泛的应用前景，如图 11 - 12 所示。特别是利用氧化石墨烯隔膜进行海水淡化有望解决当前世界面临的饮用水资源短缺的问题，为那些在海边生活缺少或没有淡水资源、难以得到清洁饮用水的数百万人解决饮用水危机，提供足够的清洁水源。石墨烯发现者之一、诺贝尔奖得主 Andre Geim 曾表示，"把氧化石墨烯的薄膜应用到海水淡化当中，我认为

图 11-11

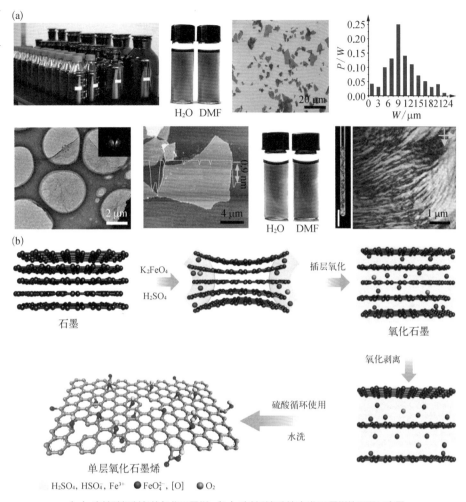

（a）高铁酸钾制备的氧化石墨烯；（b）高铁酸钾制备氧化石墨烯的原理示意图

这是一个可以实现商业化的例子。在未来海水淡化中，如果使用氧化石墨烯，那么它的成本将会越来越低，所以这将会是一个非常好的商业化的例子。"

## 11.2.2　石墨烯的氢化

将单层、双层或多层石墨烯中的碳原子与一定量的氢原子以 $sp^3$ 成键形成新的二维材料，这一过程称为石墨烯的氢化。当石墨烯中的碳原子完全氢化时，得到的二维材料以有机化学的命名方式被命名为石墨烷。

图 11-12

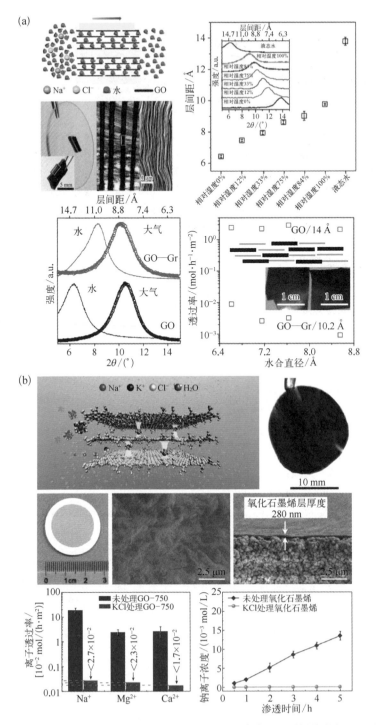

（a）Abraham 等制备的氧化石墨烯隔膜及盐水分离性能；（b）Chen 等制备的氧化石墨烯隔膜及盐水分离性能

理论研究表明,与石墨烯的半金属性不同,石墨烷表现出半导体性的电学性质,其能隙为 3.5~3.7 eV,这使得其作为导电沟道在场效应晶体管等电子学器件方面的应用成为可能,如图 11-13 所示。同时,理论研究还表明,将金属催化剂负载在石墨烷载体上,既提高了其稳定性,又提高了其催化活性。在合成应用方面,相比于石墨烯,石墨烷上 C—H 键的存在使其能够成为活化前驱体,进一步提高化学氧化的效率。

图 11-13 不同构型氢化石墨烯的原子结构示意图与电子能带结构

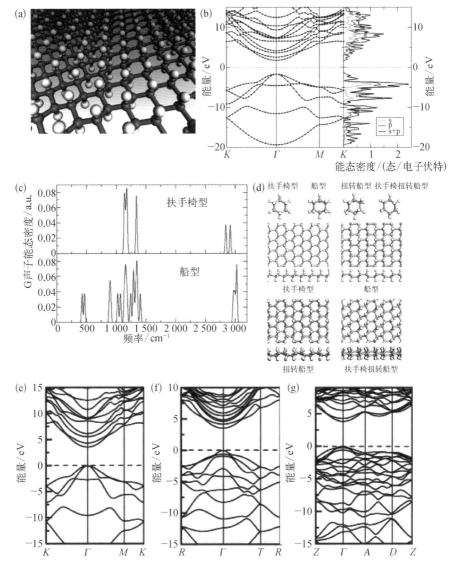

　　(a)(b)扶手椅型石墨烷的原子结构示意图和电子能带结构;(c)扶手椅型和船型石墨烷的 G 声子能态密度;(d)~(g)不同构型石墨烷的原子结构示意图和电子能带结构

而当石墨烯的碳原子只有部分氢化时，这种二维材料不是石墨烷，其被称为氢化石墨烯。其中，当石墨烯的某一面完全被氢化，而另一面完全没有氢化时，即石墨烷的氢被除掉一半，其被称为半氢化石墨烯，如图 11-14(a)所示。理论研究表明，半氢化石墨烯中，半加氢破坏了石墨烯的离域 π 成键网络，使未氢化碳原子中的电子处于局部性和未配对状态，在这些位置的磁矩形成了结构完整和磁均匀的无限磁片，如图 11-14(b)所示。同时，通过密度泛函理论模拟的半氢化石墨烯的电子能带结构以及 PDOS 能态密度结果表明，半氢化石墨烯是一

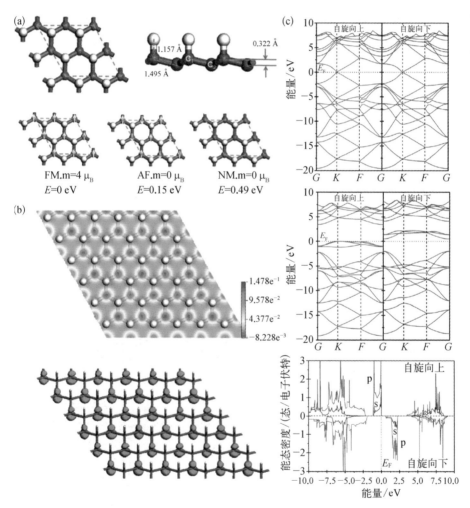

图 11-14

（a）半氢化石墨烯以及其不同磁性构型的原子结构示意图；（b）半氢化石墨烯的自旋密度示意图；（c）本征石墨烯与半氢化石墨烯的电子能带结构以及半氢化石墨烯的 PDOS 能态密度

种具有小间接间隙的铁磁半导体,如图 11 - 14(c)所示。

2009 年,Geim 等利用低温氢等离子体轰击在衬底上的石墨烯和悬浮石墨烯,首次成功获得部分氢化的石墨烯和完全氢化的石墨烷,发现氢化对石墨烯引入了空穴掺杂;此外,这一可逆的氢化过程使得氢化石墨烯可以作为一种储氢材料的候选材料,如图 11 - 15 所示。研究人员研究了本征石墨烯、部分氢化石墨烯以及退火去氢化后石墨烯的电学性质发现,部分氢化打开了石墨烯的带隙,并引入了空穴掺杂,退火去氢化后石墨烯的电学性质又转变回了本征石墨烯的电学性质,如图 11 - 15(a)所示。同时,拉曼光谱研究表明,部分氢化的石墨烯和完全氢化的石墨烯均破坏了石墨烯中的时间反演对称性,氢化后均出现了明显的 D 峰,并且随着氢化程度的增加,拉曼光谱中 D 峰的强度越高,退火去氢化后,其拉

图 11 - 15

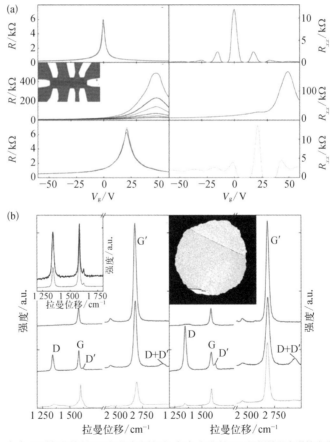

(a)通过氢化控制石墨烯的电学性质;(b)氢化前后石墨烯拉曼光谱的变化

曼光谱又转变回了本征石墨烯的拉曼光谱,说明石墨烯的氢化是一种可逆的反应过程,这在储氢方面有广阔的应用前景,如图 11 - 15(b)所示。2010 年,Richard Balog 等利用在 Ir(111)上的石墨烯摩尔超晶格连接氢原子制备出氢化石墨烯,获得了具有最高 0.425 eV 带隙的氢化石墨烯,并且其带隙可以随着氢化的程度调节,如图 11 - 16 所示。

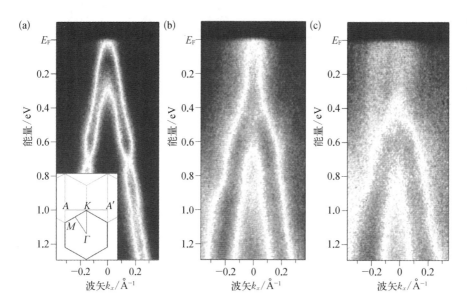

图 11 - 16　不同氢化程度石墨烯的角分辨光电子能谱

　　总体而言,石墨烯的氢化不仅可以打开石墨烯的带隙,引入磁性,提升催化效率,同时这一可逆的过程还使得石墨烯可以作为一种备选的储氢材料。石墨烯的氢化极大地拓展了石墨烯的应用范围。

## 11.2.3　石墨烯的氟化

　　与石墨烯的氢化类似,将单层、双层或多层石墨烯中的碳原子与一定量的氟原子以 sp³ 成键形成新的二维材料,这一过程称为石墨烯的氟化。部分氟化或全部氟化的石墨烯也称为氟化石墨烯。

　　理论研究表明,与氢化石墨烯类似,氟化石墨烯的带隙随着氟含量的增加而增加。对于全氟化的石墨烯(全氟化石墨烯),考虑电子间相互作用,其能隙可达

　　　　　　　　　　　　　　　　　　　　　　　　　石墨烯的结构与基本性质

7.4 eV，如图 11‑17 所示。对于单面石墨烯氟化最大量为 25%，即形成 $C_4F$ 结构，其带隙为 2.93 eV，如图 11‑18 所示。此外，与半氢化石墨烯在石墨烯中引入磁性类似，单面氟化石墨烯的基态被预测为反铁磁态。

图 11‑17 全氟化石墨烯的原子结构及能带结构

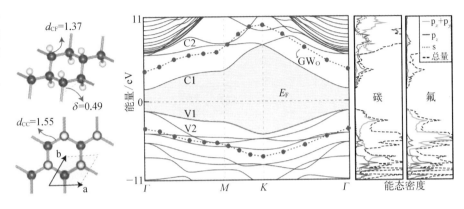

图 11‑18 单面氟化石墨烯的原子结构及随着含氟量增加的电子能态密度变化

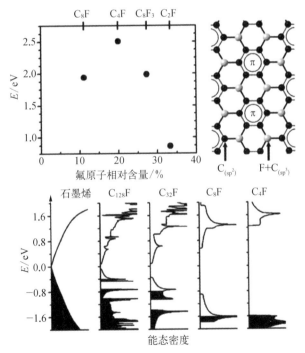

2010 年，Robinson 等和 Nair 等均采用 $XeF_2$ 作为氟化剂处理石墨烯分别获得了单面氟化的石墨烯和双面氟化的石墨烯，发现单面氟化的石墨烯电阻率比纯石墨烯提高了 6 个数量级，而全氟化石墨烯通过透射光谱测得能隙在 3.1 eV

左右，与理论计算的结果有明显的差异，如图 11-19 所示。由于氟原子得电子能力是所有元素中最强的，因此氟化过程是一个不可逆过程，这与氢化过程不同。

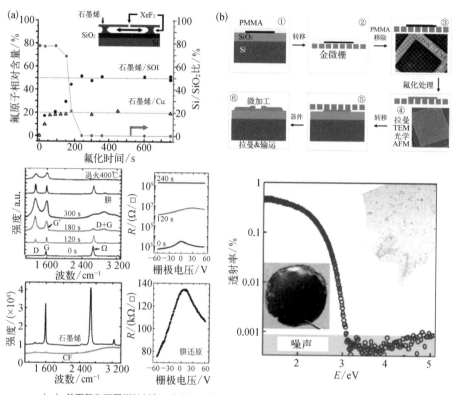

图 11-19

（a）单面氟化石墨烯的制备、表征与面电阻测量；（b）全氟化石墨烯的制备与透射光谱

　　总体而言，氟化石墨烯具有高的热稳定性和化学稳定性，以及有别于本征石墨烯的光学和电学性质，大大丰富了石墨烯基衍生物的种类。

## 11.2.4　其他石墨烯表面功能化

　　除了氧化、氢化和氟化之外，其他的原子或有机官能团也能够通过共价键键合到石墨烯表面/界面对石墨烯进行化学修饰，例如氯原子、芳香基团等。作为与氟同一主族的元素，氯与氟在物理化学性质上有很多相似的特性，氯化石墨烯跟氟化石墨烯也有很多相似的物理化学性质。

理论研究表明,氯化石墨烯上氯原子的结合能较低,形成的 Cl—C 键键长比 C—F 键和 C—H 键的键长更长,且不如它们稳定,如图 11 - 20(a)～(c)所示。由于 Cl—C 键较长,氯化石墨烯(1.1～1.7 nm)比氟化石墨烯更厚。此外,单面石墨烯氯化最大量为 25%,即形成 $C_4Cl$ 结构,其带隙为 1.4 eV。除了与氟原子类似的共价键合外,氯原子还可以与石墨烯形成电荷转移复合(静电吸附)以及物理吸附等结合方式。有氯原子完全覆盖的石墨烯,非共价键合的结合方式更加稳定。目前,对于与完全氟化石墨烯类似的完全氯化石墨烯是否稳定还存在分歧。理论上,双面共价键合允许石墨烯完全氯化,即使是全氯化石墨烯其带隙也只有约 1 eV。然而,H. Sahin 等的研究表明,由于 Cl—Cl 键相互作用较强,在石墨烯表面的紧密排列将导致氯原子以氯气的形式解吸附。氯化石墨烯中的氯原子是一种 p 型掺杂原子,如图 11 - 20(d)所示。

图 11 - 20

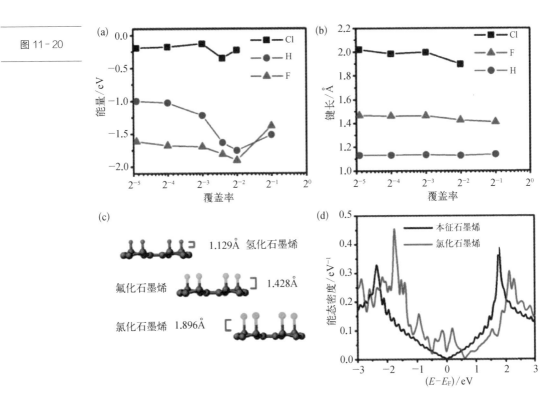

(a)(b)分别为 Cl—C 键、C—F 键和 C—H 键的键能和键长;(c)氯化石墨烯、氟化石墨烯和氢化石墨烯的原子结构和键长;(d)1/30 覆盖率的氯化石墨烯以及本征石墨烯的电子能态密度

2013 年，Zhang 等采用等离子体辅助氯化的方法成功制备了氯化石墨烯，氯化程度最高可达 45.3%（接近 $C_2Cl$ 的构型），并且能够在室温环境下稳定存在一周以上。霍尔效应的测量表明，氯化引入了 p 型掺杂，且其具有很高的空穴载流子浓度，约为 $1.2 \times 10^{13}$ $cm^2$（比本征石墨烯提高了 3 倍），如图 11-21 所示。随着覆盖率的增加，相比于氟化石墨烯载流子迁移率从 1060 $cm^2/(V \cdot s)$ 下降到了 5 $cm^2/(V \cdot s)$，氯化石墨烯保持了 1535 $cm^2/(V \cdot s)$ 的高载流子迁移率，并且氯化石墨烯的电导比本征石墨烯的电导提高了 2 倍。

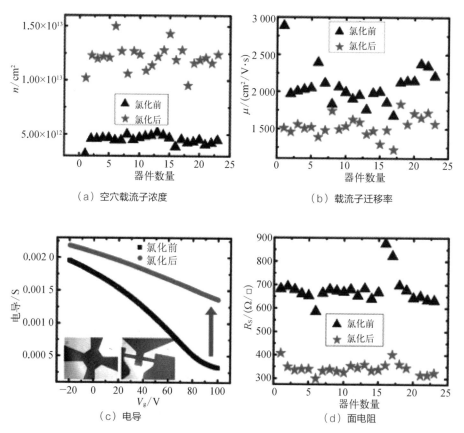

（a）空穴载流子浓度

（b）载流子迁移率

（c）电导

（d）面电阻

图 11-21 氯化石墨烯的电荷转移特性

除了原子之外，芳基等有机官能团也可以通过共价键合连接到石墨烯表面／界面对石墨烯进行化学修饰。例如，2009 年，Bekyarova 等将外延在碳化硅表面的石墨烯与对硝基苯四氟硼酸重氮盐反应，制备了重氮功能化石墨烯，并且其室温面电阻是本征石墨烯的 2 倍多（从 1.5 kΩ/□ 到 4.2 kΩ/□），如图 11-22 所示。此外，重氮功能化石墨烯上的硝基还可被还原成氨基，并利用氨基与酰氯、环氧基或羧基的反应进一步实现石墨烯化学修饰。

图 11-22

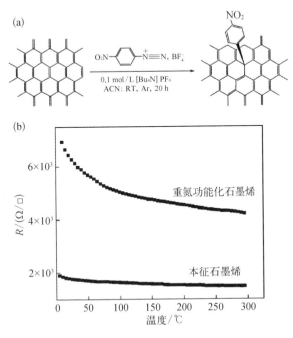

（a）石墨烯重氮功能化反应；（b）重氮功能化石墨烯与本征石墨烯的面电阻随温度变化

## 11.2.5　石墨烯表面吸附

除了共价键合之外，原子、分子或有机官能团还可以通过电荷转移复合（静电吸附）、物理吸附等非共价键合的方式吸附在石墨烯的表面对石墨烯进行化学修饰，其统称为石墨烯表面吸附。

石墨烯作为一种单原子层厚的二维材料，具有很大的比表面积，其表面极易吸附一些小的气体分子，在空气中的气体分子均容易吸附在石墨烯表面，且对石墨烯有显著的掺杂作用。例如，水分子吸附在石墨烯的表面会对石墨烯的电学性质产生很大的影响，理论和实验研究均表明，水分子吸附在石墨烯表面会对石墨烯进行 p 型掺杂，如图 11-23 所示。此外，空气中湿度越大，石墨烯的电阻也会增大,其带隙也会增大,当空气湿度为每千克空气中含水 0.312 kg 时,可以打开一个 0.206 eV 的带隙,如图 11-24 所示。石墨烯上吸附水分子是一种物理吸附,并不稳定,将其放在真空中或者干燥气氛中,还可以恢复原状,如图 11-23(b)所示。除了水分子之外,$NH_3$、$CO$、$NO_2$ 和 $NO$ 等气体分子也容易吸附在石墨烯表面对石墨烯掺杂,其中 $NO_2$ 也是 p 型掺杂,$NH_3$、$CO$ 和 $NO$ 则为 n 型掺杂。$N_2$、$O_2$ 和空气也会对石墨烯产生 p 型掺杂,如图 11-25 所示。

图 11-23

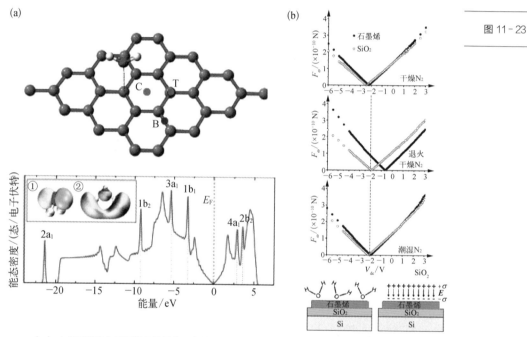

(a)水分子吸附在石墨烯上的结构示意图和电子能态密度;(b)AFM 表面静电力随外加电压的变化曲线及水分子中的氧接触石墨烯表面与表面电荷分布的示意图

与氟和氯不同,溴与碘由于原子直径较大和电负性较弱,容易以电荷转移复合或物理吸附的方式吸附在石墨烯表面。$Li$、$Na$、$K$、$Ca$、$Al$、$Ti$、$Fe$、$Pd$、$Au$ 等金属原子也容易吸附在石墨烯表面,与石墨烯之间发生电荷转移,从而对石墨烯掺杂,改变石墨烯的电学性质。此外,有机高分子、表面活性剂以及萘、芘、蒽、嘌呤等共轭分子也容易吸附在石墨烯表面,实现石墨烯的功能化。例

图 11-24

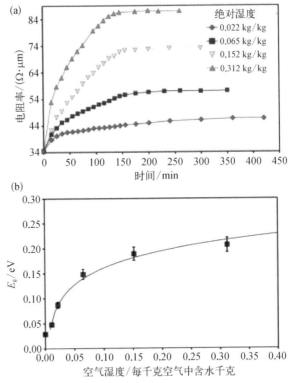

（a）石墨烯暴露在不同空气湿度中电阻率随时间的变化；（b）石墨烯的带隙随空气湿度的变化

图 11-25 不同气氛下，石墨烯费米能级随时间的变化

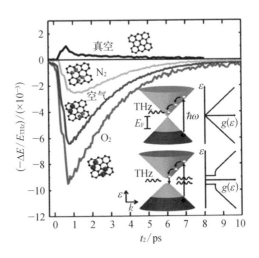

如，将 TMPyP 分子[5,10,15,20-Tetrakis(1-methyl-4-pyridinio)porphyrin]通过共轭吸附到石墨烯表面后可以用于 $Cd^{2+}$ 的快速选择性检测，如图 11-26 所示。

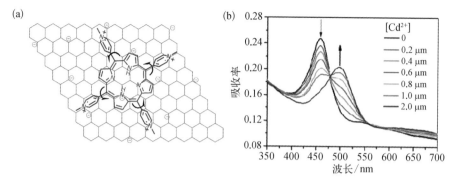

图 11 - 26

（a）TMPyP 分子共轭吸附到石墨烯上的结构示意图；（b）Cd²⁺ 的快速选择性检测曲线

# 11.3 本章小结

正如本章内容所讨论的，原子掺杂和化学修饰可以赋予石墨烯以各种新的电学、磁学、物理化学、光学性质以及结构特性，大大扩展了石墨烯家族材料的种类以及其应用前景。尽管目前石墨烯的掺杂和化学修饰改性已经取得了巨大进展，但是精确可控的异质原子掺杂和化学修饰仍然存在很多挑战。从实验和理论研究两方面，比较了相同掺杂原子、不同构型以及相同构型、不同掺杂原子所引起的石墨烯复合结构性质变化。然而，由于当前的合成方法所获得的石墨烯复合材料具有很大的不可控性和非均匀性，目前对掺杂和化学修饰改性的石墨烯复合结构性能认识还很不完善，有时甚至互相矛盾，因此，对掺杂和化学修饰改性的石墨烯复合材料还需要更加全面、深入和系统的研究。深入理解石墨烯复合材料的掺杂与化学修饰改性的机理对于石墨烯材料的设计、制备和应用的发展具有十分重要的研究意义。

# 参考文献

[1] Abanin D A，Morozov S V，Ponomarenko L A，et al. Giant nonlocality near the Dirac point in graphene［J］. Science，2011，332（6027）：328－330.

[2] Abdelouahed S，Ernst A，Henk J，et al. Spin-split electronic states in graphene：Effects due to lattice deformation，Rashba effect，and adatoms by first principles［J］. Physical Review B，2010，82（12）：125424.

[3] Abraham J，Vasu K S，Williams C D，et al. Tunable sieving of ions using graphene oxide membranes［J］. Nature Nanotechnology，2017，12（6）：546－550.

[4] Akturk A，Goldsman N. Electron transport and full-band electron-phonon interactions in graphene［J］. Journal of Applied Physics，2008，103（5）：053702.

[5] Alofi A，Srivastava G P. Thermal conductivity of graphene and graphite［J］. Physical Review B，2013，87（11）：115421.

[6] Amollo T A，Mola G T，Kirui M S K，et al. Graphene for thermoelectric applications：Prospects and challenges［J］. Critical Reviews in Solid State and Materials Sciences，2018，43（2）：133－157.

[7] An X，Liu F，Jung Y J，et al. Tunable graphene-silicon heterojunctions for ultrasensitive photodetection［J］. Nano Letters，2013，13（3）：909－916.

[8] Antisari M V，Montone A，Jovic N，et al. Low energy pure shear milling：a method for the preparation of graphite nano-sheets［J］. Scripta Materialia，2006，55（11）：1047－1050.

[9] Atanasov V，Saxena A. Electronic properties of corrugated graphene：the

Heisenberg principle and wormhole geometry in the solid state [J].
Journal of Physics: Condensed Matter, 2011, 23(17): 175301.

[10] Avsar A, Tan J Y, Taychatanapat T, et al. Spin-orbit proximity effect in graphene[J]. Nature Communications, 2014, 5: 4875.

[11] Bai J, Zhong X, Jiang S, et al. Graphene nanomesh [J]. Nature Nanotechnology, 2010, 5(3): 190 - 194.

[12] Balakrishnan J, Koon G K W, Jaiswal M, et al. Colossal enhancement of spin-orbit coupling in weakly hydrogenated graphene[J]. Nature Physics, 2013, 9(5): 284 - 287.

[13] Balandin A A. Thermal properties of graphene and nanostructured carbon materials[J]. Nature Materials, 2011, 10(8): 569 - 581.

[14] Balandin A A, Ghosh S, Bao W, et al. Superior thermal conductivity of single-layer graphene[J]. Nano Letters, 2008, 8(3): 902 - 907.

[15] Balog R, Jørgensen B, Nilsson L, et al. Bandgap opening in graphene induced by patterned hydrogen adsorption[J]. Nature Materials, 2010, 9 (4): 315 - 319.

[16] Banszerus L, Schmitz M, Engels S, et al. Ultrahigh-mobility graphene devices from chemical vapor deposition on reusable copper[J]. Science Advances, 2015, 1(6): e1500222.

[17] Barone V, Hod O, Scuseria G E. Electronic structure and stability of semiconducting graphene nanoribbons[J]. Nano Letters, 2006, 6(12): 2748 - 2754.

[18] Bekyarova E, Itkis M E, Ramesh P, et al. Chemical modification of epitaxial graphene: spontaneous grafting of aryl groups[J]. Journal of the American Chemical Society, 2009, 131(4): 1336 - 1337.

[19] Ben Aziza Z, Henck H, Pierucci D, et al. Van der Waals epitaxy of GaSe /Graphene heterostructure: Electronic and interfacial properties [J]. ACS Nano, 2016, 10(10): 9679 - 9686.

[20] Benedict L X, Louie S G, Cohen M L. Heat capacity of carbon nanotubes[J]. Solid State Communications, 1996, 100(3): 177 - 180.

[21] Berger C, Song Z, Li X, et al. Electronic confinement and coherence in patterned epitaxial graphene[J]. Science, 2006, 312(5777): 1191 - 1196.

[22] Berman D, Erdemir A, Sumant A V. Few layer graphene to reduce wear and friction on sliding steel surfaces[J]. Carbon, 2013, 54: 454 - 459.

[23] Berman D, Erdemir A, Sumant A V. Approaches for achieving

superlubricity in two-dimensional materials[J]. ACS Nano, 2018, 12(3): 2122 – 2137.

[24] Bhaviripudi S, Jia X, Dresselhaus M S, et al. Role of kinetic factors in chemical vapor deposition synthesis of uniform large area graphene using copper catalyst[J]. Nano Letters, 2010, 10(10): 4128 – 4133.

[25] Boettger J C, Trickey S B. First-principles calculation of the spin-orbit splitting in graphene[J]. Physical Review B, 2007, 75(12): 121402.

[26] Bolotin K I, Sikes K J, Jiang Z, et al. Ultrahigh electron mobility in suspended graphene[J]. Solid State Communications, 2008, 146(9 – 10): 351 – 355.

[27] Britnell L, Gorbachev R V, Geim A K, et al. Resonant tunnelling and negative differential conductance in graphene transistors [J]. Nature Communications, 2013, 4: 1794.

[28] Britnell L, Gorbachev R V, Jalil R, et al. Field-effect tunneling transistor based on vertical graphene heterostructures[J]. Science, 2012, 335(6071): 947 – 950.

[29] Britnell L, Ribeiro R M, Eckmann A, et al. Strong light-matter interactions in heterostructures of atomically thin films[J]. Science, 2013, 340(6138): 1311 – 1314.

[30] Brodie, B. Sur le poids atomique du graphite[J]. Annales de Chimie et de Physique, 1860, 59: 466 – 472.

[31] Calizo I, Balandin A A, Bao W, et al. Temperature dependence of the Raman spectra of graphene and graphene multilayers[J]. Nano Letters, 2007, 7(9): 2645 – 2649.

[32] Calvo H L, Pastawski H M, Roche S, et al. Tuning laser-induced band gaps in graphene[J]. Applied Physics Letters, 2011, 98(23): 232103.

[33] Cao Y, Fatemi V, Fang S, et al. Unconventional superconductivity in magic-angle graphene superlattices [J]. Nature, 2018, 556 (7699): 43 – 50.

[34] Carlsson J M. Graphene: buckle or break[J]. Nature Materials, 2007, 6 (11): 801 – 802.

[35] Casiraghi C, Hartschuh A, Lidorikis E, et al. Rayleigh imaging of graphene and graphene layers[J]. Nano Letters, 2007, 7(9): 2711 –2717.

[36] Neto A H C, Guinea F, Peres N M R, et al. The electronic properties of graphene[J]. Reviews of Modern Physics, 2009, 81(1): 109 – 162.

[37] Chae S H, Yu W J, Bae J J, et al. Transferred wrinkled $Al_2O_3$ for highly stretchable and transparent graphene-carbon nanotube transistors [J]. Nature Materials, 2013, 12(5): 403 - 409.

[38] Chan K T, Neaton J B, Cohen M L. First-principles study of metal adatom adsorption on graphene [J]. Physical Review B, 2008, 77 (23): 235430.

[39] Chang K, Mei Z, Wang T, et al. $MoS_2$/graphene cocatalyst for efficient photocatalytic $H_2$ evolution under visible light irradiation[J]. ACS Nano, 2014, 8(7): 7078 - 7087.

[40] Chapman J, Su Y, Howard C A, et al. Superconductivity in Ca-doped graphene laminates[J]. Scientific Reports, 2016, 6: 23254.

[41] Charlier J C, Eklund P C, Zhu J, et al. Electron and phonon properties of graphene: their relationship with carbon nanotubes [M]//Carbon nanotubes. Springer, Berlin, Heidelberg, 2007: 673 - 709.

[42] Chen C C, Aykol M, Chang C C, et al. Graphene-silicon Schottky diodes [J]. Nano Letters, 2011, 11(5): 1863 - 1867.

[43] Chen G, Li S J, Su Y, et al. Improved stability and catalytic properties of $Au_{16}$ cluster supported on graphane [J]. The Journal of Physical Chemistry C, 2011, 115(41): 20168 - 20174.

[44] Chen J H, Jang C, Xiao S, et al. Intrinsic and extrinsic performance limits of graphene devices on $SiO_2$ [J]. Nature Nanotechnology, 2008, 3 (4): 206 - 209.

[45] Chen L, Shi G, Shen J, et al. Ion sieving in graphene oxide membranes via cationic control of interlayer spacing[J]. Nature, 2017, 550(7676): 415 - 418.

[46] Chen L, Guo L, Li Z, et al. Towards intrinsic magnetism of graphene sheets with irregular zigzag edges[J]. Scientific Reports, 2013, 3: 2599.

[47] Chen Y, Gao B, Zhao J X, et al. Si-doped graphene: an ideal sensor for NO- or $NO_2$-detection and metal-free catalyst for $N_2O$ - reduction [J]. Journal of Molecular Modeling, 2012, 18(5): 2043 - 2054.

[48] Chen Y, Liu Y, Wang H, et al. Silicon-doped graphene: an effective and metal-free catalyst for NO reduction to $N_2O$[J]. ACS Applied Materials & Interfaces, 2013, 5(13): 5994 - 6000.

[49] Chen Y, Yang X, Liu Y, et al. Can Si-doped graphene activate or dissociate $O_2$ molecule? [J]. Journal of Molecular Graphics and

Modelling, 2013, 39: 126 – 132.

[50] Chen Z, Lin Y M, Rooks M J, et al. Graphene nano-ribbon electronics [J]. Physica E: Low-dimensional Systems and Nanostructures, 2007, 40 (2): 228 – 232.

[51] Cheng H C, Wang G, Li D, et al. van der Waals heterojunction devices based on organohalide perovskites and two-dimensional materials [J]. Nano Letters, 2015, 16(1): 367 – 373.

[52] Cho S B, Chung Y C. Bandgap engineering of graphene by corrugation on lattice-mismatched MgO (111) [J]. Journal of Materials Chemistry C, 2013, 1(8): 1595 – 1600.

[53] Choi H H, Cho K, Frisbie C D, et al. Critical assessment of charge mobility extraction in FETs [J]. Nature Materials, 2017, 17(1): 2 – 7.

[54] Chung K, Lee C H, Yi G C. Transferable GaN layers grown on ZnO-coated graphene layers for optoelectronic devices [J]. Science, 2010, 330 (6004): 655 – 657.

[55] Ci L, Song L, Jin C, et al. Atomic layers of hybridized boron nitride and graphene domains [J]. Nature Materials, 2010, 9(5): 430 – 435.

[56] Cocco G, Cadelano E, Colombo L. Gap opening in graphene by shear strain [J]. Physical Review B, 2010, 81(24): 241412.

[57] Coletti C, Riedl C, Lee D S, et al. Charge neutrality and band-gap tuning of epitaxial graphene on SiC by molecular doping [J]. Physical Review B, 2010, 81(23): 235401.

[58] Cooper D R, D'Anjou B, Ghattamaneni N, et al. Experimental review of graphene [J]. ISRN Condensed Matter Physics, 2012, 2012: 501686.

[59] Dai J, Yuan J. Modulating the electronic and magnetic structures of P-doped graphene by molecule doping [J]. Journal of Physics: Condensed Matter, 2010, 22(22): 225501.

[60] Dang W, Peng H, Li H, et al. Epitaxial heterostructures of ultrathin topological insulator nanoplate and graphene [J]. Nano Letters, 2010, 10 (8): 2870 – 2876.

[61] Dean C R, Wang L, Maher P, et al. Hofstadter's butterfly and the fractal quantum Hall effect in moiré superlattices [J]. Nature, 2013, 497 (7451): 598 – 602.

[62] Dean C R, Young A F, Meric I, et al. Boron nitride substrates for high-quality graphene electronics [J]. Nature Nanotechnology, 2010, 5(10):

722 – 726.

[63] Deng X, Wu Y, Dai J, et al. Electronic structure tuning and band gap opening of graphene by hole/electron codoping[J]. Physics Letters A, 2011, 375(44): 3890 – 3894.

[64] Denis P A. Band gap opening of monolayer and bilayer graphene doped with aluminium, silicon, phosphorus, and sulfur[J]. Chemical Physics Letters, 2010, 492(4 – 6): 251 – 257.

[65] Denis P A, Faccio R, Mombru A W. Is it possible to dope single-walled carbon nanotubes and graphene with sulfur? [J]. ChemPhysChem, 2009, 10(4): 715 – 722.

[66] Docherty C J, Lin C T, Joyce H J, et al. Extreme sensitivity of graphene photoconductivity to environmental gases[J]. Nature Communications, 2012, 3: 1228.

[67] Du A, Sanvito S, Li Z, et al. Hybrid graphene and graphitic carbon nitride nanocomposite: gap opening, electron-hole puddle, interfacial charge transfer, and enhanced visible light response[J]. Journal of the American Chemical Society, 2012, 134(9): 4393 – 4397.

[68] Du X, Skachko I, Barker A, et al. Approaching ballistic transport in suspended graphene[J]. Nature Nanotechnology, 2008, 3(8): 491 – 495.

[69] Elias D C, Nair R R, Mohiuddin T M G, et al. Control of graphene's properties by reversible hydrogenation: evidence for graphane [J]. Science, 2009, 323(5914): 610 – 613.

[70] Ezawa M. Peculiar width dependence of the electronic properties of carbon nanoribbons[J]. Physical Review B, 2006, 73(4): 045432.

[71] Fan X, Shen Z, Liu A Q, et al. Band gap opening of graphene by doping small boron nitride domains[J]. Nanoscale, 2012, 4(6): 2157 – 2165.

[72] Farjam M, Rafii-Tabar H. Comment on "Band structure engineering of graphene by strain: First-principles calculations"[J]. Physical Review B, 2009, 80(16): 167401.

[73] Fernández-Rossier J, Palacios J J. Magnetism in graphene nanoislands[J]. Physical Review Letters, 2007, 99(17): 177204.

[74] Ferrari A C, Meyer J C, Scardaci V, et al. Raman spectrum of graphene and graphene layers[J]. Physical Review Letters, 2006, 97(18): 187401.

[75] Frank T, Gmitra M, Fabian J. Theory of electronic and spin-orbit proximity effects in graphene on Cu(111)[J]. Physical Review B, 2016,

93(15): 155142.

[76] Gao H, Wang L, Zhao J, et al. Band gap tuning of hydrogenated graphene: H coverage and configuration dependence[J]. The Journal of Physical Chemistry C, 2011, 115(8): 3236 - 3242.

[77] Gao T, Song X, Du H, et al. Temperature-triggered chemical switching growth of in-plane and vertically stacked graphene-boron nitride heterostructures[J]. Nature Communications, 2015, 6: 6835.

[78] Geim A K. Graphene: status and prospects[J]. Science, 2009, 324 (5934): 1530 - 1534.

[79] Geim A K, Grigorieva I V. Van der Waals heterostructures[J]. Nature, 2013, 499(7459): 419 - 425.

[80] Georgiou T, Jalil R, Belle B D, et al. Vertical field-effect transistor based on graphene – $WS_2$ heterostructures for flexible and transparent electronics[J]. Nature Nanotechnology, 2013, 8(2): 100 - 103.

[81] Ghosh S, Calizo I, Teweldebrhan D, et al. Extremely high thermal conductivity of graphene: Prospects for thermal management applications in nanoelectronic circuits [J]. Applied Physics Letters, 2008, 92 (15): 151911.

[82] Giovannetti G, Khomyakov P A, Brocks G, et al. Substrate-induced band gap in graphene on hexagonal boron nitride: Ab initio density functional calculations[J]. Physical Review B, 2007, 76(7): 073103.

[83] Gmitra M, Konschuh S, Ertler C, et al. Band-structure topologies of graphene: Spin-orbit coupling effects from first principles[J]. Physical Review B, 2009, 80(23): 235431.

[84] González-Herrero H, Gómez-Rodríguez J M, Mallet P, et al. Atomic-scale control of graphene magnetism by using hydrogen atoms [J]. Science, 2016, 352(6284): 437 - 441.

[85] Gopinadhan K, Shin Y J, Jalil R, et al. Extremely large magnetoresistance in few-layer graphene / boron-nitride heterostructures [J]. Nature Communications, 2015, 6: 8337.

[86] Gui G, Li J, Zhong J. Band structure engineering of graphene by strain: first-principles calculations[J]. Physical Review B, 2008, 78(7): 075435.

[87] Guimarães M H D, Gao H, Han Y, et al. Atomically thin ohmic edge contacts between two-dimensional materials[J]. ACS Nano, 2016, 10 (6): 6392 - 6399.

[88] Guinea F, Katsnelson M I, Geim A K. Energy gaps and a zero-field quantum Hall effect in graphene by strain engineering[J]. Nature Physics, 2010, 6(1): 30-33.

[89] Haberer D, Vyalikh D V, Taioli S, et al. Tunable band gap in hydrogenated quasi-free-standing graphene[J]. Nano Letters, 2010, 10(9): 3360-3366.

[90] Haigh S J, Gholinia A, Jalil R, et al. Cross-sectional imaging of individual layers and buried interfaces of graphene-based heterostructures and superlattices[J]. Nature Materials, 2012, 11(9): 764-767.

[91] Haldane F D M. Model for a quantum Hall effect without Landau levels: Condensed-matter realization of the "parity anomaly"[J]. Physical Review Letters, 1988, 61(18): 2015-2018.

[92] Han G H, Rodríguez-Manzo J A, Lee C W, et al. Continuous growth of hexagonal graphene and boron nitride in-plane heterostructures by atmospheric pressure chemical vapor deposition[J]. ACS Nano, 2013, 7(11): 10129-10138.

[93] Han M Y, Özyilmaz B, Zhang Y, et al. Energy band-gap engineering of graphene nanoribbons[J]. Physical Review Letters, 2007, 98(20): 206805.

[94] Hao Y, Bharathi M S, Wang L, et al. The role of surface oxygen in the growth of large single-crystal graphene on copper[J]. Science, 2013, 342(6159): 720-723.

[95] He H, Klinowski J, Forster M, et al. A new structural model for graphite oxide[J]. Chemical physics Letters, 1998, 287(1-2): 53-56.

[96] Hermanns C F, Tarafder K, Bernien M, et al. Magnetic coupling of porphyrin molecules through graphene[J]. Advanced Materials, 2013, 25(25): 3473-3477.

[97] Hirata M, Gotou T, Horiuchi S, et al. Thin-film particles of graphite oxide 1: High-yield synthesis and flexibility of the particles[J]. Carbon, 2004, 42(14): 2929-2937.

[98] Hirsch A, Englert J M, Hauke F. Wet chemical functionalization of graphene[J]. Accounts of Chemical Research, 2012, 46(1): 87-96.

[99] Hong H K, Jo J, Hwang D, et al. Atomic scale study on growth and heteroepitaxy of ZnO monolayer on graphene[J]. Nano Letters, 2016, 17(1): 120-127.

[100] Hong X, Zou K, Wang B, et al. Evidence for spin-flip scattering and local moments in dilute fluorinated graphene [J]. Physical Review Letters, 2012, 108(22): 226602.

[101] Hu J, Alicea J, Wu R, et al. Giant topological insulator gap in graphene with 5d adatoms[J]. Physical Review Letters, 2012, 109(26): 266801.

[102] Huang B, Xu Q, Wei S H. Theoretical study of corundum as an ideal gate dielectric material for graphene transistors[J]. Physical Review B, 2011, 84(15): 155406.

[103] Huang P Y, Ruiz-Vargas C S, Van Der Zande A M, et al. Grains and grain boundaries in single-layer graphene atomic patchwork quilts[J]. Nature, 2011, 469(7330): 389 – 392.

[104] Peckett J W. Electrochemically prepared colloidal, oxidised graphite[J]. Journal of Materials Chemistry, 1997, 7(2): 301 – 305.

[105] Hummers Jr W S, Offeman R E. Preparation of graphitic oxide[J]. Journal of the American Chemical Society, 1958, 80(6): 1339 – 1339.

[106] Hunt B, Sanchez-Yamagishi J D, Young A F, et al. Massive Dirac fermions and Hofstadter butterfly in a van der Waals heterostructure[J]. Science, 2013, 340(6139): 1427 – 1430.

[107] Ishigami M, Chen J H, Cullen W G, et al. Atomic structure of graphene on $SiO_2$[J]. Nano Letters, 2007, 7(6): 1643 – 1648.

[108] Jariwala D, Marks T J, Hersam M C. Mixed-dimensional van der Waals heterostructures[J]. Nature Materials, 2017, 16(2): 170 – 181.

[109] Ju L, Velasco Jr J, Huang E, et al. Photoinduced doping in heterostructures of graphene and boron nitride [J]. Nature Nanotechnology, 2014, 9(5): 348 – 352.

[110] Jung J, DaSilva A M, MacDonald A H, et al. Origin of band gaps in graphene on hexagonal boron nitride [J]. Nature Communications, 2015, 6: 6308 – 6312.

[111] Kan E, Ren H, Wu F, et al. Why the band gap of graphene is tunable on hexagonal boron nitride[J]. The Journal of Physical Chemistry C, 2012, 116(4): 3142 – 3146.

[112] Kane C L, Mele E J. Quantum spin Hall effect in graphene[J]. Physical Review Letters, 2005, 95(22): 226801.

[113] Kharche N, Nayak S K. Quasiparticle band gap engineering of graphene and graphone on hexagonal boron nitride substrate[J]. Nano Letters,

2011, 11(12): 5274 - 5278.

[114] Kim K, Lee Z, Regan W, et al. Grain boundary mapping in polycrystalline graphene[J]. ACS Nano, 2011, 5(3): 2142 - 2146.

[115] Klintenberg M, Lebegue S, Katsnelson M I, et al. Theoretical analysis of the chemical bonding and electronic structure of graphene interacting with Group IA and Group ⅧA elements[J]. Physical Review B, 2010, 81(8): 085433.

[116] Kong B D, Paul S, Nardelli M B, et al. First-principles analysis of lattice thermal conductivity in monolayer and bilayer graphene[J]. Physical Review B, 2009, 80(3): 033406.

[117] Konstantatos G, Badioli M, Gaudreau L, et al. Hybrid graphene-quantum dot phototransistors with ultrahigh gain [J]. Nature Nanotechnology, 2012, 7(6): 363 - 368.

[118] Kotov V N, Uchoa B, Pereira V M, et al. Electron-electron interactions in graphene: Current status and perspectives[J]. Reviews of Modern Physics, 2012, 84(3): 1067 - 1125.

[119] Kovtyukhova N I, Ollivier P J, Martin B R, et al. Layer-by-layer assembly of ultrathin composite films from micron-sized graphite oxide sheets and polycations [J]. Chemistry of Materials, 1999, 11 (3): 771 - 778.

[120] Staudenmaier L. Verfahren zur darstellung der graphitsäure[J]. Berichte Der Deutschen Chemischen Gesellschaft, 1898, 31(2): 1481 - 1487.

[121] Lau C N, Bao W, Velasco Jr J. Properties of suspended graphene membranes[J]. Materials Today, 2012, 15(6): 238 - 245.

[122] Lee C, Wei X, Kysar J W, et al. Measurement of the elastic properties and intrinsic strength of monolayer graphene[J]. Science, 2008, 321 (5887): 385 - 388.

[123] Lee C H, Lee G H, Van Der Zande A M, et al. Atomically thin p-n junctions with van der Waals heterointerfaces [ J ]. Nature Nanotechnology, 2014, 9(9): 676 - 681.

[124] Lee J H, Lee E K, Joo W J, et al. Wafer-scale growth of single-crystal monolayer graphene on reusable hydrogen-terminated germanium[J]. Science, 2014, 344(6181): 286 - 289.

[125] Lee S H, Chung H J, Heo J, et al. Band gap opening by two-dimensional manifestation of Peierls instability in graphene[J]. ACS

Nano，2011，5（4）：2964 - 2969.

[126] Lee S M，Kim J H，Ahn J H. Graphene as a flexible electronic material：mechanical limitations by defect formation and efforts to overcome[J]. Materials Today，2015，18（6）：336 - 344.

[127] Leenaerts O，Partoens B，Peeters F M. Adsorption of $H_2O$，$NH_3$，CO，$NO_2$，and NO on graphene：A first-principles study[J]. Physical Review B，2008，77（12）：125416.

[128] Levendorf M P，Kim C J，Brown L，et al. Graphene and boron nitride lateral heterostructures for atomically thin circuitry[J]. Nature，2012，488（7413）：627 - 632.

[129] Levy N，Burke S A，Meaker K L，et al. Strain-induced pseudo-magnetic fields greater than 300 tesla in graphene nanobubbles[J]. Science，2010，329（5991）：544 - 547.

[130] Li B，Zhou L，Wu D，et al. Photochemical chlorination of graphene[J]. ACS Nano，2011，5（7）：5957 - 5961.

[131] Li S，Li Q，Carpick R W，et al. The evolving quality of frictional contact with graphene[J]. Nature，2016，539（7630）：541 - 545.

[132] Li X，Basile L，Huang B，et al. Van der Waals epitaxial growth of two-dimensional single-crystalline GaSe domains on graphene [J]. ACS Nano，2015，9（8）：8078 - 8088.

[133] Li X，Chen W，Zhang S，et al. 18.5% efficient graphene/GaAs van der Waals heterostructure solar cell[J]. Nano Energy，2015，16：310 - 319.

[134] Li X，Dai Y，Ma Y，et al. Graphene/$gC_3N_4$ bilayer：considerable band gap opening and effective band structure engineering [J]. Physical Chemistry Chemical Physics，2014，16（9）：4230 - 4235.

[135] Li X，Cai W，An J，et al. Large-area synthesis of high-quality and uniform graphene films on copper foils[J]. Science，2009，324（5932）：1312 - 1314.

[136] Lin C，Feng Y，Xiao Y，et al. Direct observation of ordered configurations of hydrogen adatoms on graphene[J]. Nano Letters，2015，15（2）：903 - 908.

[137] Lin M，Wu D，Zhou Y，et al. Controlled growth of atomically thin $In_2Se_3$ flakes by van der Waals epitaxy[J]. Journal of the American Chemical Society，2013，135（36）：13274 - 13277.

[138] Lin X，Liu P，Wei Y，et al. Development of an ultra-thin film

comprised of a graphene membrane and carbon nanotube vein support [J]. Nature Communications, 2013, 4: 2920.

[139] Lin Y C, Ghosh R K, Addou R, et al. Atomically thin resonant tunnel diodes built from synthetic van der Waals heterostructures[J]. Nature Communications, 2015, 6: 7311.

# 索 引

## B

BCS 超导体　105
本征石墨烯　5,47,50,60,72,105,
　　133,144,149,160,227,231,232,
　　236,243,244,246,248,249
表面吸附　106,107,112,249
不可穿透性　115,116,120,121,130
布里渊区　14,49,73,75,103,111,
　　165,215

## C

掺杂　16,22,25,27,31,37,47 - 49,
　　54,58,60,64,90,105,106,111,
　　112,127 - 129,138,140,150,161,
　　167 - 170,172 - 174,181,183,186,
　　187,189,190,194,196,197,217,
　　227 - 232,235 - 237,243,249,250,
　　252
掺杂原子　127,128,227,229,236,
　　247,252
超导量子干涉器件　142
垂直异质结　210,216,218,220
催化反应　125,126

## D

DNA 测序　119,120

## E

二阶双共振拉曼散射　74

## F

反常霍尔现象　140
反铁磁性　136,138
非线性光致发光　50
负热膨胀系数　81,82,94
富勒烯　3,11,83

## G

高定向热解石墨　6,27

Drude 模型　47,57,191
单层石墨烯　4,7,10,12 - 14,22,27,
　　29,30,34 - 38,40,41,43,47,49,
　　51,53,58,59,69,73,74,76,78,86,
　　88,97,101,103,106,133,156,158,
　　166 - 168,176,177,184,189,190,
　　197,204,209,217
德拜模型　78,80,83
等离激元　34,47,55 - 63,65,194 -
　　196
等离子体刻蚀　7,21,59
低能电子衍射　6
电致发光　203,204
杜隆-珀替定律　78

石墨烯的结构与基本性质